省级一流本科课程建设成果教材

食品安全信息化管理

魏云潇　韩　超　主编

化学工业出版社
·北京·

内容简介

本教材立足于全球食品产业深度融合的时代背景，以“全链条数字治理”为核心理念，系统构建了食品安全信息化管理的知识体系。全书内容涵盖理论与技术实践两大板块。

在理论层面，教材系统梳理了国内外食品安全监管体系的演变、食品质量管理体系（如HACCP、ISO22000）以及认证认可制度。在技术实践层面，重点阐述了食品安全追溯技术（如RFID、物联网、区块链）的体系构建，并深入剖析了从风险监测、数据分析到风险评估与预警的闭环管理流程，引入了经典统计与机器学习等现代分析方法。

本书旨在为食品科学与工程、食品安全等相关专业的本科生提供一本理论扎实、技术前沿、贴近实践的综合性教材，培养能够运用信息化手段解决现代食品安全问题的创新型专业人才。

图书在版编目（CIP）数据

食品安全信息化管理 / 魏云潇，韩超主编. -- 北京 : 化学工业出版社，2025. 12. --（省级一流本科课程建设成果教材）. -- ISBN 978-7-122-49607-2

Ⅰ. TS201.6

中国国家版本馆 CIP 数据核字第 2025NU0543 号

责任编辑：满悦芝　　　　文字编辑：张熙然
责任校对：宋　夏　　　　装帧设计：张　辉

出版发行：化学工业出版社
（北京市东城区青年湖南街 13 号　邮政编码 100011）
印　　装：涿州市般润文化传播有限公司
787mm×1092mm　1/16　印张 15　字数 364 千字
2026 年 3 月北京第 1 版第 1 次印刷

购书咨询：010-64518888　　　　售后服务：010-64518899
网　　址：http://www.cip.com.cn
凡购买本书，如有缺损质量问题，本社销售中心负责调换。

定　　价：49.80 元

《食品安全信息化管理》编写人员名单

主　编：魏云潇（浙江树人学院）

　　　　韩　超（浙江树人学院）

副主编：曹丽芬（杭州市余杭区质量计量监测中心）

　　　　程　焕（浙江大学）

　　　　吕　飞（浙江工业大学）

编　委：余作龙（浙江树人学院）

　　　　付长春（浙江树人学院）

　　　　金建昌（浙江树人学院）

　　　　刘　丹（浙江树人学院）

　　　　田金虎（浙江大学）

　　　　陈健乐（浙江大学）

前言

在全球食品产业深度融合的新时代背景下，食品安全已从单一的公共卫生命题升级为兼具科技属性、经济价值与伦理内涵的复合型治理工程。当食源性风险呈现出跨区域传播、技术化演变与产业链渗透的新特征，传统监管范式的滞后性与现代食品工业的复杂性之间的矛盾日益凸显。在此背景下，依托数字技术重构食品安全治理体系，不仅是守护公众健康的必然选择，更是推动食品产业高质量发展的战略路径。本书立足高等教育人才培养需求，构建理论、技术与实践深度融合的知识体系，致力于培养适应智慧监管时代的创新型专业人才。

本书以“全链条数字治理”为核心理念，构建了“理论奠基-技术赋能-实践创新”三维知识体系，形成逻辑闭环的知识框架。全书共设八章，系统覆盖食品安全信息化管理的核心内容：从解析食品安全信息化管理的多维背景切入，依次展开国内外食品安全监管体系对比，食品质量管理体系构建，编码、RFID、物联网、区块链等追溯技术详解，食品安全追溯系统设计与落地，风险监测要素及技术应用，风险监测数据综合分析，最终聚焦风险评估与预警机制，完整覆盖食品“从农田到餐桌”全流程的信息化管理需求。在知识呈现上，本书从理论、技术、实践三个维度层层递进：理论层面深入剖析食品安全信息化管理的定义、核心内容及理论基础，夯实认知根基；技术层面细化各类溯源技术原理与风险监测技术应用场景，提供技术落地路径；实践层面结合实际案例阐述追溯系统的设计逻辑与应用方法，实现理论与实践的深度衔接。

本书具有以下特点：一是体系性强，以全链条治理为主线，串联背景、监管、技术、系统、风险管控等模块，知识链条连贯，各章节衔接自然，形成覆盖食品全生命周期的信息化管理知识网络；二是技术聚焦且案例鲜活，重点拆解追溯技术“基础支撑层-网络传输层-价值创造层”三层架构与追溯系统“五维模型”，并融入沃尔玛区块链溯源、伊利智慧牧场等行业典型案例，让技术原理与产业场景深度融合，增强实操参考性；三是跨界融合且实用导向明确，整合管理学、信息技术、食品科学等多学科知识，既包含数据清洗和预处理等教学手段，又涵盖相关法律法规与标准体系内容，兼顾学术深度与实践实用性；四是国际视野与本土适配兼顾，通过对比美国、日本、欧盟等国家或组织监管模式，结合我国食品安全监管体制改革与地方实践经验，为本土食品行业提供兼具国际化视野与本土化适配性的信息化管理解决方案。

本书可作为食品科学与工程、食品安全与质量等相关专业学生的课程教材或学习参考书；也可为食品安全监管部门工作人员、食品生产经营企业从业者提供信息化管理的技术指导与实践参考；同时可供关注食品安全领域的科研人员、行业专家及社会公众阅读，助力其全面了解食品安全信息化管理的前沿动态与实践路径。

值此付梓之际，衷心感谢参与本书编写的行业专家与一线教师，特别鸣谢化学工业出版社。由于食品安全科技发展日新月异，书中疏漏之处恳请读者指正。让我们携手，以科技之光照亮食品安全之路，守护人民群众“舌尖上的安全”。

作者

2025 年 12 月

目　录

·第一章·
绪　论

民以食为天，食以安为先。食品作为人类生存与发展的基础要素，不仅承载着人体所需的营养与能量，更串联起文化传承、社会运转与经济发展的多元脉络。随着全球人口膨胀与城市化进程加速，食品的生产、加工与消费格局正经历深刻变革，食品安全问题也从单一的公共卫生议题，演变为横跨技术、经济、社会的复合型治理挑战。

本章从食品安全信息化管理的发展背景出发，系统阐释其核心概念、技术体系及构成要素，为构建智慧监管知识体系奠定理论基石。

第一节　食品安全信息化管理的多维背景

食品安全管理正经历深刻变革，信息化成为其核心驱动力。这一变革源于科技革命的强力推动、人口结构与消费需求的深刻变化、全球化供应链带来的复杂挑战、社会治理与企业责任的范式重构、消费者意识的显著提升以及可持续发展目标的时代要求。多维背景共同构成了食品安全信息化管理的必然性与紧迫性。

一、科技革命推动管理创新

生物技术、信息技术与材料科学的深度融合，正以全链条赋能的方式重塑食品安全治理体系。

1. 生物技术革新食品生产源头的精准控制

生物技术通过基因编辑与微生物工程，从原料端构建食品安全的第一道防线。

① 基因编辑技术的产业化突破：生物技术、信息技术与材料科学的深度融合，正以全链条赋能的方式重塑食品安全治理体系。例如，山东舜丰生物利用 CRISPR-Cas9 技术培育高油酸大豆（油酸含量>80%），显著降低饱和脂肪酸含量，并通过基因溯源系统实现全流程数据存证。该品种已获安全认证，在推广种植过程中实现农药减量 40%，亩均收益提升 25%。跨国企业拜耳作物科学通过基因编辑改良小麦抗病基因（如抗茎锈病品种“Clearfield®”)，使农药使用量降低35%，化学残留合格率从82%提升至98%，相关基因数据接入国际种子检验协会（ISTA）追溯系统。

② 微生物发酵技术的功能化创新：定向培育功能性菌株提升产品安全与健康价值。杜邦丹尼斯克与蒙牛合作开发副干酪乳杆菌PC-3菌株，经高通量筛选和临床验证（提升有益菌丰度30%，降低腹泻发生率45%）。生产过程关键参数（pH值、溶氧量等）实时接入国家食品安全风险监测数据库，实现全链条质量控制并通过ISO 22000认证。

2. 信息技术构建监管枢纽

物联网、大数据与区块链技术实现从生产到消费的实时监控与精准追溯。

① 物联网（IoT）智能监测：京东物流在乳制品冷链中部署高精度（±0.3℃）NB-IoT温湿度传感器，覆盖全国冷库与冷藏车队。异常温度触发三级预警（司机终端→仓库应急→客户系统），有效将产品损耗率从行业平均8%降至1.2%，其经验被纳入国家标准《食品安全国家标准　食品冷链物流卫生规范》（GB 31605—2020）修订参考。

② 大数据与AI智慧决策：伊利“智慧牧场”平台整合奶牛生理、挤奶设备及环境数据，利用长短期记忆网络（LSTM）提前72h预测乳腺炎风险（准确率92%），减少抗生素使用25%。基于电商评论的自然语言处理（NLP）分析优化杀菌工艺，使产品投诉率下降60%。

③ 区块链跨国溯源：沃尔玛与IBM合作的Food Trust平台实现菠菜等产品跨国全程溯源（节点上链时间＜2min）。在沙门菌事件中，召回时间从7d缩短至2.2h，远快于FDA（美国食品药品监督管理局）要求的24h。盒马鲜生应用区块链于进口海鲜，消费者扫码可查捕捞、运输等关键节点信息。

3. 智能化重塑生产加工流程

工业机器人与智能农业装备推动食品生产从“经验驱动”向“数据驱动”转型。

① 工业机器人的高精度加工：可口可乐工厂部署集成机器视觉与力控机器人的全自动灌装线，灌装精度达±0.2mL，漏液率降至0.01%。高速生产中自动检测瓶盖扭矩（12N·m±1.5N·m），剔除准确率99.99%。生产数据接入全球云平台，实现跨国工厂对标，关键质量指标波动缩小40%。

② 智能农业的精准化管理：大疆农业无人机搭载多光谱相机与AI算法，精准识别病虫害（如白粉病，准确率95%），实现差异化施药，效率提升20倍，农药减量30%，同时降低生产成本。结合土壤传感器优化灌溉，提升作物单产15%，降低硝酸盐含量22%。

4. 新材料技术赋能保鲜与监测终端

功能性包装与智能标签实现食品质量的动态监测与透明化管理。

① 纳米复合包装保鲜：日本凸版印刷开发的含纳米二氧化硅PE包装膜，显著降低氧气透过率（较传统膜降低60%），延长鲜牛奶货架期至14天（4℃），降低损耗率。内置pH敏感型变色指示剂，直观显示牛奶变质状态。

② 智能标签动态监测：美国Apeel Sciences的植物基保鲜标签实时监测牛油果乙烯浓度（成熟度指标），消费者通过APP扫码可查看成熟度曲线，有效降低浪费率40%，并帮助种植户优化采摘。类似技术应用于每日优鲜草莓，提升货架期预警准确率至90%以上。

二、人口增长和消费战略升级

全球人口结构变化与消费需求迭代，驱动食品工业从“量的扩张”向“质的跃升”转型，食品安全管理面临新要求。

1. 产业地位凸显

① 经济支柱地位：全球食品工业产值持续领先，2023 年突破 10 万亿美元，占全球制造业总产值约 12%。中国食品工业 2023 年营收达 14.1 万亿元，稳居工业部门前列。区域产业集群效应显著，如河南方便速食产业规模迅速增长。

② 国家安全属性强化：各国将食品安全纳入国家安全体系，强化全链条信息化建设以保障韧性。欧盟“农场到餐桌”战略构建覆盖全境的追溯网络，要求进口食品快速备案。中国“十四五”规划明确要求提高食品生产经营企业信息化追溯覆盖率。

2. 人口增长倒逼管理模式革新

① 规模增长与区域分化：联合国预测 2050 年全球人口达 96 亿，新增人口主要来自非洲与南亚，当地食品需求激增推动加工业发展。中国人口总量达峰后进入负增长，老龄化加速（2050 年 65 岁以上人口占比预计达 26%），驱动营养强化与功能性食品需求。

② 供应链复杂度攀升：人口增长伴随供应链全球化延伸，亟需构建高效的信息化协同体系。企业如泰森食品在华建设智慧工厂，通过物联网监控关键参数，结合 AI 预测维护，减少停机时间 40%，实现全流程可追溯。冷链物流信息化（如京东案例）有效降低损耗。

3. 消费升级重构产业价值链条

消费者需求的多元化与品质化，推动食品工业向“个性化服务”转型。

① 方便食品创新升级：全球及中国方便食品市场持续扩大。中国企业（如白象、卫龙）通过技术升级提升品质与安全性（如冻干锁鲜、智能控菌），拓展国际市场。欧洲市场呈现健康化趋势（如有机速食）。

② 功能食品科技驱动：中国及全球功能食品市场快速增长，科技深度赋能产品开发与安全验证。杜邦丹尼斯克（DuPont Danisco）与蒙牛合作开发的副干酪乳杆菌 PC-3 菌株，通过肠道菌群测序验证可提升有益菌丰度 30%，相关产品纳入国家食品安全风险监测数据库。美国 Apeel Sciences 的植物基保鲜标签在沃尔玛应用，通过微针传感器实时监测牛油果乙烯浓度，消费者扫码即可查看成熟度曲线，产品浪费率下降 40%。

③ 透明化消费的刚性需求：65%的中国消费者愿为可追溯产品支付 20%以上溢价，推动企业构建信息化追溯体系。盒马鲜生的进口海鲜通过区块链技术实现 30 多个节点溯源，消费者扫码可查看捕捞船编号、冷链运输路径等信息；杭州“智慧食堂”平台接入 94 所学校，通过电子称重系统与区块链存证，实现食材采购、加工、供餐的全流程透明化，家长满意度达 98%。欧盟食品和饲料快速预警系统（RASFF）则整合多国数据，通过 AI 模型识别橄榄油掺假等风险，2023 年预警准确率提升至 89%。

三、全球化供应链的复杂挑战

科技与消费驱动创新，而全球化市场的深化则带来了经济、文化与技术交织的复杂管理环境。

1. 供应链结构的显著演变

① 生产全球化：食品生产依赖全球资源配置，区域化特征加剧供应链复杂度。众多企业会依据不同地区的优势，选择在特定国家或地区开展生产活动，充分利用当地的气候条件、土地资源以及劳动力优势。比如，香蕉和咖啡等热带水果的生产主要集中在气候适宜的

南美和东南亚国家；而小麦和玉米等农作物的生产则多分布于北美和欧洲地区。根据联合国粮食及农业组织（FAO）的数据，全球主要农作物的生产已呈现出明显的区域化特征，进一步加剧了全球供应链的复杂程度。

② 加工和分销的集中化：跨国公司通过并购整合资源技术，提升效率。集中化分销网络依赖高效的冷链物流保障易腐品质量，预计到2025年底，冷链市场规模将达到约4100亿美元。

③ 消费模式的变化：全球化市场的形成极大地丰富了消费者的选择。如今，越来越多的消费者能够便捷地获取来自世界各地的食品，这也促使食品企业在产品研发上更加注重国际化。例如，快餐连锁品牌根据不同国家口味调整菜单，同时消费者对食品来源的关注倒逼企业提升信息透明度。中国长三角地区冷链化率从2019年的7.63%跃升至2023年的23.16%，消费升级推动了供应链进一步升级。

2. 全球化供应链的核心挑战

供应链的广度与深度使其脆弱性在多重风险下凸显。

① 跨域污染风险：区域化生产模式导致供应链覆盖多个国家和地区，任一环节的污染都可能引发全球性影响。例如，2023年日本通报输日冷冻扇贝肉因大肠菌群超标被召回，暴露了冷链运输中的卫生管理漏洞。冷链物流虽提升了生鲜流通效率，但其依赖的低温环境也为病原体提供了存活条件，2020年青岛冷链食品外包装分离出活病毒证实了这项事实。

② 安全事件跨国传导：局部问题（如美国花生酱污染、欧洲马肉丑闻）可通过供应链迅速扩散，暴露传统地域化监管的局限性。当原料采购、加工、分销涉及多个地区时，碎片化监管难以实现全链条管控。国际食品法典委员会（Codex Alimentarius Commission）数据显示，全球每年约6亿人因食源性疾病就医，凸显了跨境风险防控紧迫性。

③ 监管标准与信息孤岛：各国法规差异增加跨国企业成本。如欧盟通过EC第178/2002号法规建立全程追溯框架，要求企业记录上下游交易信息；而美国《食品安全现代化法案》（FSMA）则强调预防性控制与供应商审核。此外，供应链各环节（生产商、物流商、零售商）数据系统互不兼容形成“信息孤岛”，阻碍风险预警与召回效率。

四、社会治理与企业责任的重构

（一）信任危机：从事件到治理挑战

食品安全问题已超越单一的质量管控范畴，成为影响社会信任与稳定的深层议题。2022年调研数据显示，我国消费者对食品企业的信任度降至55%，折射出公众对食品行业的担忧。这种信任危机的背后，是国内外频发的重大安全事件对社会心理的持续冲击。

2008年美国花生酱沙门菌污染事件波及26个州，数百人感染，暴露出食品加工企业对原料溯源管理的疏漏；2013年欧洲“马肉丑闻”中，大量标注为牛肉的产品被检测出马肉成分，供应链中的信息造假与监管协同失效问题浮出水面。当食品生产突破地域界限，单一环节的责任缺失可能引发系统性信任危机，亟需社会治理模式的深度变革。

《食品安全法》第三条明确“预防为主、风险管理、全程控制、社会共治”原则，为破解信任危机提供了法律框架。传统监管依赖人工检查与文件审核，难以应对全球化、复杂化的供应链，唯有借助信息化手段实现全链条数据贯通，才能让“全程控制”从法律条文转化为可落地的治理工具。

（二）企业竞争范式转变：从成本到责任

消费升级与监管趋严促使企业竞争核心转向社会责任与品牌信任。研究表明，消费者购买决策显著受企业社会责任表现影响并愿支付溢价。

头部企业的实践印证了这一趋势。乳业集团投入数亿元建设区块链追溯系统，实现奶粉“一罐一码”——消费者扫码即可查看奶源地、加工批次、检测报告等50余项信息，该企业的消费者投诉率由此降低30%，品牌复购率提升25%，更将合规成本转化为品牌资产。

国际市场中，企业社会责任的竞争更为显性。美国联合利华旗下食品品牌通过区块链公开棕榈油采购路径，回应消费者对热带雨林保护的关切；法国达能集团建立“产品碳足迹计算器”，向公众披露乳制品生产各环节的碳排放数据。社会责任已不再是企业的“加分项”，而是参与全球市场竞争的“必备项”。

（三）双重动因：外压与内驱协同

信息化管理兴起源于外部环境与企业内生需求的共振。从外部看，全球化竞争迫使企业突破地域化监管局限——当本国产婴幼儿奶粉计划进入欧盟市场时，必须同时满足中国《婴幼儿配方乳粉生产许可审查细则》与欧盟EC 1234/2007号法规，而信息化系统是唯一能实现多标准合规的技术方案。从内部看，企业意识到社会责任与商业价值的共生关系：调味品企业通过大数据分析消费者投诉，发现58%的问题源于物流环节的包装破损，遂引入智能监测设备，将投诉率降低60%，同时减少了退换货成本。

2015年我国实施《婴幼儿配方乳粉生产企业食品安全追溯信息记录规范》，要求企业结合实际、真实、准确、有效记录生产经营过程的信息。某乳企同步推出“透明工厂”直播项目，消费者可在线观看奶粉生产流程，当年该企业的市场份额从7%提升至12%。因此，信息化管理不仅是应对监管的“合规工具”，更是连接消费者、构建品牌信任的“战略资产”。

（四）社会责任：食品产业的本质回归

食品产业作为民生根基，其社会责任本质是对“人”的责任——对消费者健康的守护，对社会信任的维系。2019年某烘焙企业主动召回2万份可能过期的产品，尽管造成直接损失500万元，却因“负责任”的形象获得消费者谅解，次年该品类销售额反增18%。企业对社会责任的践行，终将转化为长远的商业价值。

2020年某地方企业在白酒中非法添加甜味剂，虽短期获利，但事件曝光后企业被列入失信名单，品牌价值归零。在信息化时代，任何质量问题都可能通过社交媒体迅速扩散，传统的“危机公关”已无法掩盖责任缺失，唯有将社会责任融入企业DNA，通过信息化手段实现“源头可溯、过程可控、风险可预警”，才能在剧变的市场中筑牢根基。

当食品安全事件成为社会信任的“试金石”，当企业责任成为市场竞争的“硬通货”，社会治理与企业角色的重构已势在必行。

五、消费者饮食结构的变化和安全意识提升

食品安全是贯穿“农田到餐桌”全链条的民生工程，消费者作为食品价值的最终承载者，其需求变化深刻重塑产业生态。

（一）饮食结构升级驱动产业变革

随着全球人均GDP突破1.2万美元，消费者对食品的需求从“生存型”转向“品质型”。以中国市场为例，2023年有机食品市场规模达890亿元，年增长率18%，星巴克、沃

尔玛等零售巨头通过设立有机食品专区，精准对接中产阶层对无农药残留、非转基因食品的需求。功能性食品领域，汤臣倍健、Swisse 等品牌推出的益生菌、维生素强化食品，满足了亚健康人群的营养补充需求，2022 年全球功能性食品市场规模达 1240 亿美元，预计 2030 年将突破 2400 亿美元（Euromonitor）。

快节奏生活催生便捷食品需求爆发式增长。2023 年中国外卖市场规模达 1.5 万亿元，美团、饿了么等平台通过“30 分钟达”配送网络重塑餐饮消费习惯；冷冻速食领域，三全、思念等企业的微波水饺、自热火锅产品，2022 年销售额同比增长 25%。个性化定制趋势同样显著，百事可乐“无糖零卡”系列、可口可乐“纤维+”饮品针对不同年龄层推出定制化配方，2022 年全球定制食品市场规模突破 500 亿元，亿滋国际通过 AI 算法分析消费者口味数据，实现饼干产品的区域性配方微调。

（二）安全意识觉醒重构消费逻辑

频发的食品安全事件促使消费者从“价格敏感”转向“安全敏感”。沃尔玛中国自 2019 年起与 IBM 合作，在 3000 种生鲜产品中应用区块链追溯，消费者扫码即可查看云南沃柑的种植地块、采摘日期、运输温度等 30 余项数据，该类产品复购率较普通产品提升 15%；雀巢在婴幼儿奶粉中推行“一罐一码”，通过阿里云区块链平台实现从奶源地到货架的全流程追溯，2022 年其高端奶粉系列市场份额增长至 28%。

健康意识的提升更直接影响产品设计。喜茶、奈雪等新茶饮品牌响应“减糖”趋势，推出糖分可视化菜单，2023 年低糖饮品销量占比达 45%；元气森林通过赤藓糖醇代糖技术，打造“0 糖 0 脂 0 卡”气泡水，2022 年销售额突破 30 亿元。国际市场中，联合利华旗下家乐品牌推出“低盐高汤”系列，钠含量较传统产品降低 30%，2023 年在欧洲市场占有率提升至 22%。消费者对“清洁标签”（clean label）的追求，正倒逼企业从原料采购到加工工艺的全面升级。

（三）全球化与本土需求的双向互动

贸易全球化使食品消费呈现“在地全球化”特征——既追求国际潮流，又坚守本土口味。麦当劳在中国推出“肉夹馍”“油泼面”等限定产品，2023 年本土化菜单销售额占比达 35%；星巴克在日本推出抹茶拿铁、樱花限定饮品，带动当地门店单店营收增长 12%。与此同时，中国消费者对进口食品的需求持续升温，2022 年中国食品进口额达 1300 亿美元，新西兰恒天然奶粉、挪威三文鱼、澳大利亚葡萄酒通过跨境电商平台实现“产地直连”，天猫国际数据显示，进口食品复购率达 40%，显著高于国产食品平均水平。

这种双向互动对食品安全管理提出双重挑战：一方面，跨国供应链需要满足原产国与进口国的双重标准（如欧盟 EC 178/2002 法规与《中华人民共和国进口食品境外生产企业注册管理规定》）；另一方面，消费者对“异国风味”的好奇催生小众食品监管需求，2021 年海关总署曾在越南进口的椰子糖中检出菌落总数超标，暴露了特色食品在检验检疫环节的信息不对称问题。

六、可持续发展目标的时代要求

联合国《变革我们的世界：2030 年可持续发展议程》将“零饥饿”（SDG2）与“负责任的消费与生产”（SDG12）列为核心目标，食品安全信息化管理成为破解“发展与生态”矛盾的关键枢纽。

（一）全球议程下的食品安全新定义

联合国粮农组织（FAO）将食品安全扩展为“可持续食品系统”，不仅要求食品无毒无害，更需兼顾环境友好与社会公平。这一理念随后在知名企业实践中逐步落地，联合利华通过区块链追踪棕榈油采购，确保100%源自可持续种植园，2023年其“可持续棕榈油”使用率达98%；达能集团在全球工厂部署物联网传感器，实时监测水资源消耗，2022年单位产品水耗较2015年下降27%，相关数据通过企业社会责任报告向公众披露。

中国作为最大的发展中国家，正通过信息化手段落实SDG。2022年，阿里巴巴“满天星计划”为1.2亿件农产品赋予区块链身份证，帮助云南鲜花饼、东北大米实现“产地溯源+碳足迹计算”，该模式使农产品溢价率提升15%的同时，推动种植端减少30%的化肥使用。美国通用磨坊（General Mills）在燕麦供应链中应用卫星遥感技术，监测农田碳排放强度，2023年其“碳中和燕麦”产品已进入欧洲市场，售价较普通产品高25%。

（二）环境责任：从末端治理到全程管控

传统食品产业面临严峻的环境挑战，信息化管理成为破局关键。全球每年约1/3的食品在生产流通中损耗（FAO），食品行业碳排放占全球总量的26%（联合国政府间气候变化专门委员会，IPCC）。沃尔玛通过区块链追踪猪肉供应链，将中国区食品损耗率从8%降至4.5%，每年减少浪费约12万吨。百事可乐在墨西哥工厂部署AI能耗管理系统，根据生产负荷动态调整设备功率，2022年单位产品能耗下降18%，相当于减少2.3万吨二氧化碳排放。

循环经济模式因信息技术而深化。玛氏集团在巧克力生产中应用物联网标签，实现包装材料的回收复用，2023年其“可循环包装”产品覆盖率达35%。中国青岛啤酒通过区块链记录酒瓶流向，空瓶回收率从60%提升至85%，每年减少玻璃制品消耗12万吨。这些实践证明，当生产数据与环境影响指标实时关联，企业能够精准识别高碳环节，实现“减排与增效”的双重目标。

（三）社会公平：从商业价值到共享价值

可持续发展要求食品产业兼顾经济效益与社会福祉。雀巢在埃塞俄比亚咖啡种植区推行“数字农园”项目，通过APP向农户实时推送病虫害防治知识，2022年当地咖啡单产提升20%，农户收入增长30%，相关数据同步接入雀巢产品溯源系统，消费者扫码即可了解“咖啡农的故事”，该举措使雀巢高端咖啡豆产品在欧洲市场溢价率达40%。

中国企业在乡村振兴中发挥信息化优势。拼多多“农地云拼”平台连接8.8亿消费者与1200万农户，通过大数据预测市场需求，指导云南鲜花、山东蔬菜错峰种植，2023年助农销售额突破2400亿元，相关农产品损耗率降低至行业罕见的3%。这些案例表明，当供应链数据向产业链上游开放，小农经济能够融入全球可持续体系，实现“安全食品”与“公平贸易”的共生。

（四）全球治理：从标准差异到数字协同

SDG的落实依赖跨国界的数据共享。RASFF 2023年成功预警32起跨国食品污染事件；FDA与中国海关总署建立跨境数据接口，实现输美水产品的“电子随附单据”自动核验，通关时间缩短40%。企业层面，拜耳作物科学与先正达共建“全球农药残留数据库”，向120个国家的监管机构开放数据查询，推动农药使用标准的国际互认。

中国在全球治理中贡献方案，2023年，京东物流的“全球智能供应链网络”接入30国的海关、检疫数据，实现进口奶粉“100%源头可溯、全程温控可查”，相关经验被联合国亚洲及太平洋经济社会委员会（ESCAP）列为可持续物流典型案例；2025 年，由中国联合新加坡牵头制定的《冷链物流中食品可追溯性的要求和建议》（ISO/TS 31514：2015）正式发布，该标准明确了冷链物流中食品可追溯系统的建立要求与实践建议，为全球食品追溯体系提供重要支撑。

当消费者用钱包投票“更安全的食品”，当全球议程召唤“更可持续的生产”，食品安全信息化管理不再是可选的技术方案，而是产业升级的必由之路。从星巴克的有机咖啡追溯到联合利华的可持续棕榈油网络，从美团的“无接触配送”到京东的全球智能供应链，这些实践印证：技术的温度，终将融化信任的坚冰；数据的流动，必将编织安全的网络。在这个“舌尖上的全球化”时代，唯有将消费者需求、企业责任与全球目标纳入同一数字轨道，才能构筑起面向未来的食品安全防线。

第二节　管理信息化定义和内容

一、信息化的基本概念和历程

（一）信息化的起源与发展阶段

信息化的演进是技术革命与管理需求共振的结果，其发展历程可清晰划分为三个标志性阶段。

1. 工具信息化阶段（20 世纪 60 年代前）

以电子计算机的诞生为起点，1946 年 ENIAC 计算机的问世开启了数据处理的新纪元，这一阶段的核心特征是单机独立运行，主要用于科学计算与事务处理（如财务报表计算、库存台账管理）。1954 年美国通用电气公司引入计算机处理工资核算，首次实现了数据处理的机械化，将财务人员从烦琐的手工计算中解放出来，但尚未形成系统性的管理理念。

2. 流程信息化阶段（20 世纪 70 年代至 90 年代）

随着局域网（LAN）与管理信息系统（MIS）的普及，信息化从单点工具转向流程整合。1973 年 IBM 推出的 material requirement planning（MRP）系统，首次将生产计划、物料需求与库存管理集成，标志着业务流程数字化的开端。20 世纪 90 年代 ERP（企业资源计划）系统的兴起（如 SAP R/3），实现了财务、采购、生产、销售等核心流程的端到端贯通，推动企业从职能式管理向流程化管理转型。海尔集团 1998 年引入 ERP 系统，将订单处理周期从 7 天缩短至 24 小时，库存周转率提升 30%，成为中国企业流程信息化的标杆。

3. 智能信息化阶段（21 世纪至今）

互联网、大数据与人工智能技术重塑信息化范式。2006 年亚马逊 AWS 推出云计算服务，推动企业从本地化部署向云端迁移；2012 年谷歌深度学习算法在 ImageNet 图像识别竞赛中突破人类准确率，开启 AI 商用化进程。当前，信息化呈现三大特征：

① 数据驱动决策，美团通过分析 3 亿用户的订餐数据，实现“千城千面”的智能推荐，订单转化率提升 18%；

② 跨系统协同，顺丰速运的智慧物流系统接入 200 万运输设备数据，订单处理时效误差控制在 5 分钟以内；

③ 动态敏捷响应，ZARA 的快时尚供应链通过实时抓取社交媒体潮流数据，新品从设

计到上架周期压缩至7天。

（二）信息化的本质内涵

信息化是通过信息技术与管理科学的深度融合，实现组织内外信息的高效流转、价值挖掘与决策支持的系统性工程。其核心目标包括：

① 效率提升，通过自动化减少人工干预，如德勤财务机器人处理发票审核效率提升90%；

② 决策优化，利用数据分析揭示隐藏规律，如Netflix通过用户行为数据定制《纸牌屋》剧本，创下900万次首播纪录；

③ 模式创新，催生新商业形态，如阿里巴巴的“新零售”通过线上线下数据融合，重构人货场关系。

二、管理信息化的核心内容

管理信息化是将信息技术嵌入管理流程，实现“数据-流程-决策”闭环联动的系统化工程，其核心内容涵盖五大支柱。

1. 信息系统架构

信息系统是管理信息化的物理载体，其建设遵循“需求导向-分层实施-持续迭代”的逻辑。

① 需求分析：通过业务流程建模（BPM）识别管理痛点。例如，蒙牛集团在乳制品溯源管理中发现，传统手工记录原料批次信息耗时占质量管控成本的35%，从而规划了基于区块链的奶源追溯系统，实现从牧场到工厂的全链路数据上链。

② 系统设计：采用微服务架构（如Spring Cloud）实现模块化部署。光明乳业将ERP系统拆分为采购管理、生产控制、冷链物流等9个独立服务模块，系统响应速度提升40%，尤其在应对节假日订单激增时，生产排期效率显著提高。

③ 系统集成：通过企业服务总线（ESB）实现异构系统对接。永辉超市将POS收银系统、冷链仓储管理系统与供应商门户集成，实现生鲜商品从采购到上架的全流程数据同步，订单履约周期从72h缩短至48h。

④ 用户赋能：建立“培训-试用-反馈”机制。百胜中国（肯德基、必胜客母公司）通过VR技术模拟门店订单系统操作场景，新员工培训周期从2周压缩至3d，系统操作差错率下降60%。

2. 数据治理体系

数据作为核心生产要素，食品治理工作需构建“采集-存储-分析-应用”的全生命周期管理体系。

① 数据采集：整合多源数据（如食品企业同步生产传感器数据、ERP交易数据、第三方检测数据）。茅台集团在白酒酿造环节部署3000余个物联网传感器，实时采集窖池温度、湿度、微生物指标等数据，为勾调工艺优化提供量化依据。

② 数据存储：采用混合云架构（如阿里云“城市大脑”将实时数据存于云端，历史数据归档至本地），兼顾安全性与访问效率。海天味业将生产实时数据存储于阿里云服务器，历史质量检测数据归档至本地私有云，既保障数据安全，又实现质检报告的秒级检索。

③ 数据分析：运用机器学习算法挖掘规律。安琪酵母通过NLP技术分析5万条消费者反馈，发现“发酵稳定性”是用户投诉高频词，据此优化菌种培养参数，新产品市场接受度

提升 30%。

④ 数据可视化：通过商业智能工具构建管理看板。三只松鼠实时监控全国 200 家仓库的 SKU 动销率，结合销量预测模型调整补货策略，坚果类产品库存周转天数从 40d 降至 25d。

3. 流程再造工程

基于信息技术对业务流程进行根本性再思考与系统性重构，典型步骤如下。

① 流程建模：运用价值流图（VSM）识别低效环节。双汇漯河工厂通过分析发现，冷鲜肉仓储环节的人工搬运时间占生产周期的 30%，引入 AGV 机器人后，单批次搬运效率提升 50%，能耗降低 20%。

② 流程优化：采用 DMAIC（定义-测量-分析-改进-控制）方法论。京东物流在生鲜分拣中心将传统“人找货”模式改为“货到人”智能分拣，借助自动分拣机与视觉识别技术，分拣差错率从 0.2%降至 0.03%，适配生鲜食品对分拣精度的高要求。

③ 流程再造：颠覆性重构业务模式。盒马鲜生以“线上订单＋线下 30min 达”的 O2O 模式，通过前置仓与智能调度系统，实现 3 公里半径内生鲜商品极速配送，重新定义零售行业服务标准。

④ 绩效评估：建立流程 KPI 监测体系。中粮油脂在食用油采购流程中引入智能合约，实现订单自动匹配与结算，人工干预量减少 80%，采购成本下降 15%。

4. 知识管理平台

知识管理通过系统化手段实现知识沉淀、共享与创新，构建企业核心竞争力。

① 知识获取：建立多渠道采集机制。蒙牛“技术创新社区”鼓励研发人员分享配方优化案例，日均产生 50 条技术经验，形成涵盖乳制品杀菌工艺、包装材料选型等领域的 10 万篇解决方案库。

② 知识存储：采用本体论技术构建知识图谱。益海嘉里将 20 年油脂加工案例按“原料品类-加工工艺-质量问题”维度标签化，研发人员检索同类油脂精炼方案的时间从 2h 缩短至 10min。

③ 知识共享：通过社交化工具促进跨部门协作。百威中国“酿酒学院”平台整合 5000 门工艺课程，实现全球 1.5 万名员工的实时知识共享，新工厂投产时工艺调试周期缩短 30%。

④ 知识应用：建立创新孵化机制。桃李面包将历年烘焙工艺专利转化为标准化参数模块，新品开发时可直接调用历史最优配方模型，面包新品研发周期从 12 个月缩短至 6 个月。

5. 信息安全屏障

面对网络攻击（如 2021 年 Colonial Pipeline 被勒索软件攻击导致美国东海岸燃油供应中断），信息安全需构建“预防-监测-响应”体系，构建数据防护网。

① 安全策略：制定标准的信息安全管理体系。伊利集团将数据分级管理写入制度，规定原奶检测数据等核心信息需通过指纹＋动态口令双因素认证访问，近三年未发生重大数据泄露事件。

② 技术防护：部署零信任架构（如腾讯“访问管理系统”持续验证设备身份，将钓鱼攻击成功率降低 95%）。美团买菜通过持续验证设备身份与访问权限，将钓鱼攻击拦截率提升至 98%，保障用户订单与支付信息安全。

③ 应急响应：建立红蓝军对抗机制。中储粮每季度开展模拟勒索软件攻击演练，目前已将数据恢复时间控制在2h内，满足粮食储备系统的高可用性要求。

④ 意识培养：通过情景化培训提升员工安全素养。洽洽食品开发“数据安全闯关”游戏课程，员工通过模拟钓鱼邮件、U盘中毒等场景学习防护技能，安全合规率从70%提升至95%。

三、管理信息化的理论基础

在当今时代，信息化与管理信息化已经成为现代社会与经济发展的基石。借助信息技术的广泛应用，各类组织能够显著提高管理效率，实现科学决策并优化资源配置。在信息化浪潮不断推进的大背景下，各组织必须积极把握信息化带来的机遇，迎接挑战，推动管理信息化的实施，为可持续发展与竞争优势的构建打下坚实基础。

管理信息化是通过充分运用信息技术挖掘信息资源、促进信息交流与知识共享，推动经济社会转型的必由之路。尽管我国信息化起步较晚，但发展迅速，近年来在社会各领域产生了深远影响，积极推动了全球化进程，并重塑了工业、政治和文化等领域的发展轨迹。管理信息化是现代企业和组织实现高效管理与决策的关键手段，主要涵盖信息技术、数据资源和管理基础三个部分。通常，这三大部分构成了管理信息化的核心要素。

信息资源客观存在于人们的生产与生活中，具备数量与质量的统一、积累与整合的统一特性。这要求我们既要做好信息收集与记录等基础工作，实现信息数量的积累，又要注重信息的分析与整合，使支持决策与管理的信息具有较高的知识含量与综合性。信息技术是现代社会生产进步的显著标志，要求信息技术与电子信息设备的应用达到较高的普及程度，实现系统的人工智能化与纵横互联网络化。管理基础是实现信息化管理的重要基石，能够将信息技术与信息资源有机融合。管理基础包括信息法规建设、政府信息公开制度建设、信息标准化体系推广及社会信息观念培育等方面，要求信息法规和制度完善，具备较高的信息公开与共享水平。这三个方面既相互独立，又紧密关联，彼此之间相互影响、相互促进。

1. 信息技术

信息技术的起源可以追溯到计算机的发明和信息处理的需求。随着计算机技术、互联网、云计算与人工智能等技术的持续进步，信息技术在管理领域的应用越来越广泛。信息技术包括硬件（如计算机、服务器、网络设备）、软件（如管理信息系统、数据库系统）和网络（如互联网、局域网），是实现信息采集、处理、存储和传输的基础工具。信息技术极大地提高了信息处理的速度与效率，使得管理者能够实时获取与分析信息，为决策和业务流程优化提供有力支持。

2. 数据资源

数据资源的形成与信息化的发展紧密相连。随着信息技术的广泛应用，企业和组织积累了海量的历史数据与实时数据，如销售数据、客户数据、财务数据等。数据资源指的是在信息化过程中收集、存储和管理的数据，这些数据可以是结构化的（如数据库表格），也可以是非结构化的（如文档、邮件）。数据资源是管理决策的重要依据，合理的数据管理与分析能够帮助企业识别发展趋势、评估绩效、优化资源配置，并为战略决策提供强有力的支持。

3. 管理基础

管理基础的概念源于管理学的发展，强调管理理念、方法与流程的优化。随着信息化的推进，传统管理模式必须进行变革，以适应新技术环境。管理基础涵盖组织结构、管理流程、管理制度与文化等方面，是实施管理信息化的理论与实践基础。管理基础为信息技术和数据资源的有效应用提供了框架与指导，确保信息化与组织目标一致，推动整体管理水平的提升。

信息技术、数据资源和管理基础三者相互依存。信息技术为数据资源的采集与管理提供了工具与平台，而数据资源又为信息技术的应用提供了内容与基础。三者相互协调，管理基础决定了信息技术和数据资源的应用方向与效率。良好的管理基础能够促进信息技术的有效实施，保障数据资源的合理利用。三者还相互作用，信息技术与数据资源的使用反过来影响管理基础的优化与改进。管理者可通过分析数据，调整管理流程与策略，提升组织整体效率。

管理信息化是信息技术、数据资源和管理基础三者有机结合的成果。它们相辅相成，共同推动企业和组织在信息化浪潮中不断提升管理水平，增强竞争力。通过合理整合这三方面的资源，企业能够实现更高效的决策支持与管理过程。

四、管理信息化未来发展趋势

在信息技术迅猛发展的当下，管理信息化已成为企业提升运营效率、优化决策过程以及增强市场竞争力的关键途径。企业借助管理信息化，得以在复杂多变的市场环境中迅速响应、精准施策。新兴技术的蓬勃兴起正深刻重塑着管理信息化的未来走向，使其呈现出一系列崭新的发展趋势。

1. AI 决策智能化

人工智能（AI）技术的飞速发展为管理信息化开辟了全新的道路，推动管理决策从“经验驱动”向“算法驱动”转型。作为人工智能的核心技术，机器学习和深度学习算法使得企业能够从海量的数据中挖掘出关键信息。例如，借助历史销售数据、市场趋势、客户购买行为等多维度信息，人工智能系统能够预测不同产品在不同地区、不同时间段的销量，从而为企业制订生产计划和库存管理策略提供精准的支持。这种智能化的分析与预测，不仅减少了人为判断的误差，还为企业管理层提供了更具前瞻性与科学性的决策依据，极大提升了决策效率和质量，帮助企业在激烈的市场竞争中占得先机。

2. 大数据助力实时决策

大数据技术的整合与应用，让企业能够实时收集、处理和分析海量的内外部数据。在瞬息万变的市场环境中，企业可以通过大数据平台实时获取市场动态信息，如竞争对手的价格调整、新产品发布、消费者需求的突然变化等。根据这些实时数据，企业能够迅速调整经营策略，比如及时调整产品价格、优化产品组合、推出针对性的促销活动等，快速响应市场变化，增强市场应变能力。在竞争激烈的市场环境中，实时决策能力已成为企业脱颖而出的关键因素，帮助企业抓住稍纵即逝的市场机会，避免因决策滞后而导致的市场份额流失。

3. 云边协同重构技术架构

云计算与边缘计算的协同应用打破传统 IT 架构瓶颈。企业无需再投入大量资金购置和维护昂贵的硬件设备，只需通过云计算平台按需租用计算资源，实现资源的灵活配置。在业务旺季，企业可以轻松增加计算资源，确保信息系统的稳定运行，满足业务高峰时的数据处理需求；而在业务淡季，则可以减少资源租用，降低运营成本。这种灵活的资源配置方式不仅大幅降低了企业的 IT 成本，还能根据业务需求快速扩展或收缩系统规模，提升系统的可扩展性，使企业在信息化建设过程中更加高效、敏捷，能够快速适应市场变化，及时调整业务策略。

云端提供弹性算力支撑大规模数据存储与分析（如企业财务数据的云端共享），边缘节点则实现本地实时数据处理（如生产线传感器数据的边缘计算），可以通过边缘计算模块将设备故障预警延迟从 5s 降至 500ms。这种“云边一体化”架构既满足核心数据集中管控需求，又适配工业现场的实时性要求，推动 IT 资源配置从“静态部署”向“动态调度”升级。

4. 数字孪生驱动虚实融合

随着数字化转型的持续推进，企业将不断探索新的业务模式和服务形式。以数据驱动的决策模式将成为主流，企业通过深入挖掘数据价值，能够更好地满足客户个性化需求，提升客户体验，创造更大的业务价值。一些电商企业利用大数据分析消费者的浏览历史、购买偏好、消费习惯等信息，为每位用户提供个性化的商品推荐，不仅提高了用户的购买转化率，还增强了用户对平台的黏性。

数字孪生技术通过构建物理系统的虚拟映射，实现全流程可视化管理与预测性优化。在食品加工领域，企业基于产线数字孪生模型模拟不同工艺参数对杀菌效果的影响，使能耗降低 12%；物流场景中，通过仓储数字孪生优化拣货路径，分拣效率提升 25%。该技术突破传统管理的“事后响应”模式，形成“实时监控-仿真预测-主动优化”的闭环，成为制造业数字化转型的核心工具。

第三节 食品安全信息化管理的技术体系和构成

一、概念和意义

食品安全信息化管理是指在食品安全法律、法规和管理体制的基础上，运用先进的管理体系与信息技术，构建包括生产、流通、消费及行政监管在内的全面管理系统，涉及厂商、政府机构、消费者和大众媒体等与食品质量安全相关的各方。其核心目的是利用信息化技术，全面提升食品安全的监管与服务能力，确保食品从生产源头到消费终端的整个过程具备可追溯性与可监控性。

食品安全信息化管理不仅限于技术层面的应用，也是一个复杂的系统工程，涉及管理学、社会学、经济学等多个学科。因此，其体系具有两个核心属性：一是政务信息化管理，侧重为政府监管和公共服务提供支持；二是社会公共事业信息化管理，侧重为消费者提供透明、安全的信息服务。该管理体系必须兼顾“管理”和“服务”的双重需求，避免将信息化仅等同于技术设备的应用，而忽视信息化发展的基础——管理基础与信息资源基础。只有在这些软性条件的有力支持下，食品安全信息化管理才能真正发挥作用，构建一个安全、透明且高效的食品安全保障体系。

食品安全信息化管理的意义在于：

① 效率提升。通过信息化手段，在食品安全的日常管理工作中能够迅速识别潜在风险，进行早期处理，并及时发出预警，从而有效减少食品安全危机带来的损失。甚至能够在源头上防止危机的发生。

② 决策科学。信息化管理能够显著提升管理部门的决策效率和政策制定质量。通过多种信息化手段，实现业务协同与专家支持，利用信息综合、预测和评估等分析方法，可以高

效整合各类信息，为管理部门提供科学、准确的决策依据，帮助做出理性判断和积极应对。

③ 社会共治。在食品安全危机爆发时，信息化管理能够突破时空限制，提升管理部门的快速响应能力。确保在最短时间内对突发事件做出反应，并采取最有效的应对措施，为应急处置提供强有力的支持。

④ 促进信息透明化。食品安全信息化管理致力于打造良好的社会信息环境，提供食品安全相关的信息共享和教育服务。通过推动政府信息公开，保障公众的知情权与参与权，打破区域和时间的限制，使食品安全管理能够更好地服务于广大民众，提升社会对食品安全的信任度。

二、食品安全信息化管理的相关技术

从食品安全信息管理的内涵来看，食品安全信息化管理系统本质上是食品供应体系中关于食品构成与流向的监管信息、物流信息以及文件记录系统。食品安全信息化管理涉及多种技术，目的是全方位确保食品从生产到消费全过程的安全性和可追溯性，主要有信息标识技术、信息采集技术、网络数据交换技术、物流跟踪技术和风险分析技术五个方面。

1. 信息标识技术

随着人们健康意识和食品安全意识的不断提高，食品行业对产品质量和安全性的要求日益严格。这一过程中，信息化管理显得尤为重要，其中信息标识技术作为基础工作，对食品的生产、运输、储存及追溯管理等环节至关重要。

信息标识技术是对物品进行有效且标准化编码与标识的技术手段，主要涵盖条形码、二维码、射频识别（RFID）等。这些技术为食品生产、流通和销售环节提供了精准的标记与识别方式，保证每一件产品都拥有独一无二的身份标识。在现代化的食品供应链中，信息标识技术能够实现商品的快速识别与信息读取，极大提高了信息记录的准确性和实时性，有力支持了食品的追溯与召回工作。标识技术不仅能标注生产日期，还能充分满足企业对产品追踪和追溯的需求，为食品安全提供坚实保障。

自《中华人民共和国食品安全法》（以下简称《食品安全法》）实施以来，食品行业对产品质量和安全性提出了更高标准。标识技术不仅简化了生产流程，在产品追踪、追溯和管理方面也发挥着重要作用。越来越多的企业认识到，借助产品标识能够有效开展质量监控和风险管理。例如，电子标识技术应用于动物体内，可提供动物品种、来源、免疫情况及健康状态等重要信息。这些数据在屠宰时会被记录，并与超市展卖的肉品标识相结合，确保消费者能够清晰追溯食品的来源和分销链。

信息管理的前提是采用被广泛接受的标准进行信息识别与标识，以便后续进行信息采集和传递。随着全球化的推进，食品追溯体系必须考虑信息流动的全球性，通常采用国际物品编码协会（GS1）制定的 GS1 系统。这是一套在全球范围内广泛应用的物品、位置及服务关系标识系统及相应的电子商务标准。采用 GS1 系统，能够对食品供应链全过程中的产品及其属性信息、参与方信息等进行有效标识，实现信息的传递和交换。这为追踪和掌控食品原料、加工、包装、储存、运输、销售等环节提供了可靠保障，一旦出现问题可迅速定位并处理。

信息标识技术是食品安全信息化管理的重要基石，能够切实提升食品生产、运输和销售环节的追踪与追溯能力。通过构建标准化的信息标识系统，食品行业能够实现对产品从源头到消费者的全链条监控，保障食品安全，增强消费者的信任度。

2. 信息采集技术

信息采集技术在食品安全管理中占据着至关重要的地位，主要负责对与食品安全相关的数据进行高效收集与处理，这些数据涵盖温度、湿度、成分分析等关键指标。通过将传感器技术与互联网技术相结合，信息采集技术能够实时监测食品在生产、储存和运输过程中的安全指标。这些数据经信息系统汇总和分析，为后续决策提供科学依据。信息采集技术不仅提高了数据采集效率，还增强了监管的及时性，有效降低了食品安全事故的发生风险。

在对相关信息进行全球通用标准的标识后，还需采用全球通用的标准载体来承载这些信息，以实现信息的高效采集，达成供应链全程的无缝衔接。目前，最常用的信息采集技术包括条码技术和射频识别（RFID）技术。

随着物联网（IoT）的迅猛发展，信息采集技术也在不断进步。新一代传感器的应用使得数据采集的精度和实时性大幅提升，例如，温度和湿度传感器的智能化升级能够实现更细致的环境监测。同时，区块链技术的引入为食品安全信息的透明性和可追溯性提供了新的解决方案，通过去中心化的方式确保数据的安全和可靠。这些技术的结合，为保障食品安全提供了更为全面和系统的支持。信息采集技术在食品安全管理中具有不可替代的作用。通过RFID和EPC等先进技术的应用，能够实现对食品安全数据的高效收集与处理，提高监管效率，降低食品安全风险。未来，随着技术的不断创新，信息采集技术将在食品安全管理中发挥更大的作用，为构建安全、健康的食品供应链体系提供强有力的支持。

3. 网络数据交换技术

网络数据交换技术是实现各方信息共享与沟通的关键，涵盖了应用程序接口（API）、数据传输协议等多种技术手段。通过这些技术，监管部门、生产企业、物流公司和消费者能够实现信息的实时交流与共享。这种数据交换不仅提高了监管的透明度，而且能够迅速响应潜在的食品安全问题，确保各方在面对风险时能够及时协同应对。

在食品供应链的每个环节建立可追溯标签后，各环节之间需要实现无缝连接，以便标签信息能够顺利传递并进行关联管理。这种关联管理是实现供应链全程跟踪和追溯的基础。如果任一环节出现信息断层，整个链条将无法有效运作，导致可追溯性目标的实现受到影响。因此，全球通用的技术标准对于确保数据交换的顺畅至关重要。

为了实现贸易伙伴之间电子数据信息的快速、准确、低成本、高效率的转换，国际物品编码协会（GS1）制定了电子数据交换（EDI）的全球标准。这些标准包括电子数据交换标准实施指南（EANCOM）和可扩展的商业标识语言标准（ebXML）两个部分。通过采用这些标准，食品供应链中的各方能够在不同系统之间实现高效的数据交换，促进信息流通与整合。

近年来，随着信息技术的不断进步，网络数据交换技术也在持续演变。现代化的API设计使得系统间的数据交互更加灵活和高效，能够支持多种数据格式的传输。同时，云计算技术的应用也为数据的存储和共享提供了更为便利的解决方案，使得各方在数据交换中能够实现更高水平的协作。

网络数据交换技术在食品安全信息化管理中占据着核心地位。通过高效的信息共享与实时沟通，能够提升食品供应链的透明度和响应能力。未来，随着技术的持续发展，网络数据交换技术将在保障食品安全和提升管理效率方面发挥更加重要的作用，为构建安全、健康的食品供应链体系提供坚实的支撑。

4. 物流跟踪技术

物流跟踪技术在食品运输和存储环节中发挥着至关重要的作用，主要依赖于全球定位系统（GPS）、物联网（IoT）等先进信息技术。这些技术能够实时监控食品在运输过程中的状态，包括位置、温度、湿度等环境因素，从而确保食品在整个供应链中的安全性和新鲜度。

通过物流跟踪技术，企业能够及时发现并解决运输过程中可能出现的问题。例如，若温度超出安全范围，系统可以立即发出警报，促使相关人员采取措施，防止食品变质。此外，消费者也可以通过相关应用程序追踪自己购买的食品来源和流向，这不仅提高了透明度，也增强了消费者对食品安全的信任度。对于食品，特别是生鲜食品，对温度等环境因素的变化极为敏感，对物流运输的要求更加严格。因此，物流运输过程的管理对食品安全至关重要。必须采取有效手段来监控和管理食品的物流运输过程，确保高效运作。同时，在发生食品安全事件时，能够迅速对运输环节进行追溯，以便采取必要的应对措施。当前，主要采用地理信息系统（GIS）和全球定位系统（GPS）对物流运输过程进行精准跟踪和记录。运用这两种技术，不仅可以实现对运输车辆的实时跟踪与监控，还能够对车辆内部温度进行实时监测和调整。这些技术还可以根据实时跟踪数据计算出最佳物流路径，为运输设备提供导航，进一步减少运输时间和降低运营成本。

物流跟踪技术在食品安全信息化管理中具有不可或缺的作用。通过实时监控和精确管理，确保了食品在运输过程中的安全性与新鲜度。同时，这种技术的应用不仅提升了企业的运营效率，也增强了消费者的信任感。随着技术的不断进步，物流跟踪技术将在未来的食品供应链管理中扮演更加重要的角色，助力构建安全、可靠的食品供应体系。

5. 风险分析技术

风险分析技术是食品安全管理中的关键环节，涉及对潜在风险的识别、评估和控制。该技术利用数据挖掘、机器学习和统计分析等现代方法，对收集的海量数据进行深入分析，从而识别可能的风险源，并提供相应的预警和应对措施。通过风险分析，管理者能够制定更加科学和有效的食品安全策略，从而降低食品安全事故的发生率，保障公众健康。

风险分析是对潜在危害的预测，并在此基础上采取规避或降低危害影响的措施。具体而言，风险分析包括三个主要部分：风险评估、风险管理和风险交流。食品安全风险评估被定义为对食品及食品添加剂中生物性、化学性和物理性危害对人体健康可能造成的不良影响进行的科学评估。该过程包括危害识别（识别可能对食品安全造成危害的因素）、危害特征描述（对已识别的危害进行详细描述）、暴露评估（评估消费者接触这些危害的可能性）和风险特征描述（分析危害对健康的潜在影响）四个过程。

食品安全风险评估技术主要依靠现代信息技术，充分发挥网络的优势，有组织地综合利用科技手段，快速获取大量有价值的食品安全风险信息。在此基础上，建立可共享的信息库，形成集信息追溯、收集、交流、上报、整理、分析、决策和处理于一体的现代化监督方式。这种方法可以实现信息共享、节约成本，极大地提高食品安全监管的效率。

风险分析技术在食品安全信息化管理中发挥着不可或缺的作用。通过科学的风险评估和有效的管理措施，能够显著提高食品安全监管的效率与透明度，为消费者提供更安全的食品保障。随着技术的不断进步，风险分析技术的应用将愈加深入，为未来食品安全管理提供更为强有力的支持。

三、食品安全信息管理体系的构成

食品安全信息管理是食品安全管理体系中重要的组成部分，也是保障食品安全的重要途径。该体系主要包括以下四大方面：食品安全信息收集与交流、食品安全可追溯、食品安全风险监测与预警、食品安全信息咨询与教育。

1. 食品安全信息收集与交流

食品安全信息收集与交流系统是整个食品安全管理的基石，主要负责各类食品安全信息的收集、整理、存储与共享。借助物联网、云计算和大数据分析等现代信息技术手段，能够对食品从生产、加工、流通到消费的各个环节进行实时信息监测。

① 信息收集与分析：在国内和国际范围内收集、分析有关食品安全问题的重要信息，并为食品安全政策的制定提供科学依据。

② 信息传递：及时、可靠地向生产者和消费者提供必要的信息，帮助个人和组织在食品链的各个环节（包括投入、生产、加工和消费）改进食品安全操作。

③ 科学指导：为食品质量安全的生产、管理和消费活动提供科学指导。政府及相关食品管理机构承担收集、交流和传播食品安全知识的基本责任，这是管理和监督食品安全的重要组成部分。

信息收集的渠道丰富多样，包括生产企业的自检报告、第三方检测机构的专业检验数据、消费者的真实反馈意见以及监管部门的详细检查记录等。这些信息不仅包含食品的质量、成分、生产日期、保质期等基本内容，还涵盖了环境卫生、加工工艺、物流运输等多维度的数据。

信息交流系统则确保信息能够及时传递与共享。通过搭建统一的信息平台，各级监管部门、企业和消费者都能便捷地获取食品安全信息。企业可通过平台了解最新的法规政策、行业标准和市场动态，从而调整生产和经营策略；消费者能够查询所购食品的来源和安全性，增强消费信心。这种信息的透明化，既增强了消费者的信任感，也促使企业强化责任感和合规意识。

2. 食品安全可追溯

食品安全可追溯是实现食品安全管理的重要手段，旨在通过对食品生产和流通环节的全面监控，确保食品的来源和去向可追溯。该系统通过建立食品生产与流通的完整信息链，确保在任何时候都能追溯到食品生产、加工、运输和销售的各个环节。

长期以来，国际上在食品安全控制方面普遍采用 HACCP（危害分析与关键控制点）、GMP（良好操作规范）及 ISO 9000 等方法。这些技术主要针对食品的生产、加工环境进行严格控制，保证食品在整个生产过程中免受生物、化学、物理因素的危害，将潜在危害消除在生产环节。我国从 20 世纪 90 年代初就开始初步尝试建立食品安全追溯制度，1995 年实施的《食品卫生法》规定包装食品必须标识相关信息。2001 年，我国正式着手建立食品安全追溯体系，此后各部门、各省市陆续开展相关工作，2010 年起在全国范围内选择 58 个试点城市开展肉菜流通追溯体系建设。2015 年颁布的《中华人民共和国食品安全法》第四十二条首次将食品安全全程追溯制度写入法律。2025 年 3 月，中共中央办公厅、国务院办公厅联合印发了《关于进一步强化食品安全全链条监管的意见》这标志着国家层面的食品安全全程监管（包含追溯）制度体系已正式建立。

可追溯系统的核心在于建立信息标识和追溯数据库。每种食品在生产时都会被赋予唯一的标识码，结合条形码或二维码技术，实现从原料采购到最终消费者手中的全链条追溯。一旦发现某批次食品存在安全隐患，可迅速追溯到生产和销售环节，及时召回问题产品，保障消费者安全。例如，某品牌奶粉被检测出质量问题，通过可追溯系统能快速定位奶源地、生产工厂、销售渠道，及时召回问题奶粉，避免更多消费者受到影响。

国际上，多种知名的食品追溯体系已被广泛应用。FDA《食品安全现代化法案》要求食品生产企业建立追溯系统，以便在发生食品安全事件时能够快速追溯和召回问题产品；欧盟的《食品信息法》规定食品必须提供清晰的来源信息，确保消费者能够追溯食品的生产过程；全球标准（如GS1）通过制定统一的条形码和二维码标准，助力企业实现全球范围内的食品追溯。

随着区块链技术的兴起，食品可追溯系统的透明度和安全性得到进一步提升。区块链的不可篡改性和去中心化特征，使各参与方的信息记录更为可靠，增强了消费者对食品安全的信任度。通过区块链技术，食品的每一个环节都能被透明地记录和验证，确保信息的真实性和可靠性。

食品安全可追溯系统是提升食品安全管理水平的关键手段，通过信息化手段实现对食品全生命周期的监控与管理，切实保障消费者的食品安全。未来，随着技术的不断进步和法律法规的逐步完善，我国的食品安全追溯制度有望取得更大突破，为保障公众健康筑牢更坚实的基础。

3. 食品安全风险监测与预警

食品安全风险监测与预警系统是一套基于科学评估的综合性系统，旨在对可能影响食品安全的各种风险进行全面监测和及时预警。该系统通过建立风险评估模型，实时监测食品生产、加工和流通过程中的潜在风险，及时识别和发现风险点。

系统的监测内容涵盖三个方面：微生物污染（包括细菌、病毒、真菌等对食品安全构成威胁的微生物）、化学残留（监测农药、重金属等有害化学物质的残留情况）、物理性危害（识别食品中可能存在的异物、锐器等物理性安全隐患）。通过采用先进的传感器和监测设备，系统能够实时采集环境和食品样本的数据，并运用数据分析技术识别风险因子。同时，结合历史数据和市场动态进行趋势分析，预判潜在的食品安全风险。一旦监测到异常情况，系统会立即发出预警，相关部门和企业可迅速采取相应措施，降低风险发生的可能性。例如，当监测到某地区蔬菜农药残留超标时，及时通知当地农业部门和相关种植户，采取措施减少农药使用，防止问题蔬菜流入市场。

食品安全综合评价指数与监测预警系统由 4 个层次构成。

① 数据层：负责收集和存储各类食品安全相关数据，包括食品检测数据、生产过程数据、市场流通数据等。

② 服务支撑层：提供数据处理和分析的技术支持，运用大数据分析、人工智能等技术对数据进行深度挖掘和分析。

③ 应用层：实现具体的应用功能，包括监测、评估和预警，通过可视化界面展示食品安全状况和风险预警信息。

④ 用户层：面向公众和食品安全相关部门，提供信息查询和反馈功能，公众可查询食品安全信息，相关部门可根据反馈调整监管策略。

该系统通过检测机构的数据评估某类食品的安全状态，反映食品安全的各个方面，并以指数形式呈现某一品种或地区的食品安全总体水平（图 1-1）。此外，系统整理、分析和预测监测数据，及早发现风险信号，为风险预警提供决策依据，并及时向社会公众发布相关结果，保障公众对食品安全状况的知情权，提高食品安全监管的科学性。整个系统实现了以下四项关键技术。

① 基于 XML 的异构数据中心与资源共享平台：通过向食品检测机构提供异构数据接

口，实现数据的上传与整合，建立涵盖多方检测机构的食品安全数据中心。

② 食品安全综合评价指标体系：采用层次分析法构建综合评价指标体系，包括国际食品安全标准指标库、食品检测方法库、食品检测项目库、危害物质信息库及居民膳食营养信息库等。

③ 食品安全综合评价指数模型：作为系统的核心，包含指数的计算、修正与归档，动态定义及管理计算公式等功能。

④ 食品安全风险预警模型：涵盖预警规则的定义、食品安全溯源及预警信息发布等功能。该模型能够生成并保存食品安全预警信息，并通过邮件或手机短信实时发布给相关对象（如行政管理部门、食品生产企业、检测机构、消费者等）。

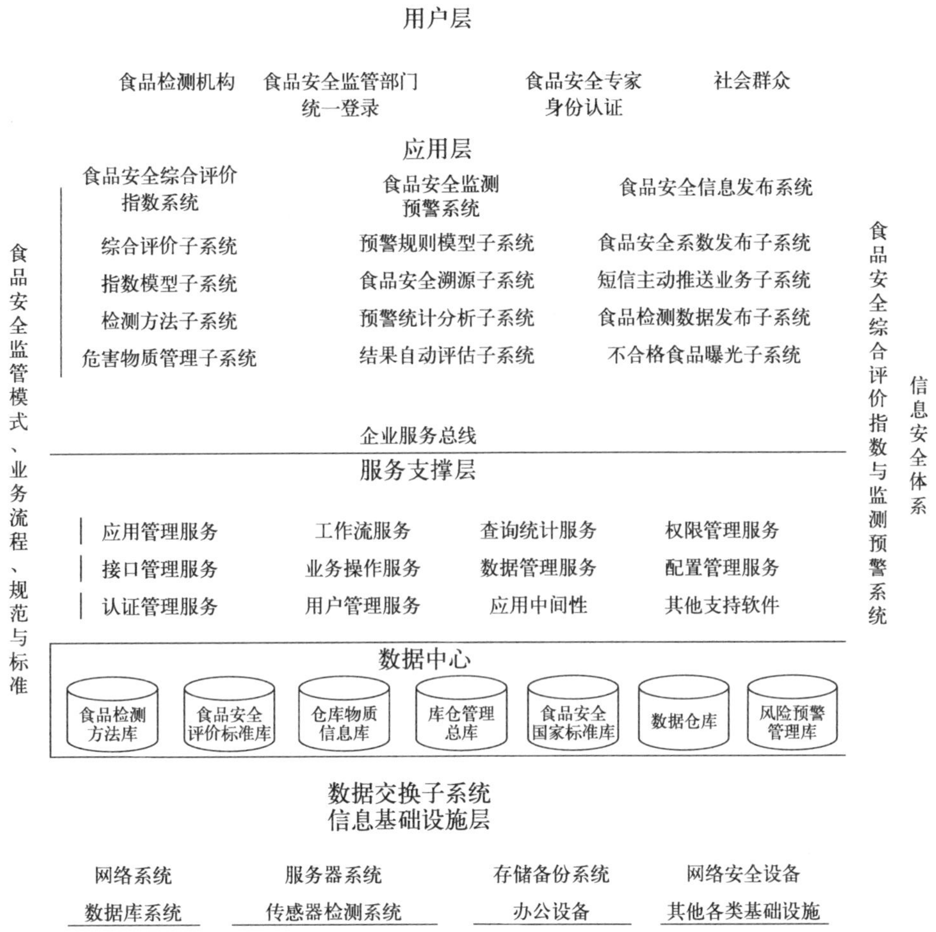

图 1-1　食品安全综合评价指数与监测预警系统框架图

在国际上，食品安全预警系统一般分为三个级别。

① 一级预警：食品安全风险较低，日常监测与管理即可，不需要特别关注。

② 二级预警：潜在风险增加，需提高监测频率，加强管理措施，如增加抽检频次、加强市场巡查等。

③ 三级预警：食品安全风险显著，需立即采取紧急措施，防止风险扩大。如责令问题企业停产整顿、召回问题产品等。

在中国，食品安全预警系统也采用相似的分级方式，结合具体情况制定相应的预警措施，确保公众健康和社会稳定。通过监测与预警系统的建设，食品安全监管将更加科学有效，为长期保障食品安全奠定坚实基础。

4. 食品安全信息咨询与教育

教育作为一种能够影响消费行为和市场产出结果的非强制性手段被广泛应用。管理机构针对消费者、生产企业和食品质量安全教育及研究者提供了不同的教育和培训内容。

食品质量安全教育向消费者传递关于如何降低食源性疾病感染风险的科学知识，旨在减少不安全食品对人们的危害。通过参与食品安全信息交流，所有利益相关者都能增强对食品安全的认知。2011 年，国务院食品安全委员会办公室确定每年 6 月的第三周为“食品安全宣传周”，在全国范围内开展多样化的食品安全主题宣传活动。政府管理部门通过与消费者组织密切合作，提供免费的质量安全知识教育和培训，并加强对消费者投诉及食品工业相关问题的处理和处罚。

食品安全信息咨询与教育系统旨在提升公众及相关从业人员对食品安全的认知与理解。该系统包括食品安全知识宣传、培训和咨询服务等多个方面。通过各类讲座、培训班和宣传活动，向公众普及食品安全知识，帮助他们识别和避免潜在的食品安全问题。此外，系统还提供在线咨询服务，消费者可以就食品安全问题向专业人士咨询，获得及时解答和指导。在企业方面，该系统同样提供培训和指导，帮助食品生产经营者了解食品安全法规及行业标准，提升其管理能力和水平。通过定期组织培训和研讨会，企业能够学习最新的食品安全技术与管理经验，明确其在生产和经营中的责任与义务，进而降低食品安全风险。

食品安全信息咨询与教育系统还通过社交媒体、官方网站和移动应用等多种渠道，向公众提供食品安全的最新动态、法规和科学知识。这种信息传播的多样性和广泛性，能够及时纠正公众对食品安全的误解，增强社会对食品安全问题的关注与参与。在学校和社区开展食品安全教育活动，能够让更多人认识到食品安全的重要性，从而形成全社会共同关注和参与食品安全管理的氛围。通过教育和信息传播，不仅提高了公众的食品安全意识，也为食品安全管理体系的有效运行奠定了良好的基础。

各国在食品安全宣传方面也采取了多种措施。例如，美国通过“食品安全教育计划”向公众普及食品处理和储存的最佳实践，教育活动通常在每年的 9 月开展；欧盟则通过“食品安全周”提升公众对食品安全的认识；在日本，食品安全宣传活动通常在 6 月进行，活动鼓励民众参与食品安全的对话与教育。这些活动不仅推动了食品安全知识的传播，也促进了国际的经验交流和合作。通过综合运用教育、信息化管理和公众参与，食品安全教育与信息咨询系统在全球范围内为提升食品安全意识、减少食品安全风险、保障公众健康发挥了重要作用。

问答题

1. 简述食品安全信息化管理的核心目标与三大技术支撑体系。
2. 分析人口增长与食品工业发展如何推动溯源技术的应用需求。
3. 比较传统监管模式与信息化监管在响应速度方面的差异。
4. 以三聚氰胺事件为例，说明信息化管理如何避免类似事件重演。

·第二章·

国内外食品安全监管体系

“民以食为天，食以安为先”，食品安全是国家安定与社会和谐的基石，也是衡量人民生活质量和政府治理水平的重要标准。随着社会的不断进步与人们生活水平的提高，食品安全问题日益受到公众的关注，它不仅关乎人民群众的生命健康，更直接影响社会经济的稳健发展。在全球化背景下，食品供应链的复杂性和跨国界属性使得食品安全问题日趋突出，各国政府和国际组织纷纷建立和完善食品安全监管体系，以应对这些挑战，而食品安全的全球性特质意味着任何国家都无法孤立应对这一问题。

通过学习和借鉴国际先进的监管经验，并结合本国实际情况，逐步完善和优化本国的食品安全监管体系，才能有效保障公众健康，促进社会和谐，确保国家长治久安。在此背景下，探讨国内外食品安全监管体系的构建与运行尤为重要，了解各国监管体系的特点和经验，有助于为我国食品安全监管提供有力支持和借鉴。

第一节　世界食品监管体系模式

世界各国对食品安全监管的方式虽然各不相同，但想达到的目的却是相同的。世界主要国家和地区的政府食品安全管理模式，大体可以分为两种类型：一类是单一部门管理的模式，政府设置独立的食品安全管理机构，全权负责食品安全事务，比较典型的有德国、加拿大。另一类是多部门管理的模式，将食品安全管理职能分设在几个政府部门，其中又可分为分类管理和分段管理两种形式，这两种形式的分工也会有交叉，法国的管理体制基本属于分段管理，美国和日本的管理体制大体属于分类管理。

一、多部门协作监管模式

多部门协作监管模式也称为分散式模式，这种模式食品安全监管由多个部门分担，每个部门负责不同的监管领域或食品链的某一环节，其中又可分为分类管理和分段管理两种形式，这两种形式的分工也会有交叉。

美国是这种监管模式的主要代表。美国联邦及各州政府具有食品安全管理职能的机构有

20个之多，其中最主要的、具备制定食品安全法规和进行执法监管的联邦行政部门有4个。

① 卫生与公众服务部（HHS）：下属食品药品监督管理局（FDA）监管除肉禽蛋外的所有食品、食品添加剂及进口食品。

② 农业部（USDA）：食品安全检验局（FSIS）主要负责肉类、家禽及相关产品和蛋类加工产品的监管；动植物卫生检验局（APHIS）主要负责保护和促进美国农业的健康发展，执行动物福利法案，并处理与野生动植物相关的伤害案件。

③ 环境保护署（EPA）：负责饮用水、农药残留限量标准制定与监管。

④ 海关与边境保护局（CBP）：负责检查进口食品，确保其符合美国的安全标准。

由于食品安全的监管涉及多个部门，各机构之间的协作显得尤为重要。为加强协调与配合，美国政府先后成立了食品传染疾病发生反应协调组和总统食品安全委员会，FDA与USDA通过食品突发事件响应协调组（FERRC）实现数据共享，并通过总统食品安全委员会解决管辖权冲突，这些机构旨在促进信息共享和统一行动，以应对潜在的食品安全危机。总统食品安全顾问委员会则负责向总统提出建议，推进实施全面的科学策略，以提高食品供应的安全性，并增强联邦机构与州、地方政府以及私营部门之间的协调关系。总之，美国的食品安全监管体系通过多部门的协作与协调，能够有效应对复杂的食品安全挑战，确保公众的食品安全与健康。各机构分工明确且协同合作，使得这一监管体系更加完善和高效。

日本的食品安全监管分别由农林水产省（MAFF）和厚生劳动省（MHLW）两个部门负责，并成立了食品安全委员会（FSC），协调上述两个部门的食品安全管理工作。农林水产省负责农产品生产环节的食品安全管理、进口动植物农产品检疫、批发市场和屠宰场保障食品安全的设施建设等；厚生劳动省负责加工、流通环节（除批发市场和屠宰场设施建设外）食品安全监督管理及进口食品检验。此外，食品安全委员会每月发布风险评估报告，通过社交媒体向公众同步信息。

法国的食品安全监管主要由农业部、财经工业部和卫生部三个部门承担。农业部负责从生产到销售等环节的食品安全监管，包括制定有关技术规范；财经工业部负责市场交易环节的食品安全和诚信监管；卫生部负责调查食品安全事件，并对违法行为进行处罚。

欧盟的食品安全监管体系同样采用多层次的模式，下属设置了两大机构：欧盟食品安全局（EFSA）负责科学评估和风险分析，为欧盟政策的制定提供科学依据；欧盟委员会卫生与食品安全总局（DG SANTE）承担着政策的制定和实施职责，确保食品安全法规在整个欧盟范围内得到有效执行。各成员国则负责具体的监管和执法工作，根据欧盟的法规和标准执行食品安全检查和管理。这种分工模式使得欧盟能够在统一的框架下，结合各国的实际情况，灵活应对食品安全挑战。各成员国在保障食品安全方面的合作与协调有助于提升整个欧盟的食品安全水平，增强消费者的信任和保障公众健康。通过这一体系，欧盟不仅能有效应对食品安全风险，还能在全球范围内树立食品安全的高标准。

实施“多部门型”食品安全国家控制模式的国家，尽管对每一个参与监管的部门作了明确的职责规定，但在实际工作中，仍容易发生法定活动重复、管理机构重叠、管理成本增加、管理力量分散以及沟通不畅和协调不力等问题。主要体现在：

① 国家缺乏总体协调。即使国家做了统一的监管规划，在具体实施中因为信息沟通不畅等原因，也难以良好协调。

② 在管辖权限上容易混淆不清。在具体执行监管时，可能发生重复管理和管理空白的情况，导致实施效率低下和管理资源浪费。

③ 不同部门的具体管理机构因为专业知识和管理水平不相同，导致实施不均衡。

④ 公众健康、促进贸易、产业发展等不同的监管目的可能发生优先性冲突。

在这种情况下，制定相关部门职责和食品监管规划时，必须详细和准确；在具体执法监督中，对法律和标准的适用要做到正确和统一；同时应建立有效的机构间协调机制和部门责任制，为相关部门协调一致地实施食品安全监管提供环境和监督。对于食品链中那些需要加强管理的环节和某些特殊的食品相关领域，要特别重视并增加管理资源的投入。

在这种模式下，食品安全监管由一个或少数几个主要机构负责，通常是国家级的机构，负责制定和执行所有的食品安全法规和标准。

二、单部门主导监管模式（独立模式）

目前世界各国食品安全监管主要以单部门主导模式居多，尤其是欧美各国，以英国为典型。为了强化食品安全管理，英国于1999年颁布了《食品标准法》，并随后成立了独立的食品安全监督机构——食品标准局（Food Standards Agency，FSA）。该局不隶属于任何内阁部门，作为一个非内阁部委，承担着食品安全监管的职责。其设立的目的在于减少利益冲突和政治干扰，确保食品安全管理的独立性。在英国的食品安全体系中，中央和地方政府共同承担责任。中央政府主要负责立法，而地方政府则执行具体的监管措施。食品标准局代表英王履行食品安全监管职能，直接对英国议会负责。该局的职能覆盖了政策制定、信息提供、流程检查以及执法监督，基本涵盖了英国食品安全监管体系的各个环节。

加拿大于1997年通过《食品检验署法》，由多部门监管模式整合为单部门监管模式，标志着其食品安全监管体系的重大改革。此法案将原本隶属于农业部、渔业海洋部、卫生部和工业部的食品检验业务剥离出来，成立了一个专门的食品安全监管机构——加拿大食品检验署（Canadian Food Inspection Agency，CFIA），统一负责加拿大食品安全、动物健康和植物保护的监督管理职责，从而提高了监管的效率和协调性。根据《食品检验署法》，加拿大食品检验署承担多项重要职能，包括对农业投入品的监管、产地检查、动植物及其食品和包装的检疫、药物残留监控、加工设施的检查以及标签的审查等。这些职能的整合，使得食品安全监管能够实现“从农田到餐桌”的全程管理，确保食品在生产、加工和流通各个环节的安全性和合规性。通过这一改革，加拿大不仅提升了食品安全监管的效率，还增强了公众对食品安全的信任，为消费者提供了更加安全、可靠的食品环境。

德国在2001年进行政府机构调整，将原联邦粮食、农业和林业部重新组建为联邦食品和农业部。新成立的联邦食品和农业部不仅接管了原德国联邦卫生部的消费者保护职能，还承担了德国联邦经济与科技部的消费者政策制定职能。这一改革使得新部门拥有了三大核心职能：一是保护广大消费者的权益；二是保障粮食及各种食物的质量与安全；三是推动符合环境和动物特点的可持续农业生产方式。在联邦食品和农业部的统一监管下，设立了两个主要机构：风险评估研究所和食品安全局。风险评估研究所的主要职责是评估与食品安全相关的各种风险，并定期提交评估报告及政策建议，以支持科学决策和政策制定。食品安全局则负责具体的风险管理工作，包括应对突发事件、协调国内各州的食品安全事务，以及与欧盟相关机构的沟通与合作。通过这一机构重组，德国有效提升了食品安全管理的系统性和协调性，增强了消费者保护的力度，确保了食品安全与农业可持续发展的综合性监管，为公众提供了更加安全、透明的食品环境。

单部门主导监管模式的优点是：能够根据国家食品安全总体计划，制定统一政策，并保证基层执行时依据法规的一致性；有效避免了部门间职能交叉带来的管理资源浪费，并有利于充分整合各种专业知识，对食品安全监管问题作出准确的科学判断，提高管理成本效益；保证食品标准的一体化，有利于国内标准与国际通用标准的衔接，促进国家食品贸易；整个事件中的信息流通、处理决策、组织执行、结果反馈都在同一个系统中进行，可保证应对突发性食品相关事件的快速反应能力；食品相关问题由同一个部门监管，有利于结合实际情况协调食品安全、产业和贸易的优先处理问题，实现三者的和谐发展。负面影响主要体现：一是增加了整体的行政管理层次，降低整个管理链的适应性，导致管理僵化，使得信息损失增加；二是扩大了最高决策层的管理跨度，决策者除了要优先处理食品安全问题外，还必须同时应对食品卫生、产业、贸易等多方面的问题。因此，地域小、行政管理层次少、政府管理高度集中的国家较适宜推行“单一部门型”食品安全控制体系。

全球食品安全监管体系的模式多种多样，各国根据自身的实际情况和需求选择了不同的监管模式。每种模式都有各自的优缺点，了解这些模式有助于对全球食品安全监管体系进行有效的比较和借鉴。

第二节 我国食品安全监管体系

我国的食品安全监管体系也属于集中式模式，由国家市场监督管理总局（SAMR）负责整体监管，农业农村部（MARA）负责农产品质量安全，国家卫生健康委员会（NHC）负责制定标准和风险评估，海关总署（GAC）负责进出口食品的检验检疫等。

一、食品监管体制历史变革

2008年“三鹿”奶粉事件暴露出问题。然而，食品安全监管体制改革虽然已成为政府和社会公众关注的热点问题，但系统和深度的学术研究精品仍然有提升空间。由于食品安全监管体制改革的研究既涉及医学、化学、农学等自然科学，又与经济学、行政学、社会学等社会学科密不可分，因此就必然要求研究者具有复合型的知识性结构，这也在部分程度上能够解释中国食品监管体制改革研究佳作不多的原因。目前，除了少部分国外学者的研究作品之外，国内学者的著述大都限于对食品安全监管政策的概念演绎和规范描述上，即便有少数的实证研究，往往也都过于技术化和局部化，关于中国食品安全监管的深度实证研究严重缺乏，已有成果的研究热点主要集中在以下几个方面：监管权力的横向配置与机构改革、食品安全法的立法问题、基层监管机构的能力强化、监管标准建设与技术水平强化，以及如何应对重大食品安全危机。另外，仅有少数学者对中国食品行业卫生法律规制的制度变迁进行了简单列举，但仅限于白描式的陈述，缺乏从制度变迁的角度对其背后的历史因素及其借鉴意义进行深度分析。换言之，我们不能从现有的研究成果中对当前中国食品安全的形势进行历史的比较，也无法廓清食品安全监管体制的发展历史和运转现状。

1. 1949—1978年：计划经济时代的食品卫生管理体制——指令型体制

新中国成立初期由于当时的食品安全事件大部分都是发生在食品消费环节中的中毒事故，因此食品安全在某种意义上就等同于食品卫生。加之受到当时苏联的卫生防疫体制的影响，对于食品卫生的管理最初十分自然地就落到了卫生部门的职权范围之内。1949年，原长春铁路管理局成立了中国最早的卫生防疫站。从1950年开始，中国各级地方政府开始在原防疫大队、专业治疗队等基础上自上而下地建立了省、地（市）、县各级卫生防疫站，内设食品卫生科（组）。此外，还建立了有关的研究机构和专业机构，一方面结合爱国卫生运动对各种主要食品和食品企业进行卫生管理工作；另一方面，在广泛调查的基础上陆续制定了许多食品卫生质量要求和卫生管理办法。

卫生部于1964年颁发了《卫生防疫站工作试行条例》，该条例首次明确了卫生防疫站作为包括食品卫生监督在内的卫生监督体系的主体机构的性质、任务和工作内容，并规定了卫生防疫站的组织机构设置和人员编制，这对卫生防疫系统的发展起到了积极的推进作用。

随着20世纪50年代国家对农业、手工业和资本主义工商业进行社会主义改造的结束，一套专业化分工色彩浓厚的苏联式工商业部门管理体制在1956年前后得以建立。由于食品工商业概念涉及范围较广，各个部门都有自己的食品生产、经营部门，食品工商业在当时的国民经济体系中并不算是一个单独的产业，所以各部门也成了食品卫生的主管部门，轻工部、粮食部、农业部、化学工业部、水利部、商业部、对外贸易部、供销合作社等行业主管部门都建立了一些保证自身产品合格出厂销售的食品卫生检验和管理机构。

从管理对象的角度来看，公私合营成功建立之后，政企合一的体制使得各类农副产品的价格由国家统一控制和调整，主管部门的许多官员同时又身兼国有企业的领导职务，这些都使企业的经营管理高度依附于各个具体的主管部门。因而并没有出现相对独立的商业利益诉求，组织运行的目标也几乎完全被置换为行政组织的目标。

这一时期虽然也存在一些食品质量和中毒事故，但是其主要的原因并不在于企业为降低成本而进行的一些偷工减料、违规掺假的利益冲突，而在于受到生产、经营、技术调价等客观因素的限制，家庭或个人缺乏必要的饮食知识。

从管理方式上看，在这一时期，由于众多的食品生产经营企业都直接接受各自的主管部门的管理，食品安全管理权限的规划既不完全依据生产、经营、加工等分段环节，也不完全按照食品的具体品种来进行分工，而直接按照食品企业的主管关系进行职责的划分。1965年卫生部、商业部、第一轻工业部、中央工商行政管理局、全国供销合作总社制定的《食品卫生管理试行条例》，是新中国成立以来第一部中央层面的综合食品卫生管理法规，这一“条例”在内容上较多地体现出计划经济时代中国政府食品安全管控体制的特色。

第一，在管理体制上，规定食品生产、经营（包括生产、加工、采购、贮存、运输、销售）单位及其主管部门，应当把食品卫生工作纳入生产计划和工作计划，并且确定适当的机构或者人员负责管理本系统、本单位的食品卫生工作；卫生部门应当负责食品卫生的监督工作和技术指导，卫生部门应当负责食品卫生的监督工作协商一致。实行的是以主管部门管控为主、卫生部门监督管理为辅、寓食品卫生管理于企业管理和行政管理之中的体制。

第二，在管理工具上，强调食品生产、经营主管部门，应当经常对所属单位的基层领导干部、职工进行重视卫生的思想教育，自觉地做好食品卫生工作；各级卫生部门应当主动协助食品生产、经营主管部门做好思想教育工作和食品卫生科学知识的教育训练工作；同时规定食品生产、经营主管部门和所属单位，应当把食品卫生工作列为成绩考核和组织竞赛、评比的重要内容之一，此外还规定了群众性食品卫生监督工作由各级爱国卫生运动委员会负责实施，因此所涉及的大部分工具都属于思想教育、质量竞赛、发动群众等组织内部的软性管控手段。

第三，在行为奖惩方面提出食品生产、经营主管部门和卫生部门，对认真执行本条例、经常坚持做好卫生工作的单位和个人，应当给予表扬或者奖励；对违反本条例的个人和单位，应当根据情节轻重，给予批评，或者限期改进，或者责令停业改进；对情节严重、屡教不改或者造成食物中毒等重大事故的有关人员，应当给予行政处分，必要时建议法院处理。由此可看出，对于企业违规行为的外部奖惩机制控制非常薄弱，仅限于简单的表扬或批评，以及内部的行政处分，司法机制很少介入。

此阶段管理体制具有的基本特征：

① 从管理主体角度分析，食品卫生管理工作与主管部门和卫生部门的其他职能混杂在一起，没有独立出来，所受重视程度不高；

② 从管理对象角度分析，公私合营、政企合一、财政预算软约束的食品企业产权和预算体制决定了企业的经营管理高度依附于各个具体主管部门；

③ 从管理工具角度分析，政府主管部门往往采取内部管控方式对企业行为进行约束，而现代化监管政策工具运用较少。

2. 1979—1992年：经济转轨时的食品卫生管理体制——混合型体制

改革开放伊始，随着经济政策的调整与改革，与食品管理有关的产业部门都得到了迅速发展。例如，1949年，中国的农业总产值仅为326亿元，1978年上升为1567亿元，到了1983年更是增长至3120.7亿元，在短短五年内就翻了一番。

更为重要的是，与当时经济改革中的大力发展多种经济成分的趋势相一致，食品工业发展中也推行了“多成分、多渠道、多形式”的原则，实行国有、集体、个体一起发展的策略，大中小企业和前店后厂相结合，生产经营模式和所有制机构都发生了很大的变化。

此外，从管理工具来看，虽然1979年卫生部在1965年的《食品卫生管理试行条例》的基础上，修改并正式颁布了《中华人民共和国食品卫生管理条例》，但是该“条例”多从道德规范方面去要求，只是笼统地规定了违反条例、标准和造成中毒等事故要进行处罚，直到向司法部门起诉，但对违法者如何处理和量刑则没有明确规定，司法部门多无法管理，肇事者往往逍遥法外；卫生监督部门执法职责不明确，仍多靠说服教育、因人因地而异，工作十分困难，个别地方政府和部门不理解食品卫生监督的意义和作用，反而进行干预，客观上起到了支持违法的作用；食品生产经营部门和单位的食品卫生管理与检验人员也无法充分发挥自身的作用。综上分析，这一过渡时期的食品卫生水平呈现下滑趋势，食品卫生和食物中毒事故数量呈现上升趋势。国家起草和颁布食品卫生法已成为当时改革的关键问题，即将食品卫生管理从单纯的部门行政管理转变为法律的约束。

在卫生部的大力推动下，从1981年开始，食品卫生立法的准备和起草工作就已经展开，最终于1982年11月正式通过了《中华人民共和国食品卫生法（试行）》，于1983年7月1日开始试行。虽然这部法律只是一部带有过渡性质的试行法律，体现出了浓厚的妥协和折中的性质，但相对于之前的管控体制而言，该法在内容上还是取得了一定的突破，从法律的角度明确了卫生行政部门在食品卫生监管中的主体地位。相对于以前诸多主管部门联合管理、各自为政的情况来说已经有所改观，其根源在于应对当时越来越多的非国有食品生产经营企业所带来的挑战。此外，该法还新增了对食品添加剂、食品容器、包装材料、新资源食品等品种的卫生监管制度，同时增加了违法造成食物中毒和食源性疾病的法律责任。

在当时经济改革的背景下，由于大量的集体和私营食品生产与经营企业的迅速出现，与国有的食品生产和经营部门所下辖的企业构成了直接的市场竞争关系。所以，各食品生产和经营部门都纷纷开始对下属企业推行统一领导、分级管理、两级核算的制度，同时逐步打破了计划经济体制下统购包销、计划分配、逐级调拨的旧模式，经营的自主性和灵活性大大增强。

与当时试行版的《食品卫生法》的内容及其执行效果一样，这一时期的食品卫生管理体制带有浓烈的过渡和混合色彩。

第一，从管理主体的角度分析，与计划经济时代的指令型管控体制不同的是，卫生部门作为国家食品卫生监督的执法主体，其地位得到了正式的确认，但与此同时，由于政企合一的主管体制和铁路、交通等特殊单位体制的存在，卫生部门的主导监管权又不得不陷于一种分割化的尴尬境地，因此可以视为当时过渡环境下的一种特殊现象。同时，由于经济发展的导向，管理主体在经济发展与食品卫生管理方面产生了一定的矛盾和冲突。

第二，从管理对象的角度分析，随着改革开放政策的推行，食品卫生监督管理的客体不仅在数量上呈现出大规模增长的趋势，而且在生产规模、所有制结构、技术手段、经营规模等方面也呈现出复杂化的倾向。不但新出现的集体和私营企业开始以追求商业利润作为最重要的目标，而且旧的国有企业也由于经济模式的改制而产生了独立的商业利益诉求，管理对象逃避、扭曲管理主体食品卫生管理政策的动机明显增强，两者之间的信息不对称性也在增强。从这个意义上来说，除了前市场风险因素之外，这一时期我国社会的食品安全因素已经开始出现市场风险。

第三，从管理工具的角度分析，传统指令型体制下的行政命令、思想教育、群众运动等方式虽然没有完全退出历史舞台，但是其管理效果已经明显下降。为了适应农业与食品工业迅速发展的形势，政府开始有意识地通过立法、行政执法、经济奖惩和司法审判等方式来丰富食品卫生监管的内容，但从整体上看，这些方式仍然无法取代传统管理工具的主导地位。

综上所述，此阶段的管理体制是介于计划经济与市场经济、政企合一与政企分离、传统管控与现代监管模式之间的过渡和混合模式，又可称为“混合型体制”。

3. 1993年至今：市场经济条件下的食品安全管理体制——监管型体制

自1993年以来，虽然中国的食品安全监管体制一直处于不断改变和调整中，食品安全监管体制的建设方向也仍然处于艰苦的探索阶段，但我们已经看到了一种与计划经济时代和市场经济过渡时期明显不同的管理模式及发展趋势。

1993年3月的八届全国人大一次会议通过《国务院机构改革方案》，决定撤销轻工业部、纺织工业部等7个部委，其中，1993年列入国家计划的轻工业产品只剩下6种。从食品安全监管的角度来分析，这次改革意义重大，存在了44年之久的轻工业部门逐步退出了历史舞台，包括肉制品、酒类、水产品、植物油、粮食、乳制品等诸多食品饮料制造行业的企业在体制上开始正式与轻工业主管部门分离，代之以指导性的轻工总会，后又改为经贸委下辖的国家轻工业局，直至2001年再次被撤销。

2003年至2004年，在安徽阜阳爆发了劣质婴儿奶粉事件，这起恶性食品安全事故，引起了中央政府对于食品安全监管工作前所未有的关注与重视。

在此背景下，国务院于2004年9月颁布了《国务院关于进一步加强食品安全工作的决定》，在监管体制上首次明确了“按照一个监管环节一个部门监管的原则，采取分段监管为主、品种监管为辅的方式”，正式确立了“农业部门负责初级农产品生产环节的监管；质检部门负责食品生产加工环节的监管；工商部门负责食品流通环节的监管；卫生部门负责餐饮业和食堂等消费环节的监管；食品药品监督管理部门负责对食品安全的综合监督、组织协调和依法组织查处重大事故”。同一时间，在修订《食品卫生法》的基础上制定《食品安全法》的呼声越来越高。

最终，《食品安全法》于2009年2月28日由第十一届全国人民代表大会常务委员会第七次会议高票通过，原有的《食品卫生法》同时废止。

从监管体制角度分析，《食品安全法》在内容上只是对2004年界定的多部门分段监管体制进行了局部调整，并没有从本质上改变分段监管体制的状况，显示出这一监管体制在中国当前国情下仍然具有一定的合理性。该法案不仅将食品安全的综合监督、组织协调和依法组织查处重大事故的职能从食品药品监管局转移到卫生部。同时，决定在国务院层面增设国务院食品安全委员会这样的一个协调机构，显示出立法部门意图通过引入超越部门利益的机制来协调食品安全监管工作。

从管理主体角度分析，1993年以来，中国食品监管逐步由卫生部门主导的体制变为多部门分段监管的模式，同时部门间协调机制的建设，正在逐步加强，其特征就是作为监管者的各个职能部门在体制上已经与作为监管对象的所属食品生产经营企业完全分离，除了铁路和军队系统之外，其他单位体制下的内部食品卫生管理体制已经被外部的食品卫生监督体制所取代，不管食品安全管理的具体机构权限设置如何，食品安全管理主体都已经正式转变为市场经济条件下的第三方的监管机构，管理主体与管理对象之间的关系是法治环境下的监管关系，而非行政环境下的管控关系，这也是监管型体制得以有效确立的最重要标志。

从管理对象的角度来看，市场经济体制的确立和飞速发展，不仅使食品生产经营主体在数量、规模、所有制结构等方面发生了巨大的变化，而且改变了食品卫生的传统含义，食品监管由仅限于事后消费环节的食品卫生管理逐步转向贯穿于事前、事中、事后，从农田到餐桌的全过程的食品安全风险监管，食品监管对象的覆盖范围和复杂程度大大增加。

从管理工具的角度分析，国家立法、行政执法、经济奖惩和司法审判等经济、法律监管工具的运用继续得以强化，同时，行业技术标准、质量认证体系、信息披露、风险评估与监测等一些与风险监管相关的监管工具逐步得以使用并扩展，有效地丰富了政府食品安全监管的政策工具箱，而这些现代风险监管工具的使用，又与监管主体与监管对象的特征变化是密切联系的。同时，传统的行政命令、思想教育、群众运动等管理手段在监管体制中所发挥的作用已经比较孱弱了。

综上所述，鉴于该管理体制基于市场经济条件下，具有外部性、第三方监管的特征，同时综合运用行政、经济、法律、科技等多种监管工具，因此当下的食品安全管理体制可以被界定为“监管型体制”。

二、食品监管职能主管机构和职责

2003年前，我国基本上是以卫生部门为食品安全监管的主要部门。2003年，我国在国家药品监督管理局的基础上组建了国家食品药品监督管理局，其职能定位为负责食品安全综合监督、组织协调和组织查处重大食品安全事故，同时负责保健食品的审批。2008年，国务院机构改革以后，明确由卫生部负责食品安全综合协调、组织查处重大食品安全事件，并继续承担标准制定、风险管理等职能。卫生部门负责的餐饮业和食堂等消费环节的监督职责则划归食品药品监管部门。其他部门延续2004年确定的监督职责，农业部门负责初级农产品生产环节的监管，质检部门负责食品生产加工环节的监管，工商部门负责食品流通环节的监管。2013年3月，十二届全国人大一次会议表决通过了关于国务院机构改革和职能转变方案的决定。《国务院机构改革和职能转变方案》提出组建国家食品药品监督管理总局。为加强食品药品监督管理，提高食品药品安全质量水平，将国务院食品安全委员会办公室的职责、国家食品药品监督管理局的职责、国家质量监督检验检疫总局的生产环节食品安全监督管理职责、国家工商行政管理总局的流通环节食品安全监督管理职责整合，组建国家食品药品监督管理总局。其主要职责是对生产、流通、消费环节的食品安全和药品的安全性、有效性实施统一监督管理等。将工商行政管理、质量技术监督部门相应的食品安全监督管理队伍和检验检测机构划转食品药品监督管理部门。保留国务院食品安全委员会，具体工作由国家食品药品监督管理总局承担。新组建的国家卫生和计划生育委员会负责食品安全风险评估和食品安全标准制定。农业部负责农产品质量安全监督管理。将商务部的生猪定点屠宰监督管理职责划入农业部。

2018 年 3 月，国家再次对食品安全监管体制进行改革，十三届全国人大一次会议审议通过《国务院机构改革方案》。组建国家市场监督管理总局。将国家工商行政管理总局的职责、国家质量监督检验检疫总局的职责、国家食品药品监督管理总局的职责、国家发展和改革委员会的价格监督检查与反垄断执法职责、商务部的经营者集中反垄断执法以及国务院反垄断委员会办公室等职责整合，组建国家市场监督管理总局，作为国务院直属机构。同时，组建国家药品监督管理局，由国家市场监督管理总局管理。保留国务院食品安全委员会、国务院反垄断委员会，具体工作由国家市场监督管理总局承担。不再保留国家工商行政管理总局、国家质量监督检验检疫总局、国家食品药品监督管理总局。2019 年 6 月，公安部组建食品药品犯罪侦查局。统一承担打击食品药品和知识产权、生态环境、森林草原、生物安全等领域犯罪职责。我国食品安全监管体制现状如表 2-1 所示。

表 2-1 我国食品管理相关职能机构

主管部门	具体职能部门	具体职能
国家市场监督管理总局	食品安全协调司	拟定推进食品安全战略的重大政策措施并组织实施；承担统筹协调食品全过程监管中的重大问题，推动健全食品安全跨地区跨部门协调联动机制工作；承担国家食品安全示范城市创建技术指导
	食品生产经营安全监督管理司	分析掌握生产领域食品安全形势，拟订食品生产监督管理和食品生产者落实主体责任的制度措施并组织实施；组织食盐生产质量安全监督管理工作；组织开展食品生产企业监督检查，组织查处相关重大违法行为；指导企业建立健全食品安全可追溯体系
	餐饮食品安全监督管理司	分析掌握流通和餐饮服务领域食品安全形势，拟订食品流通、餐饮服务、市场销售食用农产品监督管理和食品经营者落实主体责任的制度措施，组织实施并指导开展监督检查工作；组织食盐经营质量安全监督管理工作；组织实施餐饮质量安全提升行动；指导重大活动食品安全保障工作；组织查处相关重大违法行为
	特殊食品安全监督管理司	分析掌握保健食品、特殊医学用途配方食品和婴幼儿配方乳粉等特殊食品领域安全形势，拟订特殊食品注册、备案和监督管理的制度措施并组织实施；组织查处相关重大违法行为
	食品安全抽检监测司	拟订全国食品安全监督抽检计划并组织实施，定期公布相关信息；督促指导不合格食品核查、处置、召回；组织开展食品安全评价性抽检、风险预警和风险交流；参与制定食品安全标准、制订食品安全风险监测计划，承担风险监测工作，组织排查风险隐患
农业农村部	农产品质量安全监管司	组织实施农产品质量安全监督管理有关工作。指导农产品质量安全监管体系、检验检测体系和信用体系建设。承担农产品质量安全标准、监测、追溯、风险评估等相关工作

续表

主管部门	具体职能部门	具体职能
国家卫生健康委员会	食品安全标准与监测评估司	组织拟订食品安全国家标准，开展食品安全风险监测、评估和交流，承担新食品原料、食品添加剂新品种、食品相关产品新品种的安全性审查
海关总署		负责进出口食品的检验检疫
公安部	食品药品犯罪侦查局	统一承担打击食品领域犯罪

1. 国家市场监督管理总局

国家市场监督管理总局的工作职责主要包括市场综合监督管理、市场主体的统一登记注册、市场监管的综合执法、反垄断执法、市场秩序的监督管理、宏观质量管理、产品质量安全监督、特种设备安全管理、食品安全监督、计量工作管理、标准化工作、检验检测工作、认证认可管理、科技与信息化建设，以及管理其他相关机构。通过履行这些职责，国家市场监督管理总局致力于维护市场秩序，促进公平竞争，保障消费者权益，推动经济健康发展。与食品行业相关的工作职责条款包括以下内容。

① 负责市场综合监督管理。起草市场监督管理有关法律法规草案，制定有关规章、政策、标准，组织实施质量强国战略、食品安全战略和标准化战略，拟订并组织实施有关规划，规范和维护市场秩序，营造诚实守信、公平竞争的市场环境。

② 负责市场主体统一登记注册。指导各类企业、农民专业合作社和从事经营活动的单位、个体工商户以及外国（地区）企业常驻代表机构等市场主体的登记注册工作。建立市场主体信息公示和共享机制，依法公示和共享有关信息，加强信用监管，推动市场主体信用体系建设。

③ 负责组织和指导市场监管综合执法工作。指导地方市场监管综合执法队伍整合和建设，推动实行统一的市场监管。组织查处重大违法案件。规范市场监管行政执法行为。

④ 负责监督管理市场秩序。依法监督管理市场交易、网络商品交易及有关服务的行为。组织指导查处价格收费违法违规、不正当竞争、违法直销、传销、侵犯商标专利知识产权和制售假冒伪劣行为。指导广告业发展，监督管理广告活动。指导查处无照生产经营和相关无证生产经营行为。指导中国消费者协会开展消费维权工作。

⑤ 负责宏观质量管理。拟订并实施质量发展的制度措施。统筹国家质量基础设施建设与应用，会同有关部门组织实施重大工程设备质量监理制度，组织重大质量事故调查，建立并统一实施缺陷产品召回制度，监督管理产品防伪工作。

⑥ 负责产品质量安全监督管理。管理产品质量安全风险监控、国家监督抽查工作。建立并组织实施质量分级制度、质量安全追溯制度。指导工业产品生产许可管理。负责纤维质量监督工作。

⑦ 负责食品安全监督管理综合协调。组织制定食品安全重大政策并组织实施。负责食品安全应急体系建设，组织指导重大食品安全事件应急处置和调查处理工作。建立健全食品安全重要信息直报制度。承担国务院食品安全委员会日常工作。

⑧ 负责食品安全监督管理。建立覆盖食品生产、流通、消费全过程的监督检查制度和隐患排查治理机制并组织实施，防范区域性、系统性食品安全风险。推动建立食品生产经营者落实主体责任的机制，健全食品安全追溯体系。组织开展食品安全监督抽检、风险监测、核查处置和风险预警、风险交流工作。组织实施特殊食品注册、备案和监督管理。

⑨ 负责统一管理计量工作。推行法定计量单位和国家计量制度，管理计量器具及量值传递和比对工作。规范、监督商品计量和市场计量行为。

⑩ 负责统一管理标准化工作。依法承担强制性国家标准的立项、编号、对外通报和授权批准发布工作。制定推荐性国家标准。依法协调指导和监督行业标准、地方标准、团体标准制定工作。组织开展标准化国际合作和参与制定、采用国际标准工作。

⑪ 负责统一管理检验检测工作。推进检验检测机构改革，规范检验检测市场，完善检验检测体系，指导协调检验检测行业发展。

⑫ 负责统一管理、监督和综合协调全国认证认可工作。建立并组织实施国家统一的认证认可和合格评定监督管理制度。

⑬ 负责市场监督管理科技和信息化建设、新闻宣传、国际交流与合作。按规定承担技术性贸易措施有关工作。

⑭ 管理国家药品监督管理局、国家知识产权局。

2. 农业农村部

农业农村部的工作职责涵盖了“三农”工作的全面统筹与实施，农产品质量安全监督管理、农业生产资料监督管理、农业科技创新与推广、病虫害防治、农业资源管理与保护等方面的内容。农业与食品息息相关，在食品管理方面，农业农村部工作内容主要包括以下几个方面。

① 农业农村部负责农产品质量安全的监督管理，组织开展农产品质量安全监测、追溯和风险评估，提出技术性贸易措施建议，并参与制定国家标准，确保农产品的安全和质量。

② 指导农业检验检测体系的建设，以增强对农产品质量的监管能力，农业农村部负责农业生产资料及投入品的监督管理，建立农业生产资料市场体系，制定相关国家标准，并监督其实施。这些标准包括兽药质量和兽药残留限量，确保农业生产过程中使用的投入品符合安全标准。

③ 农业农村部积极推动农业科技体制改革和农业科技创新体系建设，以提高农业生产效率和食品安全保障。该部门组织开展高新技术和应用技术的研究，促进科技成果转化和技术推广，从而提升农业的现代化水平。

④ 农业农村部还负责农作物重大病虫害的防治工作，指导动植物防疫检疫体系的建设，发布疫情信息并组织扑灭，以保护农业生产和食品安全。

⑤ 农业农村部在农业资源的管理和保护方面也发挥着重要作用，指导农用地和农业生物物种资源的保护，确保农业生产环境的安全与可持续发展。

这些职能共同构成了农业农村部在食品管理领域的重要职责，旨在保障农产品的安全、质量和可持续发展。

3. 国家卫生健康委员会

国家卫生健康委员会（卫生健康委）负责贯彻落实国家关于卫生健康工作的方针政策，确保党对卫生健康工作的集中统一领导。其主要职责涵盖多个方面，特别是在制定和实施国民健康政策、推进医药卫生体制改革、疾病预防控制、老龄化应对、药物管理、公共卫生监督、医疗服务管理、地方卫生指导、科技创新以及重要会议的医疗保障等方面。

在与食品管理相关的职责中，卫生健康委负责食品安全风险监测和评估，依法制定并公布食品安全标准。其工作包括与国家市场监督管理总局协同制定实施食品安全风险监测计划，并在发现食品安全隐患时，组织检验和风险评估。此外，卫生健康委需及时通报食品安全风险评估结果，并在必要时协同采取措施，确保公众的食品安全。

4. 海关总署

海关总署的主要职责涵盖了全国海关工作，特别是在食品管理方面，涉及多个重要环节。

海关总署负责进出口商品的法定检验，特别是对进口食品和化妆品的检验检疫与监督管理，确保食品安全和质量符合国家标准。此外，海关总署还负责监督进出口商品的鉴定、验证和质量安全，依据多双边协议实施出口食品的相关工作，以维护消费者的健康和安全。在出入境卫生检疫方面，海关总署收集分析境外疫情，组织实施口岸的处置措施，确保对公共卫生突发事件的有效应对，这对防范食品安全隐患、保护国民健康至关重要。海关总署还负责制定和实施与食品相关的监管制度，涉及技术性贸易措施的相关工作，以确保进出口食品的合规性。此外，通过风险管理机制，海关总署建立风险评估指标体系和监测预警制度，有助于及时识别和应对潜在的食品安全风险，在维护国家食品安全、推动食品贸易的合规性和高效性方面发挥着重要作用。

三、我国食品相关法律法规体系

食品法律法规体系是法律、法令、条例、规则、章程等的总称，是以法律或政令形式颁布的、对全社会具有约束力的权威性规定，既包括法律规范，也包含以技术规范为基础所形成的各种食品法规，如食品安全法、标准化法、产品质量法及各类食品生产加工技术规范等。

食品法律法规体系的建设是我国保证食品安全、提高人民生活质量、维护公共健康和饮食卫生的必要措施，同时也是推动我国食品工业发展和参与国际食品贸易的重要基础。本节将重点介绍我国食品法律法规的制定原则和程序、食品监督管理、食物中毒的预防与控制、食品安全法、产品质量法、农产品质量安全法、进出口食品监督管理、保健食品注册管理以及食品生产经营的其他相关法律法规。

1. 我国食品法律法规体系构成

食品法律法规体系是以法律或政令形式颁布的，是对全社会有约束力的权威性规定，既包括法律规范，也包含以技术规范为基础所形成的各种食品法规。

我国食品卫生法治化管理是从20世纪50年代开始的。改革开放以后，我国加快了食品卫生法治建设步伐，1982年11月19日全国人大常委会通过并公布了我国第一部食品卫生专门法律，即《中华人民共和国食品卫生法（试行）》，于1983年7月1日起正式实施。《中华人民共和国食品卫生法（试行）》的实施是我国公共卫生执法发展史上的一个重要转折，标志着我国公共卫生管理从传统的卫生行政管理转向法制管理。在总结了《中华人民共和国食品卫生法（试行）》12年实践经验的基础上，1995年10月30日新的《中华人民共和国食品卫生法》（以下简称《食品卫生法》）施行。为了确保《食品卫生法》的顺利实施，卫生部根据《食品卫生法》的有关规定，结合食品卫生监督实践，从保护人民群众健康权益出发，制定了90余个配套规章，涉及的主要方面如下。

① 在食品及食品原料的管理上，制定了《新资源食品卫生管理办法》《食品添加剂卫生管理办法》《保健食品管理办法》《辐照食品卫生管理办法》《粮食卫生管理办法》《乳与乳制品卫生管理办法》《水产品卫生管理办法》《调味品卫生管理办法》《防止黄曲霉毒素污染食

品卫生管理办法》《蜂蜜卫生管理办法》《酒类卫生管理办法》《茶叶卫生管理办法》等。

② 在食品包装材料和容器的管理上，制定了《食品用塑料制品及原材料卫生管理办法》《食品包装用原纸卫生管理办法》《食品用橡胶制品卫生管理办法》《铝制食具容器卫生管理办法》《陶瓷食具容器卫生管理办法》等。

③ 在餐饮业和学生集体用餐的管理上，制定了《餐饮业食品卫生管理办法》《街头食品卫生管理办法》《学生集体用餐卫生监督办法》《食物中毒事故处理办法》等。

④ 在食品卫生监督处罚的管理上，制定了《卫生行政处罚程序》《卫生行政执法处罚文书规范》《食品卫生监督程序》《食品卫生行政处罚办法》《卫生监督员管理办法》《健康相关产品国家卫生监督抽检规定》等。

国家在加大食品生产经营阶段的立法力度的同时，也加强了农产品种植、养殖阶段，以及环境保护对农产品安全影响等方面的立法，颁布实施了《农药管理条例》《兽药管理条例》《饲料和饲料添加剂管理条例》《农业转基因生物安全管理条例》《动物防疫法》《生猪屠宰管理条例》《植物检疫条例》《进出境动植物检疫法》《环境保护法》《农产品质量安全法》《海洋环境保护法》《水污染防治法》《大气污染防治法》《固体废物污染环境防治法》等。此外，在《中华人民共和国刑法》中还对涉及各种食品卫生的犯罪活动规定了刑事责任。各省、自治区、直辖市根据本地区的具体情况，也制定实施了《食品卫生法》相关地方配套法规，初步形成了符合我国国情的较完善的食品法律法规体系。

2. 我国食品法律法规的制定程序

食品法律法规的制定是有立法权的国家机关依照法定的权限和程序，制定、修改、补充、废止相关食品法律文件的活动，主要是指全国人大及其常委会制定食品法律的活动，但也包括国家有关部门制定食品部门规章、地方性食品法规等活动。

在食品立法过程中，以宪法中有关人民健康的规定作为法律依据，保护和增进人民健康作为立法的核心思想，以食品科学作为立法的科学依据，结合我国的社会经济条件作为物质依据，依据国家政策作为立法的政策依据，同时学习和借鉴国际先进的食品法律法规。

食品立法遵循以下原则：

① 宪法优先，遵循宪法规定，确保立法的合法性和权威性；

② 法定程序，依照法定的权限和程序进行立法，确保过程的规范性和透明度；

③ 国家利益，从国家整体利益出发，兼顾各方利益，促进社会和谐发展；

④ 民主立法，坚持民主立法，充分听取公众意见，增强立法的合理性和科学性；

⑤ 预防为主，高度重视预防，建立健全食品安全预警机制，保障人民健康；

⑥ 中央与地方协作，发挥中央和地方两方面的积极性，形成有效的监管合力。

食品法律法规制定的四大特点包括：

① 权威性，法律法规具有国家的强制性和权威性，确保全社会遵守；

② 职权性，明确各级政府和相关部门的职责和权限，确保法律法规的有效实施；

③ 程序性，立法和监管过程遵循法定程序，确保透明和公正；

④ 综合性，涉及多个领域和层面，形成一个系统的法律法规体系，以应对复杂的食品安全问题。

(1) 我国食品法律制定的程序　食品法律是指由全国人大及其常委会经过特定的立法程序制定的规范性法律文件。它的地位和效力仅次于宪法。食品法律分为两种：一种是由全国人大制定的食品法律，称为基本法；另一种是由全国人大常委会制定的食品基本法律以外的食品法律。

全国人大常委会制定食品法律的程序如下：

① 进行食品立法规划、立法决策、起草食品法律草案；

② 食品法律草案的提出，并且对草案进行审议；

③ 对食品法律草案的表决、通过、公布。

（2）我国食品行政法规的制定程序　食品行政法规是由国务院根据宪法和法律，在其职权范围内制定的有关国家食品行政管理活动的规范性法律文件，其地位和效力仅次于宪法和法律。

食品行政法规的制定程序如下。

① 食品法规立项：主要是由国务院的相关食品行政管理部门，根据实际情况向国务院申请立项，由司法部制定立法计划，报国务院批准。

② 食品法规草案的提出：由国务院组织，在广泛听取有关机关、组织、公民的意见的情况下，由相关主管部门起草草案。

③ 食品法规的审查：国务院法制办对草案进行审查。

④ 食品法规的通过：国务院法制办对食品法规草案审议完毕后，向国务院递交审查报告及草案修改稿，报国务院审议，经国务院常务委员会讨论通过或总理批准。

⑤ 食品法规的公布：由国务院总理签署国务院令予以公布。

⑥ 备案：食品法规公布后 30 天内报请全国人民代表大会常务委员会备案。

（3）我国食品规章的制定程序　食品规章分为两种类型：一是指由国务院行政部门依法在其职权范围内制定的食品行政管理规章，在全国范围内具有法律效力；二是指由各省、自治区、直辖市以及省、自治区人民政府所在地和经国务院批准的较大的市的人民政府，根据食品法律在其职权范围内制定和发布的有关地区食品管理方面的规范性文件。

食品部门规章的制定程序：

① 立项；

② 起草，食品部门规章草案的起草工作以国务院食品管理部门的职能司为主、法制与监督司或政策法规司参与配合，起草时可以邀请食品专家、法律专家参与论证；

③ 审查，法制与监督司或政策法规司审核；

④ 通过，食品部门规章草案审核后，提交部（局）务会议讨论，决定通过；

⑤ 公布，食品部门规章由部门首长签署命令予以公布；

⑥ 备案，公布后 30 日内报国务院备案。

（4）地方政府食品规章的制定程序　地方性食品法规是指省、自治区、直辖市以及设区的市的人民代表大会及其常委会制定的适用于本地方的规范性文件。除地方性法规外，地方各级权力机关及其常设机关、执行机关所制定的决定、命令、决议，凡属规范性者，在其辖区内，也都属于法的渊源。地方性法规和地方其他规范性文件不得与宪法、食品法律和食品行政法规相抵触，否则无效。地方性食品法规的制定程序如下：

① 起草，地方政府食品规章草案由享有政府食品卫生规章制定权的地方食品行政部门负责起草；

② 审查，地方政府食品规章草案由地方食品行政部门在其职权范围内提出，送地方人民政府审核；

③ 通过，地方政府食品规章草案经审核后，提交政府常务会议或者全体会议讨论，决定通过；

④ 公布，地方政府食品部门规章由省、自治区或直辖市行政首长签署命令予以公布；

⑤ 备案，公布后 30 日内报国务院备案。

3. 食品安全监管依据

（1）法律依据　主要包括《食品安全法》及其实施条例，这些法规为食品安全监管提供了基本的法律框架和具体的执行标准。

（2）技术依据　技术依据指食品安全监督主体在实施监督过程中需遵循的技术法规，具体包括：

① 法律体系中与产品相关的法律、法规和规章，这些法律和法规为食品安全监管提供了法律支持和指导；

② 与产品相关的强制性标准、规程和规范，包括国家或行业标准、技术规程和安全规范，这些技术依据确保食品在生产、加工和流通过程中符合安全要求。

（3）事实依据　事实依据指用于验证和支持监管措施的证据，包括：

① 物证，实际的食品样品、包装材料等物理证据；

② 书证，相关的文件、报告、记录等书面材料；

③ 视听资料，如监控视频、录音等视听资料；

④ 证人证言，涉及食品安全问题的人员的口头或书面证词；

⑤ 当事人陈述，食品生产经营者、销售者或其他相关人员的陈述和解释；

⑥ 鉴定结论，由专业机构或专家提供的技术鉴定结果；

⑦ 勘验，现场检查和实地调查的结果；

⑧ 检查笔录，在监督检查过程中记录的详细信息和发现。

四、食品安全管理工作具体内容和手段

1. 食品安全监管

食品安全监管通常指的是政府或相关机构基于法律法规对整个食品生产、加工、流通等环节进行的全面管理和控制，主要目的是确保食品安全，保护公众健康。根据世界卫生组织和联合国粮农组织的定义，食品安全监管是指“由国家或地方政府机构实施的强制性管理活动，旨在为消费者提供保护，确保从生产、处理、储存、加工直到销售过程中食品安全、完整并适于人类食用，同时按照法律规定诚实而准确地贴上标签”。

食品安全监管体系是一个有机整体，由多个相互联系、相互制约的组成部分构成，具有整体性、相关性、目的性和环境适应性等特征。该体系的功能依赖于内部要素的有机联系和结构。目前，我国的食品安全监管体系主要由监管体制、监管机制和监管能力构成。

监管体制是指承担食品安全监管职能的机构设置、管理权限划分及其相互关系的结构与制度。从国际经验来看，食品安全监管体制主要有两种类型：一是单一部门体制（由一个部门负责）；二是多部门体制（多个政府部门共同承担责任）。2013 年，我国对食品安全监管体制进行了改革，将原有的分段监管体制转变为统一监管，原质监、工商、卫生和食药监等部门的食品安全监管职能整合为国家食品药品监督管理总局，农业部门则继续负责初级农产品的质量安全监督管理。2018 年，我国进一步优化了食品安全监管体制，整合了国家食品药品监督管理总局、国家质量监督检验检疫总局和国家工商行政管理总局的职能，成立了国家市场监督管理总局，统一执行食品安全监管职能。

监管能力则指食品安全监管资源的配置与运用，包括食品安全标准体系、检验检测体系、风险管理体系、认证体系、社会监督体系和应急管理体系。其中，检验检测体系为政府提供技术支持，包括技术服务、决策和咨询；风险管理体系则是评估机构、监测数据、检测技术和控制技术等的综合体系；社会监督体系涉及公众或社会组织参与食品安全监管的机制和模式；应急管理体系包括应急预案的制定、应急处置机构的完善和部门协调等方面。根据中国《食品安全法》和相关法规，食品安全监管的具体工作内容主要包括：①制定食品安全标准和法规；②食品生产许可证的发放和管理；③组织实施对食品生产、加工、销售等环节的全面监管；④建立食品安全风险监测与评估机制。

食品安全监管部门如国家市场监督管理总局、国家卫生健康委员会和农业农村部等，拥有政策制定权、审批权、资源配置权和风险评估权，在国家食品安全工作中发挥着至关重要的作用。通过政策制定、审批、资源配置和风险评估等多方面的职能，监管部门构建了全面的食品安全监管体系，促进了食品行业的规范化发展，为消费者提供了安全可靠的食品环境，增强了公众对食品安全的信心。

食品安全监管部门一般负责制定与食品安全相关的法律法规和标准。通过深入研究国内外食品安全形势和科学技术进展，制定出符合实际需求的政策，涵盖食品生产、加工、流通和消费各个环节，并及时更新和完善食品安全政策，以适应日益复杂的食品安全挑战，从而确保国内食品安全体系的科学性、可行性、有效性和时效性。

在审批方面，监管部门承担着对食品生产企业及其经营许可证的审核职责，包括对企业资质和生产条件的严格审核，确保企业在生产和销售食品的每个环节都遵循相关法律法规。这一环节的有效实施对保障食品安全性和合规性至关重要。通过严格的审批制度，监管部门能够筛选出合格的生产企业，并对不符合标准的企业采取必要措施，有效防止不安全食品流入市场，保护消费者的健康。

资源配置权是食品安全监管部门的重要职能之一。通过优化资源配置，合理安排和利用人力、物力和财力等资源，支持食品安全监管工作，提升工作效率，确保对食品生产和流通环节的监督更加全面和深入。此外，食品安全监管部门还负责组织和实施食品安全风险评估与监测活动，通过科学的方法对食品安全风险进行评估，识别潜在的安全隐患，以便及时采取相应的控制措施。这种科学的风险评估机制是食品安全监管的重要组成部分，能够有效降低食品安全事故发生的概率。

食品安全风险监测与评估机制的建立使得监管部门能够对食品安全风险进行动态监控。通过对市场上食品样本的定期抽检和分析，监管部门不仅可以及时发现潜在的食品安全问题，还可以根据监测数据分析食品安全形势的变化趋势，从而制定针对性的防范措施。此外，风险评估流程还包括对新兴食品科技、生产工艺以及新污染物的识别和评估，以确保食品安全监管能够适应不断变化的市场环境。

社会监督体系的建立也是食品安全监管中不可或缺的一部分。鼓励公众和社会组织参与食品安全监管，不仅提升了公众对食品安全的关注度，也增强了监管的透明度和公信力。通过设立举报机制、公众咨询平台等途径，消费者可以随时反馈食品安全问题，监管部门可以及时处理这些反馈，从而形成良好的互动机制。

在应急管理方面，食品安全监管部门还需要制定详细的应急预案，确保在突发食品安全事件时能够迅速响应。应急管理体系包括应急处置机构的建立、培训和演练，以及不同部门之间的协调合作机制。通过有效的应急管理，能够最大限度地减少食品安全事件对公众健康的影响。

食品安全监管是一个复杂而系统的工作，需要政府各部门通力合作，形成合力。随着社会经济的发展和消费者对食品安全要求的提高，我国食品安全监管体系也在不断完善。通过制定全面的法律法规、优化资源配置、强化风险管理、鼓励社会监督和建立有效的应急管理机制，我国的食品安全监管工作将更加科学、高效，为公众提供更为安全的食品环境。面对未来的挑战，食品安全监管还需不断适应新技术的应用，如区块链技术、人工智能等新兴技术的引入，有助于提高食品追溯能力和监管效率。通过构建数字化、智能化的监管平台，可以实现对食品从田间到餐桌的全链条监管，进一步提升食品安全保障水平。同时，国际的合作与交流也不可或缺。随着全球化的深入发展，食品流通的国际化趋势日益明显，加强与其他国家和地区在食品安全监管方面的合作，将有助于提升我国食品安全监管的国际竞争力，维护消费者的健康权益。

综上所述，食品安全监管是一项综合性、动态性和长期性的工作，必须紧跟时代发展步伐，借助新技术和社会力量，建立更加科学、合理和高效的监管体系，以确保食品安全、保护公众健康、促进食品行业的可持续发展。

2. 食品安全监督

食品安全监督是指国家职能部门依法对食品生产、经营企业以及餐饮业在食品安全方面的行为进行的强制性监察活动，其主要内容包括食品安全风险监测、食品安全风险评估，以及食品安全标准的制定与实施等。与食品安全监管相比，食品安全监督更侧重于对食品生产和流通过程中具体行为的检查与评估，确保相关企业和个人遵循食品安全法律法规。

食品安全监管机制指的是监管主体对监管对象的监管方法，包括激励机制、惩罚机制和信息沟通机制。

① 激励机制：通过正向激励引导食品生产经营者生产和销售安全食品，主要包括质量担保、责任补贴、市场优先准入和市场信用等级制度等。

② 惩罚机制：包括质量担保、责任保险、扣分触发惩罚及黑名单制度等，以惩罚不合规的企业。

③ 信息沟通机制：旨在满足消费者对食品安全信息的需求，通过建立信息沟通渠道，实现信息透明化，这一机制的基础是建立食品安全信用体系和信息共享平台。

食品安全监督检查是指食品安全监督主体依法对管理对象遵守食品安全法律法规及具体行政决定进行了解和调查，并依法处理的卫生行政执法活动。监督的具体工作内容如下。

① 现场检查：对食品企业的卫生条件、生产流程、原材料来源等进行全面检查。

② 抽样检测：对食品进行抽样检测，以监测其安全性和质量。

③ 处罚与整改：对违反食品安全法规的企业进行处罚，要求其进行整改。

④ 消费者投诉处理：处理消费者的投诉和举报，维护公众的合法权益。

负责食品安全监督的部门，如地方市场监督管理局、地方卫生健康委员会和地方农业部门等，具备以下权力。

① 检查权：对食品生产、加工、流通环节进行现场检查和评估。

② 处罚权：对违反食品安全法律法规的行为进行处罚，包括停业整顿、罚款等。

③ 抽样检测权：对市场上销售的食品进行抽样检测，并对检测结果进行公示。

④ 举报处理权：接收和处理消费者的投诉与举报，并开展相应的调查。

食品安全监督与食品安全监管在概念上存在一定区别，尽管在实际操作中这两个术语常常交替使用。监管更侧重于政策和法规的整体框架，而监督则注重具体的执行和现场检查。两者相辅相成，共同构成了食品安全保障的完整体系。监管部门主要负责政策制定和整体监管框架，而监督部门则专注于具体的执行和检查。通过这种分工与权力的明确划分，能够有效形成食品安全保障体系，确保公众的饮食安全。

3. 食品安全监管具体工作内容

① 食品安全风险监测

通过建立系统化、持续性的监测机制，收集与分析食源性疾病、食品污染及食品中有害因素的监测数据，及时掌握食品安全动态。进行综合分析并及时向相关部门通报，确保食品安全隐患能够尽早识别并采取相应措施。

② 食品安全风险评估

基于监测数据和科学依据，运用科学方法对食品、食品添加剂及相关产品中的生物性、化学性和物理性危害进行评估，帮助判断食品中的潜在危害，为相关决策提供依据，以有效降低或消除食品安全风险。

③ 制定和实施食品安全标准

根据评估结果和国际、国内的研究数据，制定科学、严谨的食品安全标准，确保食品在生产、加工、流通、消费等环节符合安全要求。同时，监管机构负责这些标准的有效实施，确保各方遵守。

④ 公布食品安全信息

通过官方渠道定期或根据需要发布食品安全的相关信息，包括食品安全风险预警、食品检验结果、政策法规等，确保公众、企业以及其他利益相关者能够及时获取最新的食品安全动态，帮助增强食品安全意识。

⑤ 食品安全应急

针对食品安全突发事件，建立应急预案，并及时组织应急处置措施。在危机发生时，迅速开展调查、控制事件扩散、分析原因，并向公众发布相关信息，确保食品安全事件能够得到迅速有效的解决。

⑥ 食品生产经营企业的监督管理和检查

国家市场监督管理总局负责监督和指导全国食品生产经营的监督检查工作，并可根据需要组织开展相关监督检查。省级市场监督管理部门负责监督和指导本行政区域内的食品生产经营监督检查，重点组织和协调对产品风险高、影响广泛的食品生产经营者进行监督检查。设区的市级及县级市场监督管理部门负责本行政区域内的食品生产经营监督检查工作。县级以上地方市场监督管理部门按照国家市场监督管理总局的规定，依据风险管理原则，结合食品生产经营者的食品类别、业态规模、风险控制能力、信用状况及以往的监督检查情况，将食品生产经营者的风险等级划分为四个等级：A 级风险、B 级风险、C 级风险和 D 级风险。针对不同风险级别的生产经营者，开展相应的食品安全监督检查。

与食品监督检查相关的部门规章：

《食品生产经营监督检查管理办法》（国家市场监督管理总局令第 49 号公布，自 2022 年 3 月 15 日施行），《食品相关产品质量安全监督管理暂行办法》（国家市场监督管理总局令第 62 号公布，自 2023 年 3 月 1 日施行），《食品安全抽样检验管理办法》（国家市场监督管理总局令第 15 号公布，国家市场监督管理总局令第 61 号修正），《网络餐饮服务食品安全监督管理办法》（2017 年 11 月 6 日国家食品药品监督管理总局令第 36 号公布，自 2018 年 1 月 1

日起施行)。

食品安全监督检查分类:

a. 定期与不定期食品安全监督检查

定期食品安全监督检查:指市场监督管理部门根据年度食品生产经营监督检查计划,定期对本行政区域内的食品生产经营者开展的常规检查。这种检查有规律地进行,确保食品安全监管的持续性。

不定期食品安全监督检查:指监督检查没有固定时间间隔,根据实际需要和风险情况进行的检查。

b. 一般与特定食品安全监督检查

一般食品安全监督检查:指对不特定的管理相对人遵守食品安全法律、法规和规章的普遍监督检查,旨在评估整体食品安全合规性。

特定食品安全监督检查:针对特定管理相对人开展的监督检查,主要聚焦于特定食品或特定问题的合规情况。

c. 全面与重点食品安全监督检查

全面食品安全监督检查:对管理相对人遵守食品安全法律规范的整体情况进行的检查,涵盖所有相关要求。

重点食品安全监督检查:聚焦于部分管理相对人或特定法律规范的某些要求进行的监督检查,通常针对高风险食品或易出现问题的环节。

d. 飞行检查

飞行检查是市场监管部门根据监督管理需要及相关问题线索,对食品生产经营者进行的未提前通知的监督检查。飞行检查方式具有突击性,目的是发现和纠正潜在的安全隐患。

e. 体系检查

体系检查是市场监督管理部门以风险防控为导向,针对特殊食品、高风险大宗食品生产企业和大型食品经营企业等进行的系统性监督检查。此类检查重点评估企业的质量管理体系执行情况,确保其符合相关法律法规和标准。

f. 抽样检测

监管部门通过监督检查、审计和抽样等方式,确保企业履行法律规定的食品安全责任,减少违规操作和风险隐患,从而保护消费者的健康和权益。

⑦ 食品安全追溯

建立食品安全追溯机制,确保食品从生产到流通的各个环节都有据可查。一旦发生食品安全问题,能够迅速追踪问题来源,采取相应的召回、下架等措施,最大限度地保护消费者利益并维护市场秩序。具体措施如下。

a. 数据记录与管理:要求食品生产经营企业建立详细的生产记录,包括原材料来源、生产过程、加工方法、检验结果等信息。这些数据应及时上传至食品安全监管系统,便于后续追溯。

b. 追溯系统建设:开发和推广食品安全追溯系统,利用区块链技术等现代信息技术,实现食品产品的全链条追溯,确保信息的真实性和不可篡改性。

c. 公众查询:向消费者提供方便的查询渠道,使其能够轻松获取所购食品的生产信息、检测记录和安全认证情况,增强消费者对食品安全的信任。

d. 应急追溯机制：在发生食品安全事件时，迅速启动追溯机制，及时追查问题食品的来源及流向，快速召回不合格产品，减少对公众健康的威胁。

⑧ 食品安全培训与宣传

a. 培训计划：定期为食品生产经营者、监管人员和相关从业人员提供食品安全培训，提升其对食品安全法律法规的理解和执行能力，确保法规的有效落实。

b. 公众宣传：通过各种媒体渠道开展食品安全宣传活动，提高公众对食品安全的认知和意识，鼓励消费者主动关注食品安全信息，增强自我保护意识。

c. 合作与交流：与高校、科研机构及行业协会加强合作，开展食品安全研究与交流，分享最佳实践和成功案例，以推动食品安全管理水平的提升。

⑨ 食品安全法规的制定与修订

根据食品安全的实际需求，结合国际标准，制定和修订相关法律法规，完善食品安全法律体系，确保法律法规具有前瞻性和适应性。定期对现行食品安全法规和政策进行评估，研究其实施效果和存在的问题，及时调整和完善相关规定，以适应不断变化的食品安全形势。

⑩ 跨部门协作与信息共享

a. 加强合作：建立食品安全跨部门协调机制，加强市场监管、农业、卫生、环保等部门之间的协作，共同应对食品安全风险。

b. 信息共享平台：建设食品安全信息共享平台，实现各部门之间的信息互通与共享，形成合力对食品安全进行综合监管。

c. 联合执法：开展跨部门联合执法检查，针对大型食品生产企业及流通环节的重点区域，实施联合监管，确保食品安全法律法规的统一执行。

除上述工作内容外，对于食品生产经营企业的新建或扩建工程，监管部门要对其选址和设计进行预防性卫生监督和审查。同时，针对重大食品安全问题和热点事件，开展专项检查和巡回监督检查，确保问题得到及时处理。对于违反《食品安全法》的行为，监管部门将依法进行行政处罚，维护食品安全和公共健康。

4. 食品安全监管的违法处理

① 整改

整改，也称改正，是食品安全监管中最轻微的处罚方式，通常适用于隐患整改、标签和说明书的瑕疵，以及说明书不清晰等不直接影响食品安全的行为。

根据《食品安全法》整改适用情形主要包括隐患整改、标签和说明书瑕疵等，如企业在日常运营中可能会发现生产环境不符合卫生标准、设备维护不到位等问题，这些都需要企业迅速采取措施进行整改。对于产品标签或说明书的不清晰或不完整，企业也应根据相关规定进行相应的修改，以确保信息的准确传达，避免对消费者造成误导。在整改过程中，企业需承担重要的责任。一旦接到整改通知，企业应高度重视，并在规定期限内完成整改，确保不再出现类似问题。此外，若企业拒绝改正或未能在指定期限内整改，监督管理部门将依法对其处以罚款，金额不超过二千元。

根据《产品质量法》的相关规定，若企业存在伪造产品产地、厂名、厂址或认证标志的行为，或者产品标识、说明书与实际质量不符，均需进行改正。企业应当了解并遵守这些规定，避免因违规而导致整改。

② 没收和罚款

对销售不合格产品及违反食品安全法规的企业和个人，监管部门将实施没收不合格食品（及添加剂）及相关设备的措施，并处以罚款，以确保生产和销售环节的合规性，促使其遵守法规。

根据《食品安全法》，对违反食品安全法规的行为，罚款标准通常依据违法行为的性质和情节的严重程度进行确定。罚款的标准分为货物金额的上下限和倍数两种形式。针对货值金额的不同，主要分为以下几个级别。

a. 货值金额不足一万元的情况：针对生产经营被污染的食品、无标签预包装食品、标签不符合规定的食品等行为，罚款金额在五千元以上、五万元以下。

b. 五千元以上至十万元以下的情况：未取得食品添加剂生产许可而从事相关活动、用非食品原料生产食品、在食品中添加可能危害人体健康的物质、用回收食品作为原料、经营病死动物肉类等，罚款金额在五万元以上、十万元以下。

c. 十万元以上二十万元以下的情况：一百二十三条中“明知从事前款规定的违法行为，仍为其提供生产经营场所或者其他条件的，由县级以上人民政府食品安全监督管理部门责令停止违法行为，没收违法所得，并处十万元以上二十万元以下罚款”。

d. 货值金额超过一万元的情况：此类情况也可采用货值金额的倍数处罚。具体如下。

十倍以上、二十倍以下罚款：对于未取得食品生产经营许可而从事相关活动的行为，第一百二十二条有具体描述。

十五倍以上、三十倍以下罚款：包括用非食品原料生产食品、经营不符合食品安全标准的特定人群食品、经营未按规定检疫的肉类等严重违法行为，第一百二十三条有具体描述。

根据《产品质量法》规定，没收第四十九条、第五十一条所列的产品或者以假充真的产品的原辅材料、包装物、生产工具等产品。罚款金额根据产品质量问题的性质和严重程度，多采用货物金额倍数法，同时没收违法所得。

第四十九条　生产、销售不符合保障人体健康和人身、财产安全的国家标准、行业标准的产品的，责令停止生产、销售，没收违法生产、销售的产品，并处违法生产、销售产品（包括已售出和未售出的产品，下同）货值金额等值以上三倍以下的罚款。

第五十条　在产品中掺杂、掺假，以假充真，以次充好，或者以不合格产品冒充合格产品的，责令停止生产、销售，没收违法生产、销售的产品，并处违法生产、销售产品货值金额百分之五十以上三倍以下的罚款。

第五十一条　生产国家明令淘汰的产品的，销售国家明令淘汰并停止销售的产品的，责令停止生产、销售，没收违法生产、销售的产品，并处违法生产、销售产品货值金额等值以下的罚款。

第五十二条　销售失效、变质的产品的，责令停止销售，没收违法销售的产品，并处违法销售产品货值金额两倍以下的罚款。

第五十三条　伪造产品产地的，伪造或者冒用他人厂名、厂址的，伪造或者冒用认证标志等质量标志的，责令改正，没收违法生产、销售的产品，并处违法生产、销售产品货值金额等值以下的罚款。

第五十四条　产品标识不符合本法第二十七条规定的，责令改正；有包装的产品标识不符合本法第二十七条第（四）项、第（五）项规定，情节严重的，责令停止生产、销售，并处违法生产、销售产品货值金额百分之三十以下的罚款。

第六十一条　知道或者应当知道属于本法规定禁止生产、销售的产品而为其提供运输、保管、仓储等便利条件的，或者为以假充真的产品提供制假生产技术的，没收全部运输、保管、仓储或者提供制假生产技术的收入，并处违法收入百分之五十以上三倍以下的罚款。

第六十三条　隐匿、转移、变卖、损毁被市场监督管理部门查封、扣押的物品的，处被隐匿、转移、变卖、损毁物品货值金额等值以上三倍以下的罚款。

第六十七条　产品质量检验机构有前款所列违法行为的，由市场监督管理部门责令改正，消除影响，有违法收入的予以没收，可以并处违法收入一倍以下的罚款。

此外，《产量质量法》只有第五十七条中涉及具体罚款金额，主要针对产品质量检验机构和直接负责主管人员和责任人，如“产品质量检验机构、认证机构伪造检验结果或者出具虚假证明的，责令改正，对单位处五万元以上十万元以下的罚款，对直接负责的主管人员和其他直接责任人员处一万元以上五万元以下的罚款”。

③ 公告、停业整顿和吊销营业执照

根据《产品质量法》第十七条和第五十六条的规定，公告、停业整顿和吊销营业执照是针对复查后仍不合格或者逾期拒不改正的两种行为所采取的逐级加重处罚措施。

a. 公告

针对逾期未改正不合格产品的行为，公告其问题以警示公众。第十七条在规定时间内未能改正的，将由省级以上人民政府市场监督管理部门予以公告。

b. 停业整顿

针对公告后复查仍不合格或拒绝接受检查且拒不改正的行为，责令停业整顿以进行全面整改。第十七条在公告后经复查产品质量仍不合格的，责令停业，限期整顿；第五十六条拒绝接受依法进行的产品质量监督检查且拒不改正的，责令停业整顿。

c. 吊销营业执照

对于整顿期满后仍不合格或情节特别严重的行为，将吊销营业执照以杜绝不合格产品进入市场。第十七条整顿期满后经复查产品质量仍不合格的，吊销营业执照；第五十六条拒绝接受依法进行的产品质量监督检查且情节特别严重的，吊销营业执照。

《食品安全法》第一百二十五条、第一百二十六条、第一百二十八条、第一百三十条、第一百三十一条、第一百三十二条、第一百三十三条这七个条款规定，对于情节严重的食品安全违法行为，责令停产停业，直至吊销许可证；第一百三十九条主要针对认证机构出具虚假认证结论情节严重的，责令停业，直至撤销认证机构批准文件；第一百三十四条针对累计违法行为的处罚，对食品生产经营者在一年内累计三次因违反本法受到责令停产停业、吊销许可证以外的处罚，将被食品安全监督管理部门责令停产停业，直至吊销许可证。

五、与食品安全监督管理相关的手段

1. 行政许可

行政许可是指行政机关依据法定的职权，应行政相对方的申请，通过颁发许可证等形式，依法赋予相对方从事某种活动的法律资格或实施某种行为的法律权利的具体行政行为。具体需要进行行政许可的产品包括：

a. 实施许可制度的食品生产经营需要依法取得许可，包括从事食品生产、销售和餐饮服务；

b. 对使用新食品原料、生产新型食品添加剂或食品相关产品的企业，必须向卫生行政部门提交安全性评估材料；

c. 对于直接接触食品的包装材料等高风险食品相关产品，需按照国家工业产品生产许可证管理规定获得生产许可；

d. 食品添加剂生产也实行许可制度。

与食品企业管理相关的法律法规及部门规章如下：

《食品生产许可管理办法》(国家市场监督管理总局令第 24 号公布，自 2020 年 3 月 1 日起施行)；《食品经营许可管理办法》(国家食品药品监督管理总局令第 17 号公布，自 2015 年 10 月 1 日起施行)；《食品经营许可和备案管理办法》(国家市场监督管理总局令第 78 号公布，自 2023 年 12 月 1 日起施行)；《保健食品注册与备案管理办法》(国家食品药品监督管理总局令第 22 号公布，自 2016 年 7 月 1 日起施行)；《网络食品安全违法行为查处办法》(国家食品药品监督管理总局令第 27 号公布，自 2016 年 10 月 1 日施行；通过国家市场监督管理总局令第 38 号作出修改)。

食品市场准入标志最初采用 QS 标志，但是 2015 年修订的《食品安全法》和其配套规章《食品生产许可管理办法》对 QS 标志做出了调整，SC 标志成为新版 QS 食品许可证标志。SC 标志自 2018 年 10 月 1 日起正式实施，食品生产许可证编号为“SC”加 14 位阿拉伯数字（图 2-1）。

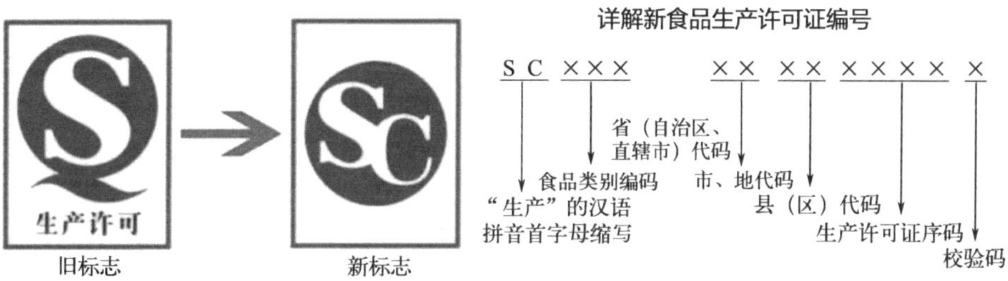

图 2-1　生产许可标志

2. 市场准入

市场准入是指食品生产、加工、销售等环节的企业在进入市场之前，必须遵循的法律法规和标准要求，通常涉及注册、许可、检验、认证等多个步骤，以确保其产品符合国家和地区的食品安全标准和质量要求。

市场准入也叫市场准入管制，是指为了防止资源配置低效或过度竞争，确保规模经济效益、范围经济效益和提高经济效率，政府职能部门通过批准和注册，对企业的市场准入进行管理。市场准入制度的核心是有关市场主体（产品的生产者与销售者）和客体（产品）进入市场的准则和法规。这是政府对市场管理和经济发展的一种制度安排，通过市场主体的登记、发放许可证、执照等方式来体现。食品市场准入制度，亦称食品质量安全市场准入制度，是为了保证食品的质量与安全，只有具备规定条件的生产者才被允许进行生产经营活动，同时，只有符合相应条件的食品才被允许生产和销售。这一制度是政府行为的表现，属于行政许可制度。

(1) 生产经营许可制度　生产许可证管理是指对食品生产加工企业的环境条件、生产设备、加工工艺、原材料、执行产品标准、人员资质、储运条件、检测能力、质量管理制度和包装要求等进行审查。对符合条件且产品经全部项目检验合格的企业，颁发食品生产许可证，允许其从事食品生产加工。所有食品生产企业必须获得食品生产许可证，以确保其生产条件符合国家标准。

从事食品销售和餐饮服务活动的企业，应当依法取得食品经营许可，以保证其经营活动合法合规。然而，某些特定情况，如销售食用农产品、仅销售预包装食品、医疗机构及药品零售企业销售特定食品等，允许不取得食品经营许可。

（2）对实施食品生产许可制度的产品实行市场准入标志制度　获得食品生产许可证的企业，其生产加工的食品在出厂检验合格后，必须在最小销售单元的食品包装上标注由国家统一制定的食品生产许可证编号，并加印或加贴食品质量安全市场准入标志（SC 标志）。没有加贴 SC 标志的食品不得进入市场销售，以确保消费者的安全和权益。

（3）强制检验　根据《中华人民共和国产品质量法》第十二条的规定，“产品质量应当检验合格，不得以不合格产品冒充合格产品”。检验是指通过观察和判断，结合测量与试验，进行的符合性评价。在食品质量安全市场准入制度中，强制检验是为了确保食品质量安全和符合规定要求的法律法规形式。强制检验包括发证检验、出厂检验和监督检验，确保食品产品符合相关安全标准。

所有食品产品必须经过严格的检测和认证，符合国家食品安全标准，才能上市销售。此外，食品产品应有明确的标签，标明成分、生产日期、保质期等信息，以确保消费者的知情权。

3. 食品召回

食品召回制度指食品的生产商、进口商或者经销商在获悉其生产、进口或经销的食品存在可能危害消费者健康安全的缺陷时，依法向政府部门报告，及时通知消费者，并从市场和消费者手中收回有问题产品，予以更换、赔偿的积极有效的补救措施，以消除不安全食品（或称缺陷食品）危害风险的制度。

食品召回主要特征如下。

a. 预防性：召回制度的核心在于预防，旨在通过及时召回，避免不安全食品进一步流入市场和损害消费者健康。

b. 无偿性：食品召回是食品生产者、经销商的法定义务，消费者不需承担召回过程中的任何费用。

c. 大众性：召回制度涉及广泛的社会公众，保障食品安全是公共健康的重要组成部分。

实体法与程序法兼容性：该制度既有明确的实体法规定食品生产者和经销商的法律责任，也有程序法层面的实施步骤，确保召回过程合法合规。

根据《食品召回管理办法》（国家食品药品监督管理总局令第 12 号公布，自 2015 年 9 月 1 日起施行），国家市场监督管理总局负责指导全国不安全食品停止生产经营、召回和处置的监督管理工作，县级以上地方市场监督管理部门负责本行政区域的不安全食品停止生产经营、召回和处置的监督管理工作，并组织建立由医学、毒理、化学、食品、法律等相关领域专家组成的食品安全专家库，为不安全食品的停止生产经营、召回和处置提供专业支持。召回分为三种级别：一级召回针对对消费者健康构成严重威胁的食品；二级召回针对可能对消费者健康产生影响的食品；三级召回针对存在较轻安全隐患的食品。召回涉及批发、零售及消费者使用层面，涵盖从批发商到零售商，再到消费者的各个环节。在实施召回时，需根据产品性质和分布情况采取发布公告、通知销售商及消费者等多种方式，确保召回信息广泛传播。召回食品应定点存放并加以明显标志，以防误流入市场。监管部门将对召回过程进行全面监督，确保问题食品彻底回收。食品生产商和经销商在召回过程中应承担法律责任，未履行召回义务的，可能面临法律处罚。

食品召回分为主动召回和责令召回两种形式。主动召回是指食品生产者在自身发现或得到销售商、进口商、消费者的信息反馈后，主动采取的召回措施。生产者应当及时向主管部门报告，并以有效方式通知销售商停止销售该产品，同时通知消费者停止消费，向社会发布召回信息。在确认食品属于应当召回的不安全食品后，生产者需立即停止生产和销售该食品。召回计划需在确认食品属于应当召回的不安全食品后，一级召回应在 3 日内，二级召回应在 5 日内，三级召回应在 7 日内，通过所在地市级质监部门提交至省级质监部门。

责令召回是指当消费者或其他有关个人发现不安全食品时，应向主管部门报告。主管部门也可能通过自身监管或信息共享渠道获知不安全食品的相关信息，特别是来自国外监管部门的信息，并要求生产者进行召回以避免危害。国家管理部门会在以下情况下责令食品生产者召回不安全食品，并可能发布相关食品安全信息和消费警示信息，或采取其他措施以避免危害：

① 食品生产者故意隐瞒食品安全危害，或应主动召回但未采取行动；

② 由生产者的过错导致食品安全危害扩大或再度发生；

③ 在国家监督抽查中发现食品生产者生产的食品存在安全隐患，可能对人体健康和生命安全造成损害。

食品生产者在接到责令召回通知书后，应立即停止生产和销售不安全食品。

4. 食品安全法治宣传教育

食品安全法治宣传教育指食品安全监管主体将食品安全法律规范的基本原则和内容向社会做广泛的传播，使人们能够理解、认识和受到教育，从而自觉遵守食品安全法律规范的一种活动，分为一般性宣传教育和具体性宣传教育。

① 一般性宣传教育：包括通过各种媒介和渠道向公众普及食品安全基础知识和法律法规，提高整体社会对食品安全的认知水平。

② 具体性宣传教育：针对特定人群或问题，开展有针对性的培训和教育活动，例如对食品生产经营企业的工作人员进行法律法规培训或对新食品原料的安全使用进行专门讲解。

第三节　国外食品安全监管体系

一、美国食品安全监管体系

1. 食品安全监管机构及职责

美国在食品安全管理方面有着悠久的历史，早在 100 多年前美国就已经制定了《肉类检验法》，40 多年前则对食品中的化学残留问题进行了立法。目前，美国的食品安全管理体系相对完善，涉及多个联邦和州级机构。

在美国，负责食品安全管理的主要机构有三家：一是美国农业部（USDA），主要负责肉类和家禽食品的安全，监督和执行相关的动物产品安全法规；二是美国食品药品监督管理局（FDA），隶属于卫生与公众服务部（HHS），负责除肉类和家禽产品以外的所有食品安全监管；三是美国国家环境保护署（EPA），负责饮用水的安全管理以及农药、重金属等化学物质的残留限量。

此外，美国联邦政府涉及食品质量安全管理的部门还包括国土安全部（DHS）、商务部、国防部等，以及农业部下属的农业研究署（ARS）、农业市场署（AMS）、经济研究署（ERS）等。HHS下属的国立卫生研究院（NIH）也与各州和地方政府相关部门密切配合，共同形成了一个全面的食品安全管理网络。美国食品安全管理体制有三个显著特征：

① 纵向三级管理，包括联邦层面、州层面和地方政府层面；

② 横向多部门协作，联邦层面涉及多个部门的联合工作；

③“产品管理为主、分段管理为辅”的职能划分。

联邦层面的管理机构由各部长组成，并直接受总统管理。例如，1997年克林顿政府发起了食品安全运动，并于1998年成立了总统食品安全委员会，负责协调美国的食品安全工作。在联邦层面，农业部的职责包括对农产品的监测和抽查、进出口动物疫病和植物检疫、产品生产卫生许可、包装标识管理、HACCP体系的执行，以及相关的危害风险评估和管理。食品安全检验局（FSIS）和动植物卫生检验局（APHIS）是主管食品安全的主要机构。HHS的主要职能是监测人类疾病、预防传染病和食源性疾病的暴发，相关的下属机构包括FDA和疾病预防控制中心（CDC）。EPA则负责制定农药和环境化学品在不同产品中的限量标准，发布安全使用指南，以防止有毒物质和废物进入环境和食品链。在州及地方层面，管理机构需在食品安全重大事务上密切合作，确保信息传递畅通，决策得以有效执行。通过这些机制，美国构建了一个多层次、跨部门的食品安全管理体系，以保障公众的食品安全。

2. 法律法规

美国的食品安全立法始于1906年《联邦食品和药品法》的颁布与实施，其中最具里程碑意义的是1938年颁布的《联邦食品、药品和化妆品法》。这两部法规对美国乃至全球的食品安全立法产生了深远的影响，为美国食品安全监管体系的形成奠定了基础。目前，美国已制定和修订了35部与食品安全相关的法规，主要包括以下几类。

（1）综合型基本法律　《联邦食品、药品和化妆品法》将食品、药品和化妆品的管理权授权给食品药品监督管理局（FDA），明确规定除肉类、禽类和部分蛋类由食品安全检验局（FSIS）管理外，其他所有国产和进口食品的生产、加工、包装和储存，包括新型兽药、饲料和食品添加剂的销售许可均由FDA监管。该法详细规定了加工生产环境和卫生条件、企业资质认证、标准监管程序，以及对掺假、错误标签食品的控制和紧急召回程序。《食品质量保护法》则对食品中的最高残留限量做出了明确规定，要求未经环境保护署（EPA）登记许可、不符合农药最高残留限量标准的农产品和食品不得进入美国市场销售。

（2）监管类法律　《禽类产品检验法》、《联邦肉类检验法》和《蛋类产品检验法》等法律规定，确保销售给消费者的肉类、禽类和蛋类产品符合卫生标准，防止掺假，并确保正确的标识和包装。只有经过美国农业部检验合格的肉类、禽类和蛋类产品，才能在美国境内运输和销售。

（3）补充性法律　由于发生重大食品安全事件，美国还制定了一些补充性法律。例如，2009年加州发生的沙门菌污染花生酱事件导致9人死亡，促使美国众议院于2009年7月30日通过《2009年食品安全加强法》。该法加强了对食品加工厂商的检查与监督，扩大了FDA的权限，包括制定农场初级原料生产标准、建立召回追溯系统、强制召回受污染食品、扣留不安全食品、限制或禁止来自某个地区的不安全食品流通，以及索取可能违规情况的相关数据。此外，由于连续发生的严重食源性致病菌疫情，2011年还通过了《FDA食品安全现代化法案》，进一步增强了食品安全监管的力度。

通过以上法律法规的建立和实施，美国构建了一个相对完善的食品安全监管体系，旨在有效保障公众的食品安全。

3. 食品安全追溯实施情况

美国食品药品监督管理局（FDA）与美国农业部（USDA）共同推动食品追溯系统，要求食品生产者、加工者和销售商在其产品的整个生命周期内记录和保存相关信息。追溯系统重点关注关键数据点，包括生产日期、加工地点、运输信息和销售记录。这些信息帮助监管机构在发生食品安全事件时快速识别和召回受污染的食品。

二、日本食品安全监管体系

1. 食品安全监管机构及职责

为理顺食品安全管理体制，日本不断重组和整合部门，目前已形成食品安全委员会、农林水产省、厚生劳动省三方协同的监管体系（图 2-2）。食品安全委员会是 2003 年 7 月专门成立的食品安全风险评估机构，隶属内阁管辖，给内阁的食品安全立法提供科学依据，其主要职责是进行食品安全风险评估，指导及监督风险管理部门，并就风险信息进行沟通与发布。农林水产省是农林水产品的风险管理机构，在食品安全管理方面的主要职责是负责制定和监督执行农产品类食品的产品标准，农林水产品生产阶段农药、化肥、饲料、动物等的风险管理，防止土壤污染，促进消费者和生产者之间的食品安全信息交流。消费安全局是农林水产省的下属机构，是具体负责农产品安全管理的主要机构。厚生劳动省是食品安全的风险管理机构，其主要职责是执行《食品卫生法》；根据食品安全委员会的评估鉴定结果，制定食品添加剂、药物残留限量标准；执行食品加工卫生管理；监督指导本国及进口食品流通过程的安全管理。

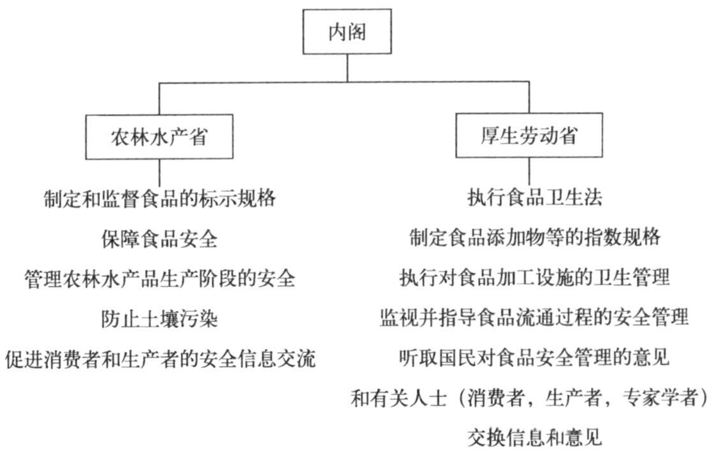

图 2-2　日本食品安全管理机构及职能示意图

2. 食品安全法律法规

日本政府历来重视食品安全，早在 1947 年日本就颁布了《食品卫生法》。随着社会经济的发展和新食品的不断出现，为了适应日益变化发展的饮食生活，充分保证食品安全，1972 年、1995 年和 2002 年日本政府又多次对《食品卫生法》进行了修订。

日本对食品的卫生标准有着极为严格的规定。不同食品的保存方式、保存温度、保存期等也有相应的规定。农产品和以农产品为原料的食品类商品的安全管理涉及原料的生产、加工和卫生检疫检验以及产品的商标标识方式等多方面，因此在管理体制上也涉及农业、卫生和商业等多部门。多年来，日本的食品安全管理主要由农林水产省和厚生劳动省负责实施具体的管理工作。

（1）《食品安全基本法》 2003 年 5 月颁布，2007 年 3 月最后修订的《食品安全基本法》是在牛海绵状脑病及各种食品安全事件频发的背景下制定的。该法以保障食品安全、保护公众健康为目的，首次将风险分析的科学方法引入食品安全管理工作，明确风险评估及风险交流的主要职能，提出食品产业链各环节全程管理的理念。

（2）《食品卫生法》《食品卫生法》是以防止饮食引起的健康危害、保护公众健康为出发点，从公共卫生角度制定的法规。包括两个方面的规定，一是制定食品规格标准、设施标准、管理操作标准和标识标准；二是进口检查和国内食品经营检查。

（3）其他法律法规 在具体的食品安全管理领域，主要依据《农药取缔法》《药事法》《家畜传染病法》《饲料安全法》《植物检疫法》等对农药登记与销售、兽药生产与销售、人畜共患病防疫、饲料生产与销售、JAS 标准制定并监督实施等进行管理。为了确保这些法律法规的实施，日本还制定了一系列相关的强制规章，为标准的制定实施、食品质量检测检验奠定基础。

3. 食品安全可追溯系统实施状况

为应对牛海绵状脑病，日本于 2001 年建立了肉牛可追溯系统。2002 年 5 月，日本政府制定了“牛肉身份证”制度，消费者通过互联网，即可获知牛品种、养殖、屠宰以及流通过程信息。2002 年 6 月，日本将食品追溯系统延伸至大米产业，消费者通过大米包装上的电子标签可以了解大米的产地、生产者、生产过程中使用的农药和化肥以及加工等具体信息。日本国会于 2003 年 6 月立法通过了《牛个体识别信息管理及联络特别措施法》，其中规定了牛肉销售履历表制度，要求自 2003 年 12 月 1 日起所有牛肉包装必须具有八大内容的履历表。

三、欧盟食品安全监管体系

农业及食品部门在欧洲经济中有着非常重要的地位。欧盟是世界上最大的食品和饮料产品生产者，食品行业拥有 2600 多万雇员，每年有 500 亿欧元的农产品、食品和饮料出口。

欧盟理事会于 2001 年 1 月发布了《食品安全白皮书》，决定制定一套连贯和透明的法规，以加强“从农场到餐桌”的控制，提高欧盟食品安全科学咨询体系的能力，并建立欧洲范围内食品安全管理系统：欧盟食品安全局（EFSA）和食品与兽医办公室（FVO）。

与 FDA 不同，EFSA 不具备制定规章制度的权限，但将负责监视整个食品链，根据科学的证据做出风险评估，为政府制定法规提供信息依据。欧盟食品安全局是一个独立的法定机构，不隶属于欧盟的其他机构，行政主任是欧盟食品安全局的最高行政官员，对管理委员会负责。欧盟食品安全局的主要职责是：根据欧盟和各成员国的要求，提供食品安全及相关事项（如动物、植物卫生控制，转基因生物等）的科学建议，作为食品安全管理决策的基础；监控整个欧盟食品链的安全状况；确认食品安全风险并发布相关信息；在危机发生时向欧盟理事会提供支援和为公众提供相关信息。

食品与兽医办公室主要负责食品安全的具体监管和检查功能，内容包括：食品安全（如动物营养、牛海绵状脑病、食品可追溯系统等），动物健康（如禽流感等），动物福利（动物运送和屠宰期的福利），农产品安全（病虫害防治，农药残留等）。

自英国出现首例牛海绵状脑病以来，世界各国都更加重视食品安全与卫生，消费者也日渐关注食品安全问题。各国纷纷采取措施防止食品安全问题的出现，目前，全世界已有多个国家和地区成立了专门的部门、制定了食品安全相关法律法规、建立了食品可追溯系统，对食品的生产过程进行监管、跟踪与追溯。欧盟、美国、英国、日本等国家和组织在实施食品安全可追溯体系中取得了一定的成功经验。

1. 食品安全监管机构及职责

欧盟的食品安全监管实行欧盟和各成员国的两级监管制度。在欧盟一级，直接负责食品安全监管的机构有三个，分别是欧盟健康和消费者保护总署、欧盟食品与兽医办公室、欧盟食品安全局。其中，欧盟健康和消费者保护总署负责提出食品安全管理法规，欧盟食品与兽医办公室负责监督成员国和第三国是否遵守欧盟的食品卫生法及相关规定。2002 年正式成立的欧盟食品安全局是一个独立的咨询机构，其主要职责是向欧盟委员会和欧洲议会等决策机构就食品安全风险提供独立、科学的评估和建议，并负责向欧盟委员会提出一切与食品安全有关的科学建议。

2. 食品安全法律法规

欧盟的食品安全法律法规包括两个层次：第一个层次以基本法为基础相继颁布的食品安全领域原则性规定；第二个层次是在以上法规确定的原则指导下形成的具体措施和要求。目前，欧盟已经形成了以第 178/2002 号法规为基本法的食品安全法律体系，主要包括以下几个重要的法律文件。

(1)《食品安全绿皮书》 1997 年，欧盟委员会发表了关于欧盟食品法规一般原则的《食品安全绿皮书》，对过去 30 年里欧洲共同体食品法规的变化趋势进行了总结。绿皮书认为，与各成员国的食品法规相比，欧共体层面的食品法规基本原则和职责要求不明确，法规内容陈旧、零散、缺乏核心，要求欧洲议会对立法框架进行改进。同时对食品立法的前景进行了咨询和建议，为欧盟食品安全法规体系建立基本框架奠定了基础。

(2)《食品安全白皮书》 2000 年，欧盟委员会正式发布了《食品安全白皮书》。该白皮书是欧盟及其成员国建立食品安全管理机构及措施的核心文件，白皮书首次引入了“从农场到餐桌”的概念，明确指出要落实食物链中各参与主体的任务和责任。

(3) 第 178/2002 号法规 2002 年，欧盟第 178/2002 号法规（EC 178/2002）正式发布，对食品和食品安全进行定义，并规定了食品安全法律的基本原则及要求，阐述与食品安全相关事务的一般程序，明确了食品安全立法的总体原则和目标，设立了欧盟食品安全局进行食品风险评估和信息搜集，建立了食品安全问题监测预警系统。在欧盟食品安全相关法律体系中，EC 178/2002 是食品可追溯性方面最主要的法规，明确规定在欧盟销售的所有食品都必须可追溯。该法规还提出了 Trace Fish 计划，主要目标是调查水产品供应链质量安全状况，编制水产品可追溯体系执行标准。

(4) 食品卫生法规 2004 年 4 月 29 日，欧盟公布了四个补充的法规，分别是《食品卫生》、《动物源性食品具体卫生规定》、《供人类消费的动物源性食品的官方控制组织细则》和《确保符合饲料和食品法、动物健康和动物福利规定的官方控制》，统称为“食品卫生系列措施”。根据欧盟法律规定，各成员国必须将欧盟法律法规及指令转换为本国国家法律。一般来说，欧盟法律不具体规定各成员国履行义务的机构，各成员国可以根据其法律体系自行决定。

3. 食品安全可追溯系统实施状况

欧洲早在1991年颁布的《欧洲有机法案》就要求监测每一地块农药、肥料等的使用情况，以监控有机农产品的生产过程。2000年7月，欧洲议会、欧盟理事会共同推出EC 1760/2000《关于建立牛科动物检验和登记系统、牛肉及牛肉制品标签问题》，要求从2001年1月起欧盟及其成员国建立牛肉制品追溯系统。2001年10月，欧盟委员会通过EC 2065/2001，规定自2002年1月1日起，所有进口水产品必须标明名称、生产方式和捕捞区域等信息，以保证产品的可追溯性。2005年1月欧盟进一步要求在欧盟内销售牛肉制品、生鲜水果和蔬菜都必须具备可追溯性，禁止不具备可追溯性的食品进口。欧盟还开始尝试采用最新的科研成果增强食品安全可追溯系统的可靠性，例如尝试利用DNA标记技术提供动物制品的追溯。此外，针对转基因食品建立了专门的跟踪系统，要求转基因食品的参与者记录转基因食品生产加工过程的信息，且保存时间在5年以上。

问答题

1. 对比分析美国多部门监管模式与日本双部门模式的优缺点。
2. 阐述我国食品安全法修订对追溯制度的具体要求。
3. 设计一个跨境食品贸易场景，说明不同监管体系的衔接难点。
4. 讨论英国FSA的独立性对监管公信力的影响机制。

·第三章·

食品质量管理体系

质量是指一组固有特性满足特定要求的程度。管理则是在特定时间和空间内，管理者通过策划、组织、领导和控制等活动来协调一切可整合的资源，以实现个人或组织既定目标的过程。管理体系则是管理的系统化表现，指一个组织为实现其方针和目标而建立的相互关联和相互作用的一组要素。

管理体系具有丰富的内涵与外延。它可以针对单一领域或多个领域进行设计。例如，质量管理体系专注于产品质量或服务质量，环境管理体系则旨在提升环境管理绩效。同时，组织也可以构建一个综合的管理体系，来同时管理质量、环境和职业健康安全等多个领域。管理体系的范围可以涵盖整个组织，也可以仅限于某个特定部门。其要素规定了组织的架构、岗位和职责，以及组织的理念、方针、目标、惯例和实现这些目标的过程。

食品质量安全是食品安全管理体系的核心、目标和宗旨。因此，食品质量安全必须得到食品安全监管机构的高度重视。食品质量安全管理体系的总体建设思路和目标是严格保障食品质量安全。针对威胁消费者饮食健康与安全的不合格食品，该体系强调对其进行准确的测试和判断，并督促食品生产商和销售企业全面维护消费者的法定食品安全权益。

第一节　认证与认可

一、认证

按照《中华人民共和国认证认可条例》的规定，认证是指由认证机构证明产品、服务、管理体系符合相关技术规范、相关技术规范的强制性要求或者标准的合格评定活动。在我国，认证机构获得认证资格必须首先通过国家认证认可监督管理委员会（CNCA）的资质审批，通过中国合格评定国家认可委员会（CNAS）的能力认可可增强其公信力（非强制前置条件）。认证通常由独立的第三方机构通过审核、检验、测试等手段，验证被认证方是否符合特定标准或规范。

（1）认证程序要求

① 资质审批：认证机构需经国家认监委（CNCA）批准（《认证机构管理办法》2020 年

修订版）。

② 能力认可：通过国家认可委（CNAS）依据CNCA-N-007:2021进行的技术能力认可。

（2）认证分类

① 体系认证：如ISO 22000:2018《食品安全管理体系》、HACCP。

② 产品认证：如SC认证、有机食品认证（GB/T 19630—2019）。

针对食品安全管理体系认证，国家认监委和国家认可委制定并发布了具有强制约束力的《食品安全管理体系认证实施规则》、《食品安全管理体系认证机构要求》（CNCA-CC 180:2023）和《认证机构管理办法》等规范性文件，以确保认证机构的整体能力和认证审核的一致性，确保获证组织满足食品安全管理体系标准的要求。认证机构、检查机构、实验室可以通过认可机构的认可，以保证其认证、检查、检测能力持续、稳定地符合认可条件（图3-1）。

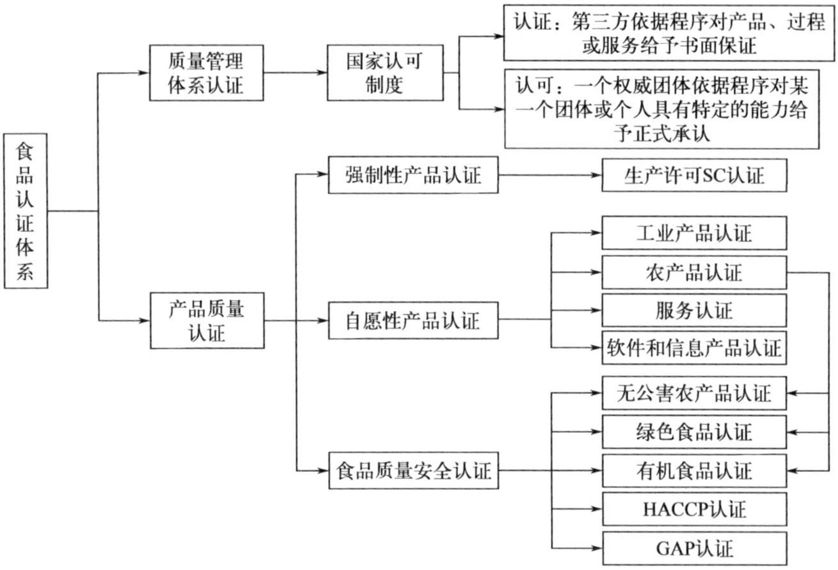

图3-1 食品认证认可体系

食品质量管理体系认证是指对食品企业的管理体系进行审核和认证，确保其在食品生产、加工和销售过程中遵循特定的质量管理标准，如ISO 22000、HACCP等。产品认证根据产品标准和相应的技术要求，经认证机构确定并通过颁发认证证书和认证标志来证明某一产品符合相应标准和相应技术要求的活动，如有机食品认证等。

食品质量管理体系认证和产品质量认证是食品安全和质量管理的重要组成部分，都属于认证体系，但两者在目的、范围和具体实施方面存在一些区别，在目标、实施范围和标准类型上各有侧重。企业在选择认证时，应根据自身的需求、市场要求和消费者期望，综合考虑这两类认证，以提升其在市场中的竞争力和信誉度（表3-1）。

表3-1 食品质量管理体系认证和产品质量认证的区别

特点	食品质量管理体系认证	产品质量认证
关注点	企业的管理体系和流程	食品具体产品的安全和质量
目标	提升整体管理水平，确保食品安全	确保产品符合特定标准和法规
实施范围	涉及整个生产和供应链管理	针对单个产品的质量和安全性评估
标准类型	ISO 22000、HACCP、GMP等	GB标准、有机认证、绿色食品认证等

二、认可

认可是指由认可机构对认证机构、检查机构、实验室以及从事评审、审核等认证活动人员的能力和执业资格，予以承认的合格评定活动。

认可规范是认可规则、认可准则、认可指南和认可方案文件的总称。

① 认可规则（R 系列）：CNAS 实施认可活动的政策和程序，包括通用规则和专项规则类文件。

② 认可准则（C 系列）：CNAS 认可的合格评定机构应满足的基本要求。包括基本准则［如等同采用的相关国际标准化组织/国际电工委员会（ISO/IEC）标准、导则等］以及对其的应用指南或应用说明［如采用的国际认可论坛（IAF）、国际实验室认可合作组织（ILAC）制定的对相关 ISO/IEC 标准、导则的应用指南，或其他相关组织制定的规范性文件，以及 CNAS 针对特别行业制定的特定要求等］。

③ 认可指南（G 系列）：CNAS 对认可准则的说明或应用指南，包括通用和专项说明或应用指南类文件。

④ 认可方案（S 系列）：是 CNAS 针对特定领域或行业对上述认可规则、认可准则和认可指南的补充。

食品认可和食品认证在分析检测和加工的不同维度上各有侧重，认可主要关注机构和实验室的能力，而认证则关注具体产品和生产过程的符合性，二者共同促进了食品安全和质量管理体系的建立，保障消费者的健康与安全。在选择适合的认可和认证时，企业应根据自身的需求和市场要求，选择合适的标准和机构，以提高产品的竞争力和市场信任度（表 3-2）。

表 3-2 认证和认可的不同之处

特点	认可	认证
定义	对机构/人员能力的第三方证明（如 CNAS 对实验室认可）	对产品/体系符合标准的确认（如 ISO 22000 认证）
实施主体	国家授权机构（如 CNAS）	第三方认证机构（经 CNCA 批准）
结果	认可证书（如 CNAS 标志）	认证证书（如 ISO 22000 认证标志）

三、相关职能管理机构

1. 国家认证认可监督管理委员会（CNCA）

根据《中华人民共和国认证认可条例》第九条、第三十七条、第五十五条的规定，认证认可活动所涉及的主体主要有三个。

① 认证机构：是指经国务院认证认可监督管理部门批准从事认证活动的法人（其他组织和个人不得从事认证活动）。

② 认可机构：是指国务院认证认可监督管理部门确定的从事认可工作的机构。

③ 地方认证监督管理部门：指国务院认证认可监督管理部门授权的对认证活动实施监督管理的省、自治区、直辖市人民政府质量技术监督部门和国务院质量监督检验检疫部门设在地方的出入境检验检疫机构。

CNAS（中国合格评定国家认可委员会）是由原中国认证机构国家认可委员会（CNAB）和原中国实验室国家认可委员会（CNAL）合并而成的。根据《中华人民共和国认证认可条例》，国家实行统一的认证认可监督管理制度。根据《中华人民共和国认证认可条例》《认可机构监督管理办法》的规定，CNAS通过对合格评定机构（如认证机构、实验室、检查机构）的管理和活动进行评价与监督，确认其是否具备开展相应合格评定活动（如认证、检测、校准和检查等）的能力，并确保其合格评定活动的权威性，从而发挥认可的约束作用。

中国合格评定国家认可委员会（CNAS）是根据《中华人民共和国认证认可条例》的规定，由国家认证认可监督管理委员会（CNCA）批准设立并授权的国家认可机构，统一负责对认证机构、实验室和检验机构等相关机构的认可工作。

CNAS于2006年3月31日正式成立，是国家市场监督管理总局根据《中华人民共和国认证认可条例》和《认可机构监督管理办法》确定的国家认可机构。CNAS依据国际标准ISO/IEC 17011《合格评定　认可机构要求》运作，从事检验机构、实验室、认证机构、审定与核查机构等合格评定机构认可评价活动，负责合格评定机构国家认可体系运行。

CNAS的主要任务是：①按照我国有关法律法规、国际和国家标准、规范等，建立并运行合格评定机构国家认可体系，制定并发布认可工作的规则、准则、指南等规范性文件；②对境内外提出申请的合格评定机构开展能力评价，作出认可决定，对获认可的合格评定机构进行认可监督管理；③负责对认可委员会徽标和认可标识的使用进行指导和监督管理；④组织开展与认可相关的人员培训工作，对评审人员进行资格评定和聘用管理；⑤为合格评定机构提供相关技术服务，为社会各界提供获得认可的合格评定机构的公开信息；⑥参加与合格评定及认可相关的国际活动，与有关认可及相关机构和国际合作组织签署双边或多边认可合作协议；⑦其他工作，如处理与认可有关的申诉和投诉工作，承担政府有关部门委托的工作，开展与认可相关的其他活动等。

CNAS在食品行业中的主要职能和作用如下。

① 认可检测机构：CNAS负责对食品检测实验室的认可，以确保这些实验室具备开展食品安全和质量检测的能力。认可的检测机构必须符合国际标准，如ISO/IEC 17025，这些机构能够进行食品成分分析、污染物检测、微生物检测等，确保食品的安全性和合规性。

② 认证机构的认可：CNAS还对食品行业的认证机构进行认可。这些机构负责对食品生产企业进行各类认证，例如ISO 22000（食品安全管理体系）、HACCP（危害分析与关键控制点）等，以帮助企业建立和维护食品安全管理体系，提升产品质量和安全性。

③ 实施标准化管理：CNAS推动食品行业的标准化管理工作，通过制定和实施相关标准，提高食品安全和质量管理的整体水平。这些标准为食品企业提供了可遵循的指导，帮助其在生产和管理过程中达到预期的安全和质量要求。

④ 监督与评估：CNAS对获得认可的机构进行定期的监督和评估，确保其持续符合认可标准。这种监督机制有助于提高食品检测和认证服务的公信力，增强消费者对食品安全的信心。

⑤ 国际合作与互认：CNAS还积极参与国际认可组织的合作与互动，推动国际的认可互认。这种合作不仅增强了中国食品检测和认证的国际影响力，还为出口食品的质量和安全提供了保障。

⑥ 技术支持与培训：CNAS为食品行业的检测和认证机构提供技术支持和培训，确保其专业人员的能力持续提升，这种支持有助于行业内技术水平的提高，推动食品安全的整体进步。

CNAS 的主要职责是制定国家认证认可的政策、法规和标准，并对认证机构和认可机构的活动进行监督和管理。

2. 其他国家认证认可机构

美国国家标准学会（ANSI）在全球食品安全框架中发挥着重要的作用，承担着标准合格评定的领导责任，并提供相关服务。ANSI 是一个私营的非营利性组织，虽然不直接制定标准，但积极促进标准的开发和实施，致力于为美国市场提供一系列服务。ANSI 在政府与私营企业之间充当沟通桥梁，组织中立性论坛，邀请各界参与，共同解决国家层面的紧迫问题。目前，ANSI 依据 ISO/IEC 17065（前称指南 65）标准，已认可 34 家认证机构，其中包括 NSF 认证。此外，ANSI 是国际电工委员会（IEC）、太平洋认可合作组织（PAC）和国际认可论坛多边承认协议（IAF/MLA）的签约成员。通过 ASTM E2659 标准，ANSI 还认可了 16 个认证发行机构和 2 个申请者，覆盖了加利福尼亚州、亚利桑那州和得克萨斯州等地区。ANSI 的产品认证认可项目是根据全球认可机制量身定制，所有的认可工作严格遵循 ISO/IEC 17065（产品认证）、ISO/IEC 17021（体系认证）标准，确保符合最佳实践和诚信要求，包括对审核员和审计员的严格审核。ANSI 在推动全球食品安全及其他领域标准化进程中，发挥着不可或缺的作用。

BRC 即英国零售商协会（British Retail Consortium），发布了涵盖食品（包括宠物食品）、消费品、包装材料等九大类的认证标准，涉及从初级原材料加工、产品制造、包装、储存、配送、代理、经销到终端零售等各个环节的产品质量和安全认证。BRC 标准在英联邦国家及欧洲的广泛零售集团中得到认可，并被视为其供应商的强制审核标准。英国的大多数大型零售商通常只选择通过 BRC 认证的企业作为其供应商。因此，BRC 认证对于企业产品进入欧洲市场至关重要。

英国皇家认可委员会（United Kingdom Accreditation Service，UKAS）是负责认证机构和实验室的测量及试验认可的国家机构，是英国及全球最权威的认可机构。UKAS 专门负责对组织的能力进行评审和认可，其认可范围包括测量、测试和检测机构，以及质量体系、产品和人员的认证机构。UKAS 的认可标志带有皇家皇冠图案，只有获得 UKAS 认可的机构才有权使用此标志。UKAS 由英国国家实验室认可机构（NAMAS）和英国国家认证机构认可委员会（NACCB）合并而成，它们分别负责实验室和认证机构的认可工作。UKAS 的认可主要依据国际标准 EN45011、EN45012 和 EN45013，对从事产品认证、质量管理体系认证和环境管理体系认证的机构进行认可。

欧洲认可合作组织（European Cooperation for Accreditation，EA）整合了西欧校准合作组织（WECC）、西欧实验室认可合作组织（WELAC）、欧洲认证认可组织（EAC）与欧洲实验室认可组织（EAL）等前驱机构。基本任务是发展、评估并确保全欧洲范围内各类合格评定机构的技术能力，使其持续符合特定的标准与要求。欧洲实验室认可合作组织（European Cooperation for Accreditation of Laboratories，EAL）成立于 1994 年，其前身是 1989 年成立的 WELAC，1997 年成为 EA 下属的一个委员会，2010 年整合至 EA。EAL 是为检验报告和校准证书的相互承认而建立的一个组织，其主要目的是在欧洲乃至全球范围内能迅速并无异议地接受经过认可的检验报告和校准证书。

澳大利亚国家检验机构协会（National Association of Testing Authorities，NATA）是全球第一个评定实验室能力的国家机构，成立于 1947 年，它也是现今世界最大的综合性实验室认可组织，其工作范围由实验室认可扩展到了企业质量管理体系认证 ISO 9000 和 ISO

14000 认证。现在，NATA 模式是多数国家建立实验室认可体系的典范。

日本实验室国家认可体系（Japan National Laboratory Accreditation System，JNLA）成立于 1997 年，是日本检测实验室自愿认可体系，主要从事日本检测实验室认可工作。日本合格评定认可委员会（Japan Accreditation Board for Conformity Assessment，JAB）成立于 1993 年，是一家私有化的非营利性机构，同时也是日本唯一国家级合格评定认可机构，其任务和目标是在日本建立和发展合格评定体系，与国外的认可机构建立互认并最终推动和促进日本工业与经济的可持续发展。目前，JAB 统一负责实验室、认证机构认可，并与 CNAS、美洲认可合作组织（IAAC）等签署互认协议。

3. 国家认可组织

国际认可论坛（IAF）成立于 1993 年，由美国国家标准学会（ANSI）和美国注册机构认可委员会（RAB）发起，是一个由多国认可机构参与的多边合作组织。作为全球合格评定机构、认可机构以及涉及管理体系、产品、服务、人员等合格评定程序相关团体的联合会，IAF 致力于在世界范围内推动质量体系、环境管理体系、产品及人员的合格评定工作。虽然实验室认可并非其核心业务，但 IAF 在国际多边合作中扮演着关键角色，众多认证和认可机构在其框架下运作，因此对实验室认可的发展也产生了深远影响。

国际实验室认可合作组织（ILAC）则是国际范围内交流实验室认可意见与信息的主要平台。其起源可追溯至 1977 年，并于 1996 年正式成为国际性合作组织，成员包括亚太实验室认可合作组织（APLAC）、欧洲认可合作组织（EA）及其他区域性认可组织。ILAC 的核心目标在于促进成员间合作研究，制定实验室认可原则与指南文件，协调认可程序与标准，并建立相互承认协议（MRA）体系。该体系旨在确保经 MRA 成员认可机构认可的实验室和检验机构具备同等能力，增强市场对其所签发证书和报告的信心，推动国际互认，减少贸易技术壁垒，最终实现“一次测试，全球承认”的贸易便利化目标。由 ILAC 制定并被国际标准化组织（ISO）和国际电工委员会（IEC）采纳的关键文件，如 ISO/IEC 17025（由 ISO/IEC 指南 25 更新而来）和 ISO/IEC 指南 58，不仅是指导全球实验室认可工作和评估实验室能力的重要依据，更是实现实验室认可机构国际互认的基石。

第二节 食品质量管理体系认证

食品质量管理体系认证与产品质量认证共同构成食品安全与质量管理的重要支柱，两者在目的、范围及实施方式上存在区别。食品质量管理体系认证聚焦于对食品企业整体管理体系的审核与认证，确保其在食品生产、加工、储运及销售全流程中，持续符合特定的质量管理或食品安全管理标准要求。

一、 ISO 9001

GB/T 19001—2016（ISO 9001）质量管理体系认证用于食品企业的质量管理体系，确保其产品和服务满足质量标准。国际标准化组织（ISO）成立于 1947 年，是世界上最大的非政府性国际标准化组织。ISO 9000 族标准指由 ISO/TC 176 技术委员会制定的所有国际标准。

ISO 9000 系列标准是由国际标准化组织发布的企业质量管理和质量保证国际标准，是质量管理经验的科学总结。ISO 9000 质量体系是一个全员参与、全面控制、持续改进的综合性质量管理体系，其核心是满足客户明确或隐含的质量要求。ISO 9000 标准规范了企业内从原材料采购到成品交付的所有过程，牵涉到企业内从最高管理层到最基层的全体员工，它贯穿于整个质量管理体系的全过程。国内企业贯彻 ISO 9000 标准，按照国际通行的原则和方式来经营与管理企业，有助于树立企业“按规则办事，尤其是按国际规则办事”的形象，为企业对外经济与技术合作的顺利进行营造一个良好的环境。

二、 ISO 22000

ISO 22000 是由 ISO/TC 34 食品技术委员会制定的食品安全管理体系国际标准，专为食品链中的组织设计。其首个版本发布于 2005 年 9 月 1 日，并于 2018 年修订，现行有效版本为 ISO 22000：2018《食品安全管理体系 食品链中各类组织的要求》。我国于 2006 年 7 月等同采用了该标准（GB/T 22000—2006）。

ISO 22000 的理论基础融合了良好操作规范（GMP）、危害分析与关键控制点（HACCP）原理以及卫生标准操作程序（SSOP），并有效整合了 ISO 9001 质量管理体系的部分要求。该标准的目的是在全球范围内规范和协调食品安全管理要求，帮助组织系统性地管理食品安全风险，构建从农场到餐桌的全程食品安全保障体系，应对日益复杂的全球食品安全挑战。

与 HACCP 体系主要关注特定生产环节的危害控制不同，ISO 22000 标准更注重食品安全管理的共性要求，适用于食品链中所有希望建立确保食品安全体系的组织。其适用范围广泛，包括：饲料生产者、初级农产品生产者、食品制造商、运输和仓储经营者、零售商、餐饮服务商，以及相关的配套组织，如食品包装材料、食品添加剂、加工助剂、清洁剂和设备的生产供应商。

ISO 22000 提供了一套优秀的框架，帮助组织实施食品安全管理体系（FSMS），有效识别和控制食品加工生产过程中的潜在危害。这不仅有助于降低食品安全监管成本，更能增强消费者对食品安全的信任度，有力促进国际贸易的顺畅进行。ISO 22000：2018 食品安全体系内容与框架如下。

1 范围

2 规范性引用文件

3 术语和定义

4 组织环境

4.1 理解组织及其环境

4.2 理解相关方的需求和期望

4.3 确定食品安全管理体系的范围

4.4 食品安全管理体系

5 领导作用

5.1 领导作用和承诺

5.2 质量方针

5.3 组织的岗位、职责和权限

6 策划

6.1 应对风险和机遇的措施

6.2 食品安全管理体系目标及其实现的策划
6.3 变更的策划
7 支持
7.1 资源
7.1.1 总则
7.1.2 人员
7.1.3 基础措施
7.1.4 工作环境
7.1.5 食品安全管理系统的外部开发要素
7.1.6 外部提供的过程、产品或服务的控制
7.2 能力
7.3 意识
7.4 沟通
7.4.1 总则
7.4.2 外部沟通
7.4.3 内部沟通
7.5 文件化信息
7.5.1 总则
7.5.2 创建和更新
7.5.3 文件化信息化的控制
8 运行
8.1 运行策划和控制
8.2 前提方案
8.3 可追溯系统
8.4 应急准备和响应
8.4.1 总则
8.4.2 紧急情况和事件的处理
8.5 危害控制
8.5.1 实施危害分析的预备步骤
8.5.2 危害分析
8.5.3 控制措施和控制措施组合的确认
8.5.4 危害控制计划（HACCP/OPRP 计划）
8.6 前提方案和危害控制计划的信息更新
8.7 监视和测量的控制
8.8 与前提方案和危害控制计划相关的验证
8.8.1 验证
8.8.2 验证活动结果的分析
8.9 产品和过程不符合控制
8.9.1 总则
8.9.2 纠正

8.9.3 纠正措施

8.9.4 潜在不安全产品的处置

8.9.5 召回

9 绩效评价

9.1 监视、测量、分析和评价

9.1.1 总则

9.1.2 分析和评价

9.2 内部审核

9.3 管理评审

9.3.1 总则

9.3.2 管理评审输入

9.3.3 管理评审输出

10 改进

10.1 不合格和纠正措施

10.2 持续改进

10.3 食品安全管理体系的更新

ISO 22000:2018《食品安全管理体系标准》为食品链中各类组织提供了一个强大且国际公认的框架，用以系统性管理食品安全风险，确保从源头到消费终端的食品安全。通过整合GMP、HACCP、SSOP等核心原则及ISO 9001的部分管理要求，该标准不仅规范了危害识别与控制的关键过程，更强调了体系化、预防性的管理思维。获得ISO 22000认证的组织，能够有效证实其控制食品安全危害的能力，持续稳定地提供符合要求的产品，从而增强消费者信心、满足法规与顾客需求，并将食品安全目标融入其整体经营战略。其广泛的适用性覆盖了整个食品链（包括饲料、初级生产、加工、储运、零售、餐饮）以及相关支持性组织（如设备、包装、清洁剂、添加剂生产商），使其成为构建全球食品供应链安全、促进贸易畅通不可或缺的工具。

三、危害分析与关键控制点（HACCP）

危害分析与关键控制点（hazard analysis and critical control point，HACCP）是一种以预防为核心的动态化、系统化食品安全管理体系。其通过科学分析食品生产全流程中的潜在危害，精准识别关键控制环节，建立实时监控与纠偏机制，从根本上消除食品安全风险，确保为消费者提供安全可靠的产品。HACCP在20世纪60年代由美国国家航空航天局（NASA）与皮尔斯伯里公司（Pillsbury）为保障宇航员食品安全而制定，HACCP已被世界卫生组织（WHO）和联合国粮农组织（FAO）推荐为国际通用的食品安全管理准则，并在全球食品产业链中广泛应用。

HACCP体系的核心内容是对食品生产中可能存在的微生物、化学、物理危害因素实施预防性管理措施，切实有效地减少食品安全问题的发生。同时，HACCP体系更注重对食品生产原料、关键生产工序以及产品安全人为因素进行综合分析，包括在食品生产加工过程中的关键环节建立并完善监控程序以及监控标准，发现食品安全问题可立刻采取规范措施实施纠正，以确保恢复对食品生产加工的安全控制。这对保障食品在加工、储存、运输和配送等各个环节的安全性具有重要意义。

（一）核心原则与科学基础

HACCP 体系建立在七大核心原则之上：

① 危害分析，系统识别原料采购、加工、储运、销售各环节的生物性（如致病菌）、化学性（如农药残留）及物理性（如金属异物）危害；

② 确定关键控制点（CCP），定位可实施控制措施以消除或显著降低危害的生产步骤；

③ 设定关键限值，为每个 CCP 建立可量化的安全阈值（如温度、时间、pH 值）；

④ 建立监控程序，通过实时检测与记录确保 CCP 处于受控状态；

⑤ 制定纠偏措施，当监控显示偏离关键限值时，立即启动隔离、工艺调整等纠正行动；

⑥ 建立验证程序，定期审核体系有效性（如检测成品、复查记录）；

⑦ 完善记录系统，全程留存文件化证据以追溯管理过程。

这 7 项原则构成了一套闭环管理的科学框架，使企业能够前瞻性阻断风险，而非依赖终产品检验。

（二）实施路径与关键技术要点

1. 危害分析与预防机制的构建

企业需基于产品特性和工艺流程，全面梳理从农田到餐桌的全链条风险。

对生鲜肉类，重点控制屠宰环节的微生物交叉污染；

对罐头食品，聚焦热力杀菌不足导致的肉毒杆菌毒素风险；

对预包装食品，防范异物混入及添加剂超标。

针对识别出的危害，需制定源头防控策略：如建立供应商审核制度确保原料安全，优化车间布局减少交叉污染，或采用密封设备阻隔物理性异物。

2. 关键控制点的精准识别与标准化管控

CCP 的确定需严格遵循决策树逻辑，避免过度设置增加管理成本。

巴氏杀菌工序：将温度（≥72℃）与持续时间（≥15s）设为 CCP，通过自动温控系统实时监控；

金属检测环节：设定异物检出灵敏度为关键限值，每 2 小时用测试块验证设备有效性；

过敏原管理：将专用生产线清洁度作为 CCP，通过 ATP 荧光检测确保无残留。

每个 CCP 均需明确监控方式（自动传感器/人工记录）、频率及责任人，确保操作标准可执行、可追溯。

3. 动态监控与纠偏机制的联动运行

监控系统需与纠偏措施无缝衔接：

实时预警，如在冷链运输中温度超限，GPS 温控终端自动报警；

快速响应，偏离发生时立即隔离批次产品，分析根本原因（如设备故障、操作失误）；

闭环处置，通过工艺参数调整、设备维修或员工再培训消除异常，并验证措施有效性后方可恢复生产。

此外，数字化工具（如物联网传感器、区块链追溯平台）的应用正大幅提升该环节的时效性与准确性。

4. 体系的持续进化与技术创新融合

HACCP 需随法规更新、技术进步及消费需求迭代升级：

周期性评审，每年结合客户投诉、抽检数据及新发风险（如新污染物）更新危害分析；

技术赋能，引入 AI 视觉识别自动筛查异物，利用大数据预测设备故障风险；

跨体系整合，与 ISO 22000 协同运行，将 GMP（良好操作规范）、SSOP（卫生标准程序）嵌入 CCP 管理。

HACCP 体系不仅仅是一套文件和记录要求，还是一种科学、系统的食品安全管理方法。企业应将 HACCP 体系融入日常生产和管理中，使其成为企业文化的重要组成部分。HACCP 体系在餐饮业、饮料行业、零售业的食品安全管理中应用广泛。在全球化食品供应链与消费者安全意识提升的双重驱动下，HACCP 体系已成为食品企业构建核心竞争力的必备工具，其科学框架与动态适应性将持续引领食品安全管理的进化方向。

四、其他认证

1. SC 认证

SC 认证即食品生产许可证，指企业在生产食品之前需要向市场监督管理部门申请的许可，以确保生产环境、设备、流程符合国家食品安全标准。SC 是“生产”的汉语拼音字母缩写。2015 年以后，所有食品生产许可证编号都以“SC”开头，取代了之前的 QS（quality safety）认证。

SC 认证本身是中国食品生产许可制度的法定标识，属于强制认证，但并非独立的认证体系，其核心是强制性行政许可，要求企业具备合规的生产条件与质量管理能力，但并非强制要求企业建立 HACCP 或 ISO 22000 等特定管理体系。食品生产许可证是工业产品许可证制度的一个组成部分，是为保证食品的质量安全，由国家主管食品生产领域质量监督工作的行政部门制定并实施的一项旨在控制食品生产加工企业生产条件的监控制度。

SC 认证的申报流程一般包括以下几个主要步骤。

① 提交申请：了解 SC 认证的相关要求和标准，企业需准备必要的申请材料，包括营业执照、组织架构、生产工艺流程图、原材料供应商证明和食品安全管理体系文件（如 HACCP 计划）等，然后向当地食品药品监管部门提交申请材料，并填写相关申请表格。

② 初步审核：市场监督管理局会对材料进行审核，确认资料的合规性。

③ 现场检查和整改：监管部门安排现场审核，对企业的生产车间、设备、卫生环境、人员健康状况等进行现场核查。若不符合要求，会下达整改通知，整改后重新申请复核。

④ 发放 SC 证书：核查合格后，颁发食品生产许可证（SC 认证），企业取得合法生产资格。此后，企业需接受定期的监督检查，以确保持续符合食品安全标准。

食品生产许可证编号由 SC 和 14 位阿拉伯数字组成。数字从左至右依次为：3 位食品类别编码、2 位省代码（自治区、直辖市）、2 位市（地）代码、2 位县（区）代码、4 位顺序码、1 位校验码。新获证食品生产者应当在食品包装或者标签上标注新的食品生产许可证编号“SC”+14 位阿拉伯数字。食品生产许可证分为正本、副本，正本、副本具有同等法律效力，有效期为 5 年。

2. FSSC 22000

FSSC 22000 是由荷兰食品安全认证基金会（FSSC Foundation）管理、获全球食品安全倡议（GFSI）完全认可的全球性食品安全认证方案，现行有效版本为 FSSC 22000 V6.0（2024 年实施）。该方案以 ISO 22000：2018 为核心，辅以 ISO/TS 22002-1 等行业前提方案（PRP）及 CODEX 指南，整合 HACCP 原则，适用于食品制造、饲料、包装、仓储运输、餐饮及零售等整个食品链组织。

当企业已持有 ISO 22000 证书时，仅需补充 FSSC 的附加要求及行业 PRP 审核，即可通过 FSSC 22000 认证，从而满足沃尔玛、家乐福、麦当劳等全球零售商和制造商的供应商准入标准。

第三节 产品质量认证

产品质量认证是指依据相关法律法规、技术标准及规范要求，由具备资质的第三方机构对特定食品进行的系统性质量评估与合格评定活动。其核心目的是验证产品符合规定的安全性、合规性与质量要求，保障消费者权益，并提升产品的市场竞争力。

一、产品质量认证的原则和基本运作

我国产品质量认证制度遵循“自愿为主，强制为辅”的基本原则。

① 自愿性原则：《中华人民共和国产品质量法》第十四条明确规定“国家根据国际通用的质量管理标准，推行企业质量体系认证制度。企业根据自愿原则可以向国务院市场监督管理部门认可的或者国务院市场监督管理部门授权的部门认可的认证机构申请企业质量体系认证。经认证合格的，由认证机构颁发企业质量体系认证证书。国家参照国际先进的产品标准和技术要求，推行产品质量认证制度。企业根据自愿原则可以向国务院市场监督管理部门认可的或者国务院市场监督管理部门授权的部门认可的认证机构申请产品质量认证。经认证合格的，由认证机构颁发产品质量认证证书，准许企业在产品或者其包装上使用产品质量认证标志。”

第十四条确立了“自愿申请、社会第三方评价”的制度设计，即企业可根据自身需求自主选择是否申请认证，认证机构不得强制干预。企业可向经国家认监委（CNCA）认可的认证机构申请企业质量体系认证（如 ISO 9001、FSSC 22000）和产品质量认证（如无公害、绿色、有机），认证合格后，准许在产品或最小销售单元包装上添加认证标志。

② 强制性例外：根据《中华人民共和国认证认可条例》，为保护国家安全、防止欺诈、保障人类及动植物健康安全以及保护环境，国家对特定产品实施强制性认证（CCC 认证）。相关产品必须经认证并标注认证标志后，方可出厂、销售、进口或用于其他经营活动。国家市场监督管理总局已公布包含部分食品和医疗器械在内的强制性产品认证目录。在企业质量体系方面，《中华人民共和国药品管理法》规定的《药品生产质量管理规范》（GMP）认证和《药品经营质量管理规范》（GSP）认证亦属于强制性认证范畴。

二、产品认证

食品安全等级图见图 3-2。

（一）无公害农产品认证

无公害食品是指产地环境、生产过程和产品质量符合国家相关标准与规范，经认证合格并获得认证证书，允许使用无公害食品标志的未经加工或初加工的食用农产品。其核心是通过控制产地环境、生产方式及产品质量，确保食品无污染、无毒害、安全优质。

无公害农产品基本要求：

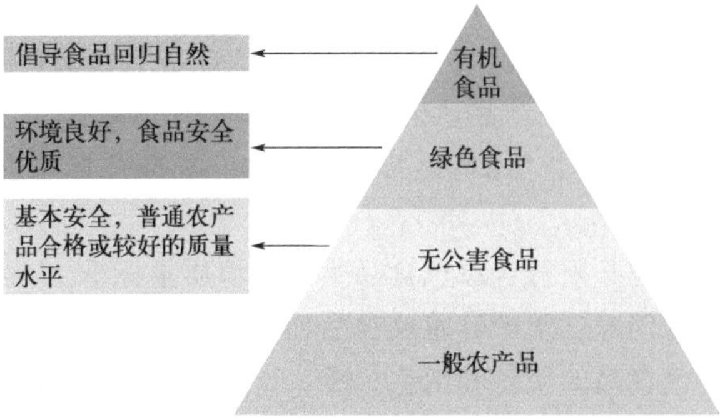

图 3-2 食品安全等级图

① 产地生态环境必须达到农产品的安全生产要求；

② 必须按照无公害食品管理部门规定的生产方式生产；

③ 产品必须对人体安全，符合相关卫生标准；

④ 必须取得无公害食品管理部门颁发的标志或证书；

⑤ 使用无公害食品标志。

无公害农产品不分级，生产过程中允许限品种、限数量、限时间使用安全的人工合成化学农药、兽药、肥料、饲料添加剂等，但其使用需严格遵循相关标准，确保残留量符合安全限值。

无公害农产品认证属于自愿性申请、政府推动实施的公益性认证（通常不向申请人收取认证费用），主要针对果蔬、水产、畜禽肉、蛋、奶及粮食等初级农产品，包括两个核心环节：

① 产地认定，由省级农业行政主管部门组织实施，重点审核产地环境是否符合安全生产要求；

② 产品认证，由农业农村部农产品质量安全中心组织认证机构实施，涵盖生产过程检查与产品质量检测。

2018 年 1 月，农业部办公厅发布《关于调整无公害农产品认证、农产品地理标志审查工作的通知》，将无公害农产品认证和地理标志评审登记职责从农业部农产品质量安全中心划转至中国绿色食品发展中心，并将审核、专家评审、颁证及证后监管等职责全部下放至省级农业行政主管部门及工作机构，同时将“产地认定”与“产品认证”合并为统一认证流程。2019 年，在农业农村部农产品质量安全监管司组织召开的无公害农产品认证制度改革座谈会上，明确表示停止无公害农产品认证工作，并在全国范围内启动食用农产品合格证制度试行工作。这标志着无公害农产品认证作为一项独立的认证制度实质上终止。2023 年 1 月，《中华人民共和国农产品质量安全法》（以下简称《农产品质量安全法》）正式实施，标志着无公害农产品认证彻底退出历史舞台，我国初级农产品质量安全管理进入“达标合格”管理体系新阶段，更加强调生产经营者主体责任与全过程质量控制。

无公害农产品认证制度在其存续期间，作为我国食品安全保障体系的基础环节，在普及农产品安全生产知识、规范农业投入品使用、提升初级农产品市场准入门槛、增强消费者信心等方面做出了重要贡献，为后续农产品质量安全监管制度的改革与发展奠定了实践基础。其退出是顺应农产品质量安全治理现代化要求，推动监管重心从事前审批向事中事后监管、落实生产经营者主体责任转变的重要标志。

（二）绿色食品认证

绿色食品是指遵循可持续发展原则，按照特定生产方式生产，经专门机构认证，许可使用绿色食品标志的无污染、安全、优质、营养类食品。核心是实现“从农田到餐桌”的全程质量控制，兼顾食品安全与生态环境保护。绿色食品认证是由农业农村部主导推行的，代表更安全、优质、环保标准的食品农产品认证制度。

农业部于1990年5月正式对“绿色食品”的名称、标准及标志进行了规范，指出“绿色食品”须具备下面四个条件：

① 产品或产品原料产地必须符合绿色食品生态环境质量标准。

② 农作物种植、畜禽饲养、水产养殖及食品加工必须符合绿色食品生产操作规程。

③ 产品必须符合绿色食品的质量和卫生标准。

④ 产品的标签必须符合《绿色食品标志设计标准手册》中的有关规定。

依据《绿色食品标志许可审查程序》，绿色食品认证实行“企业自愿申请-省级初审-部中心终审-标志许可”四级管理模式，全过程在中国绿色食品发展中心官方网站闭环运行，证书有效期3年，期满前3个月提出续展。

1. 申请准备

① 主体资格：需能够独立承担民事责任，如企业法人、农民专业合作社等具备独立民事责任承担能力的主体，且申请前三年内无质量安全事故和不良诚信记录等。

② 体系运行：质量控制规范、生产技术规程须有效运行1年以上；产品或产品原料产地环境符合《食品安全法》《农产品质量安全法》等法规及相关标准，产地环境符合NY/T 391等标准，投入品使用符合农药/肥料/饲料/兽药使用准则，产品质量达到绿色食品质量标准，包装贮运符合绿色食品包装贮运标准。

③ 材料清单（一式两份纸质＋电子版）：

《绿色食品标志使用申请书》《企业及生产情况调查表》；

资质证明（营业执照、生产许可证、商标注册证等）；

基地图、加工厂平面图、基地与农户清单；

生产/加工记录、购销合同及发票；

含绿色食品标志的包装标签样张（预包装产品必须提供）及其他。

申请人需在产品收获、屠宰或捕捞前三个月，向所在省级工作机构提出申请，完成网上在线申报，并提交《绿色食品标志使用申请书》及《调查表》、资质证明材料、质量控制规范等规定的各类文件。

省级工作机构收到申请材料之日起十个工作日内完成材料审查。符合要求的，予以受理，向申请人发出《绿色食品申请受理通知书》；不符合要求的，不予受理，书面通知申请人本生产周期不再受理其申请，并告知理由。

2. 现场检查

省级工作机构根据申请产品类别，组织至少两名具有相应资质的检查员组成检查组，在材料审查合格后四十五个工作日内（受作物生长期影响可适当延后）组织完成现场检查。现场检查前，需提前告知申请人并发出《绿色食品现场检查通知书》，明确现场检查计划，且检查工作应在产品及产品原料生产期内实施。

现场检查时，申请人应根据计划做好安排，确保相关负责人和人员在岗，开放场所设施设备，备好资料。检查员需收集相关信息，作好文字、影像、图片等记录。检查程序包括召开首次会议、实地检查、查阅文件记录、随机访问、召开总结会。现场检查完成后，检查组需在十个工作日内向省级工作机构提交《绿色食品现场检查报告》。省级工作机构依据该报告向申请人发出《绿色食品现场检查意见通知书》，现场检查合格的进入下一环节；不合格的，通知申请人本生产周期不再受理其申请，告知理由并退回申请。

3. 产地环境和产品检测

现场检查合格后，申请人按照《绿色食品现场检查意见通知书》的要求委托检测机构对产地环境、产品进行检测和评价。检测机构接受委托后，依据相关规范和准则及时安排现场抽样，并在规定时间内完成检测工作，出具《环境质量监测报告》和《产品检验报告》，提交省级工作机构和申请人。

此外，申请人如能提供近一年内符合要求的《环境质量监测报告》，可免做环境检测；经检查组确认产地环境质量符合免测条件的，省级工作机构可做出免做环境检测的决定。

4. 省级初审

省级工作机构自收到《绿色食品现场检查报告》《环境质量监测报告》《产品检验报告》之日起二十个工作日内完成初审。初审合格的，将相关材料报送中心，同时完成网上报送；不合格的，通知申请人本生产周期不再受理其申请，并告知理由。

5. 审查与专家评审

中心自收到省级工作机构报送的完备申请材料之日起三十个工作日内完成书面审查，提出审查意见，并通过省级工作机构向申请人发出《绿色食品审查意见通知书》。

若需要补充材料，申请人应在规定时限内补充，逾期视为自动放弃申请；若需要现场核查，由中心委派检查组再次检查核实；审查合格的，中心在二十个工作日内组织召开绿色食品专家评审会，并形成专家评审意见。

中心根据专家评审意见，在五个工作日内做出是否颁证的决定，并通过省级工作机构通知申请人。同意颁证的，进入证书颁发程序；不同意颁证的，告知理由。

绿色食品标志使用证书有效期为三年，其间企业需定期接受年检及抽检，以确保持续符合绿色食品标准。证书有效期满，需要继续使用绿色食品标志的，标志使用人应当在有效期满三个月前向省级工作机构提出续展申请，同时完成网上在线申报。

绿色食品的生产和发展实施“从农田到餐桌”全程质量控制，强调产地环境质量，限制化学合成品（农药、化肥、激素等）的使用，对生产、加工、储运等环节实行标准化监管。相较于有机食品，其质量安全要求和技术成本更具普适性，认证历史更长，市场接受度更广。绿色食品标志由特定的图形来表示，如图 3-3 所示。

A级绿色食品　　AA级绿色食品

图 3-3　A 级和 AA 级绿色食品标志

绿色食品标志为正圆形，由上方的太阳、下方的叶片及中间的蓓蕾构成，象征生命、农业与环保，寓意食品出自纯净生态环境，提醒人们重视环境保护与可持续发展。在我国绿色食品分为A级绿色食品和AA级绿色食品两类（表3-3）。

表3-3 A级和AA级绿色食品异同处

类型	A级绿色食品	AA级绿色食品
共同点	1. 生产地符合《绿色食品　产地环境质量》(NY/T 391—2021)要求； 2. 产品质量符合绿色食品产品标准 3. 经专门机构认证	
不同点	在生产过程中允许使用部分限量的化学投入品，但必须符合国家规定的标准	生产过程中完全禁止使用化学合成物质
标志	绿底白字	白底绿字

注：AA级绿色食品标准等同于有机食品，其在用药要求、产地环境管理等方面比A级更为严格。

绿色食品满足人们对安全、营养、高质量食品的需求，也是我国遵循可持续发展理念的体现。依据《绿色食品标志管理办法》，企业向所在地绿色食品工作机构申报。经材料审核、产品抽样检测、产地环境监测合格后，授予标志使用权，标志有效期3年。期满需提前申请续展，通过审核方可继续使用。认证机构实施定期监督检查，对不符合要求者取消标志使用权。绿色食品认证融合了环境保护与食品安全理念，通过环境规制和市场激励双重作用，是推动农业绿色高质量发展的重要举措。

（三）有机产品认证

有机食品特指来自有机农业生产体系，根据有机标准加工，并通过合法有机食品认证机构认证的农副产品及其加工品（涵盖各类食品）。有机食品来自有机农业生产体系，是根据有机农业生产要求和相应的标准生产加工的，并通过有机食品认证机构认证的一切农副产品及其加工产品，包括粮食、蔬菜、水果、奶制品、畜禽产品、蜂蜜、水产品、调料等。有机产品认证代表了目前对生态环境和食品安全要求最为严格的认证体系。有机产品是指按照有机生产标准生产、加工，供人类消费或动物食用的产品。

有机产品生产特点：

① 禁止使用化学合成农药、兽药、肥料、食品添加剂及基因工程产品；

② 需建立严格的质量管理体系、生产过程控制体系及可追溯体系；

③ 需经过2～3年的转换期，从常规生产向有机生产过渡的时期，其间产品需按有机标准生产，但仅可作为“转换期有机食品”销售，直至转换期结束并通过认证。

除产品质量符合标准外，有机认证特别强调记录保持，包括：

① 生产投入品（如种子、肥料）的来源、数量、使用记录；

② 加工过程（原料采购、加工、包装、仓储、运输）记录；

③ 有害生物防治记录及流通环节的销售与标识使用记录。

有机食品必须通过合法的有机食品认证机构的认证。有机食品认证流程如下（图3-4）。

（1）申请

① 申请人登录中绿华夏下载填写《有机食品认证申请书》和《有机食品认证调查表》，下载《有机食品认证书面资料清单》并按要求准备相关材料。

② 申请人向分中心提交《有机食品认证申请书》、《有机食品认证调查表》以及《有机食品认证书面资料清单》要求的文件。

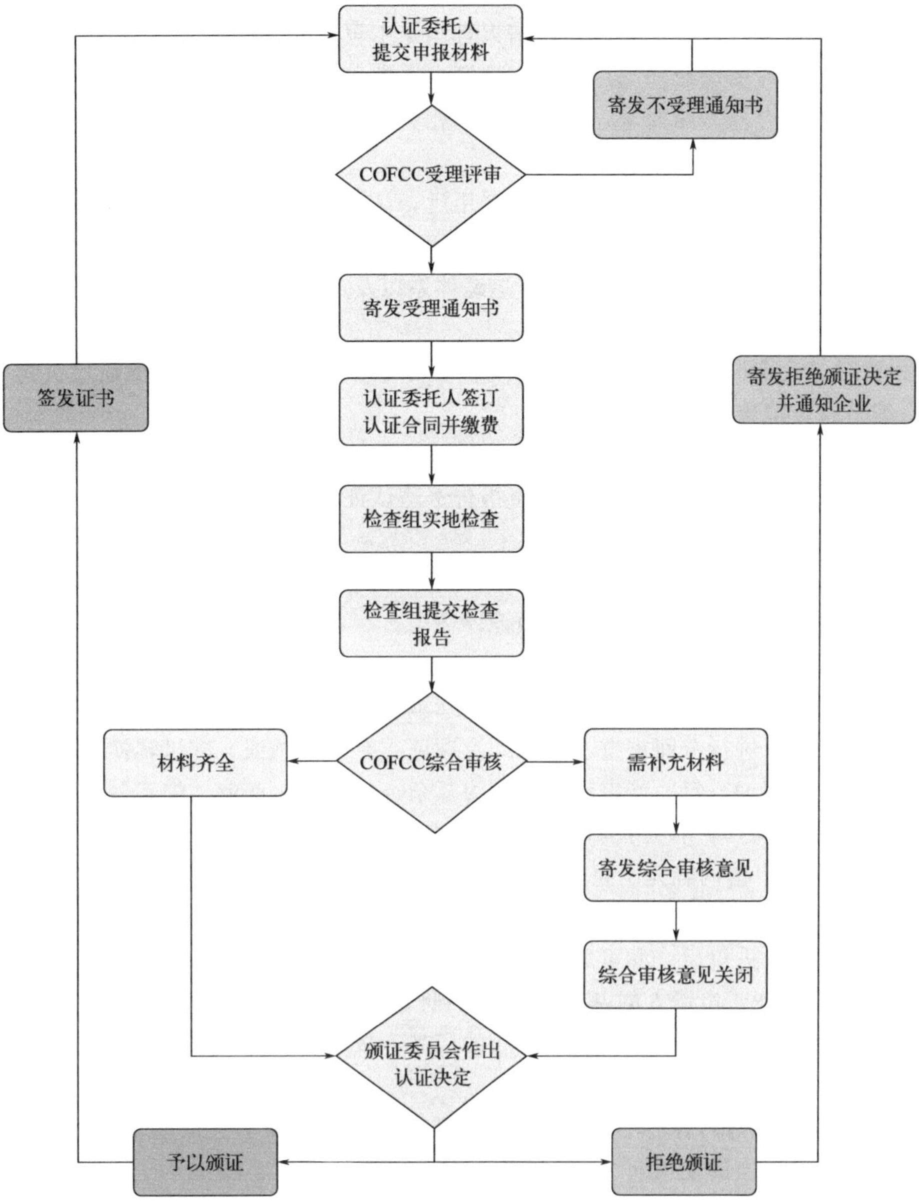

图 3-4　有机产品认证程序

COFCC——北京中绿华夏有机产品认证中心有限责任公司

③ 申请人按《有机产品　生产、加工、标识与管理体系要求》（GB/T 19630—2019）国家标准要求，建立本企业的质量管理体系、质量保证体系的技术措施和质量信息追踪及处理体系。

（2）文件审核

① 分中心将企业申报材料提交给认证中心。

② 认证中心对申报材料进行审核。

③ 审核合格，认证中心向企业寄发《受理通知书》《有机食品认证检查合同》（简称《检查合同》）并同时通知分中心。

④ 认证中心根据检查时间和认证收费管理细则，制定初步检查计划和估算认证费用。

⑤ 当审核不合格，认证中心通知申请人且当年不再受理其申请。

⑥ 申请人确认《受理通知书》后，与认证中心签订《检查合同》。

⑦ 根据《检查合同》的要求，申请人缴纳相关费用，以保证认证前期工作的正常开展。

（3）实地检查

① 企业寄回《检查合同》及缴纳相关费用后，认证中心派出有资质的检查员。

② 检查员应从认证中心或分中心处取得申请人相关资料，依据本准则的要求，对申请人的质量管理体系、生产过程控制体系、追踪体系以及产地、生产、加工、仓储、运输、贸易等进行实地检查评估。

③ 必要时，检查员需对土壤、产品抽样，由申请人将样品送至指定的质检机构检测。

（4）编写检查报告

① 检查员完成检查后，按认证中心要求编写检查报告。

② 检查员在检查完成后两周内将检查报告送达认证中心。

（5）综合审查评估意见

① 认证中心根据申请人提供的申请表、调查表等相关材料以及检查员的检查报告和样品检验报告等进行综合审查评估，编制颁证评估表。

② 提出评估意见并报技术委员会审议。

（6）颁证决定　认证决定人员对申请人的基本情况调查表、检查员的检查报告和认证中心的评估意见等材料进行全面审查，作出同意颁证、有条件颁证、有机转换颁证或拒绝颁证的决定。证书有效期为一年。当申请项目较为复杂（如养殖、渔业、加工等项目）时，或在一段时间内（如 6 个月），召开技术委员会工作会议，对相应项目作出认证决定。

① 同意颁证：申请内容完全符合有机食品标准，颁发有机食品证书。

② 有条件颁证：申请内容基本符合有机食品标准，但某些方面尚需改进，在申请人书面承诺按要求进行改进以后，亦可颁发有机食品证书。

③ 有机转换颁证：申请人的基地进入转换期一年以上，并继续实施有机转换计划，颁发有机转换基地证书。从有机转换基地收获的产品，按照有机方式加工，可作为有机转换产品，即“转换期有机食品”销售。

④ 拒绝颁证：申请内容达不到有机食品标准要求，技术委员会拒绝颁证，并说明理由。

（7）有机食品标志的使用

根据有机产品认证证书和《有机产品认证管理办法》的要求，签订《有机产品标志使用许可合同》，并办理有机食品商标的使用手续。

（8）保持认证

① 有机食品认证证书有效期为 1 年，在新的年度里，COFCC 会向获证企业发出《保持认证通知》。

② 获证企业在收到《保持认证通知》后，应按照要求提交认证材料、与联系人沟通确定实地检查时间并及时缴纳相关费用。

③ 保持认证的文件审核、实地检查、综合评审、颁证决定的程序同初次认证。

中国有机产品认证标志的形状像地球，象征和谐、安全。圆圈内的“中国有机产品”字样是中英文组合，便于国内外消费者识别。标记的中间像一颗种子，代表生命萌芽时的生命力，象征着有机产品从种子开始的整个认证过程。种子图形周围流畅的线条象征着圆形道路与种子图形融合成汉字“中”，体现了有机产品扎根中国，有机之路越走越宽。同时，扁环形状是英文字母“C”的变体，种子形状也是“O”的变体，意思是“中国”。中国有机产品认证标志主要颜色为绿色，象征着有机产品是真正无污染、符合健康要求的产品以及有机农业给人类带来了优美、清洁的生态环境（图 3-5）。

图 3-5 有机产品标志

有机产品都有一个唯一的编码（有机码），其编码由认证机构代码、认证标志发放年份代码和认证标志发放随机码组成，可在认监委“中国食品农产品认证信息系统”查询该编码。

第四节 食品行业常见认证标志

一、计量认证标志（CMA）

根据《中华人民共和国计量法》规定，为社会提供公证数据的产品质量检验机构，必须经省级以上人民政府计量行政部门对其计量检定、测试的能力和可靠性考核合格。计量认证是我国通过计量立法，对为社会出具公证数据的检验机构（实验室）进行强制考核的一种手段，可以视为具有中国特色的政府对实验室的强制认可。经计量认证合格的产品质量检验机构所提供的数据可用于贸易出证、产品质量评价和成果鉴定，具有法律效力。

图 3-6 CMA 标识

CMA（China Metrology Accreditation）意为“中国计量认证”，属于认可的范畴。CMA 由 CNCA 设立，主要针对计量检测机构的认可。CMA 认证旨在确认这些机构在计量检测方面的技术能力和管理水平，以确保其检测结果的准确性和可靠性。CMA 标识见图 3-6。

CMA 认可适用于各种计量检测机构，包括但不限于物理计量（如长度、质量、温度等）、化学计量（如浓度、成分分析等）、生物计量、电气计量以及计量器具的检定和校准等。CMA 认证对象包括所有给社会提供公正数据的产品质量监督检验机构及其他各类实验室，包括产品质量监督检验站、环境监测站、疾病预防控制中心等所有提供公正数据的实验室，以第三方实验室为主，部分特定第二方实验室也可申请。

CMA 认证的实施流程通常包括以下几个步骤：

① 申请，计量检测机构向认可机构提交 CMA 认可申请，提供相关的资质证明和材料。

② 文件审核，认可机构对申请材料进行审核，检查申请机构是否符合相关要求。

③ 现场评审，认可机构派遣评审员对申请机构进行现场评审，评估其技术能力、管理体系以及质量控制等情况。

④ 结果评定，根据现场评审的结果，认可机构决定是否授予 CMA 认可。

⑤ 颁发证书，如通过评审，认可机构将颁发 CMA 认可证书，确认该机构的认可状态。

⑥ 监督与复审，认可机构定期对已获得 CMA 认可的机构进行监督和复审，以确保其持续符合要求。

取得计量认证合格证书的产品质量检验机构，可按证书上所限定的检验项目，在其产品检验报告上使用计量认证标志，标志由 CMA 三个英文字母组成的图形和检验机构计量认证证书编号两部分组成。证书编号由年份、固定标识和顺序号构成。例如，某省级检验机构的编号为 2025 量认（省）字 12345 号（其中省代表机构所属的省级行政区）；国家级机构的格式与此相同，仅将（省）替换为（国），例如 2025 量认（国）字 67890 号。CMA 标志由“CMA”图形及证书编号组成，获证机构可在检验报告上使用该标志，一般有效期为 6 年，有效期内定期飞行检查确保持续合规。

CMA 是我国通过立法对检测实验室实施的政府强制认可制度，带有 CMA 标志的报告具有法律效力，可作为产品质量评价、司法鉴定、贸易交易的依据，是仲裁与司法机构采信的凭证。

二、 CNAS 标志

CNAS 是中国合格评定国家认可委员会（China National Accreditation Service for Conformity Assessment）的英文缩写，该标志表明质检中心的检测能力和设备能力通过了中国合格评定国家认可委员会的许可。CNAS 认可是由中国合格评定国家认可委员会实施的自愿性认可活动，任何第一方、第二方和第三方实验室均可申请认可（图 3-7）。

图 3-7　CNAS 标志

证书上带有 CNAS 标志：

① 表明具备了按相应认可准则开展认证、检测或校准服务的技术能力；

② 获得签署互认协议方国家和地区认可机构的承认；

③ 有机会参与国际合格评定机构认可双边、多边合作交流；

④ 可在认可的范围内使用 CNAS 认可标志；

⑤ 列入获准认可机构名录。

CNAS 已与亚太认可合作组织（APAC）和国际实验室认可合作组织（ILAC）签订了互认协议。获得 CNAS 认可的实验室，其出具的检测报告可获得签署互认协议的国家和地区认可机构的承认，可直接用于进出口通关、境外注册，在国际范围内具有较高的公信力。

食品第三方实验室常采用“双证”模式，即先取得 CMA 满足国内法规要求，再申请 CNAS 增强国际竞争力。

第五节　食品操作相关规范

一、食品良好操作规范（GMP）

（一）GMP 起源和构成

GMP 是“good manufacturing practice”的缩写，中文译为良好操作规范，其核心是通过对生产全过程的规范化管理，实现对产品质量与卫生安全的自主控制。食品 GMP 起源于药品 GMP 体系，1969 年美国率先颁布食品 GMP 基本规范，此后各国逐步借鉴并建立了适合本国食品工业的 GMP 体系。

我国 GMP 体系的发展始于药品领域，1988 年卫生部颁布药品 GMP，标志着规范化生产管理体系的起步。在食品领域，1994 年卫生部参照联合国粮农组织（FAO）和世界卫生组织（WHO）食品法典委员会的《食品卫生通则》（CAC/RCP Rev. 2—1985），结合我国食品工业实际，制定了 GB 14881，并于 2013 年修订完善（现行版本为 GB 14881—2013）。

该标准作为我国食品 GMP 的总则，奠定了食品生产卫生管理的基础。截至目前，我国已针对 30 多类食品加工企业制定了专项卫生规范，形成了覆盖原料、生产、加工、包装、储运等全链条的食品 GMP 体系。

GMP 是一种注重产品质量与卫生安全的自主性管理制度，旨在确保食品的安全与质量。GMP 要求企业在各个环节，如原料采购、人员管理、设施设备、生产过程、包装运输及质量控制等方面，遵循国家相关法规，以达到卫生和质量标准，从而形成一套可操作的作业规范。这套规范帮助企业改善卫生环境，并及时发现和解决生产过程中存在的问题。我国目前食品 GMP 相关体系组成主要有：

GB 14881—2013 食品安全国家标准 食品生产通用卫生规范

GB 19304—2018 食品安全国家标准 包装饮用水生产卫生规范

GB 12695—2016 食品安全国家标准 饮料生产卫生规范

GB 31646—2018 食品安全国家标准 速冻食品生产和经营卫生规范

GB 31603—2015 食品安全国家标准 食品接触材料及制品生产通用卫生规范

GB 31647—2018 食品安全国家标准 食品添加剂生产通用卫生规范

GB 8953—2018 食品安全国家标准 酱油生产卫生规范

GB 8950—2016 食品安全国家标准 罐头食品生产卫生规范

GB 8955—2016 食品安全国家标准 食用植物油及其制品生产卫生规范

GB 8951—2016 食品安全国家标准 蒸馏酒及其配制酒生产卫生规范

GB 12696—2016 食品安全国家标准 发酵酒及其配制酒生产卫生规范

GB 20941—2016 食品安全国家标准 水产制品生产卫生规范

GB 17403—2016 食品安全国家标准 糖果巧克力生产卫生规范

GB 8952—2016 食品安全国家标准 啤酒生产卫生规范

GB 21710—2016 食品安全国家标准 蛋与蛋制品生产卫生规范

GB 17404—2016 食品安全国家标准 膨化食品生产卫生规范

GB 8954—2016 食品安全国家标准 食醋生产卫生规范

GB 8956—2016 食品安全国家标准 蜜饯生产卫生规范

GB 19303—2023 食品安全国家标准 熟肉制品生产卫生规范

GB 29923—2023 食品安全国家标准 特殊医学用途配方食品良好生产规范

GB 31612—2023 食品安全国家标准 食品加工用菌种制剂生产卫生规范

GB 12693—2023 食品安全国家标准 乳制品良好生产规范

GB 23790—2023 食品安全国家标准 婴幼儿配方食品良好生产规范

GB 17405—1998 保健食品良好生产规范

GB 31652—2021 食品安全国家标准 即食鲜切果蔬加工卫生规范

GB 22508—2016 食品安全国家标准 原粮储运卫生规范

GB 8957—2016 食品安全国家标准 糕点、面包卫生规范

GB 31621—2014 食品安全国家标准 食品经营过程卫生规范

GB 31605—2020 食品安全国家标准 食品冷链物流卫生规范

GB 12694—2016 食品安全国家标准 畜禽屠宰加工卫生规范

GB 31654—2021 食品安全国家标准 餐饮服务通用卫生规范

GB 20799—2016 食品安全国家标准 肉和肉制品经营卫生规范

GB 13122—2016 食品安全国家标准 谷物加工卫生规范

GB 18524—2016 食品安全国家标准 食品辐照加工卫生规范

GB 31641—2016 食品安全国家标准 航空食品卫生规范

（二）食品的 GMP 要素

GMP 管理体系基本要素主要体现在“4M”法则，即通过对四大要素的全面控制实现质量保障。

① 人员（men）：要求配备具备专业能力的生产与管理人员，明确岗位职责并进行定期培训；

② 原料（material）：强调选用符合质量标准的原辅材料，建立严格的采购与验收流程；

③ 设备（machine）：要求厂房设施、生产设备及器具符合卫生标准，定期维护与校准；

④ 方法（method）：制定科学的生产工艺、操作规程及质量控制方法，确保过程可控。

也有观点认为是“4M＋E”原则，E 是指 environment（环境），强调生产环境的清洁和卫生，包括空气洁净度、温度、湿度、水质，以减少污染风险。在此基础上，GMP 进一步延伸为涵盖质量管理体系、生产环境、检验检测等多维度的综合控制体系（见图 3-8）。其核心宗旨包括：

① 降低生产过程中人为操作的误差；

② 防止食品在生产、加工、储运过程中受到污染或发生品质劣变；

③ 推动企业建立自主性的品质保证体系，实现从“事后检验”向“过程控制”的转变。

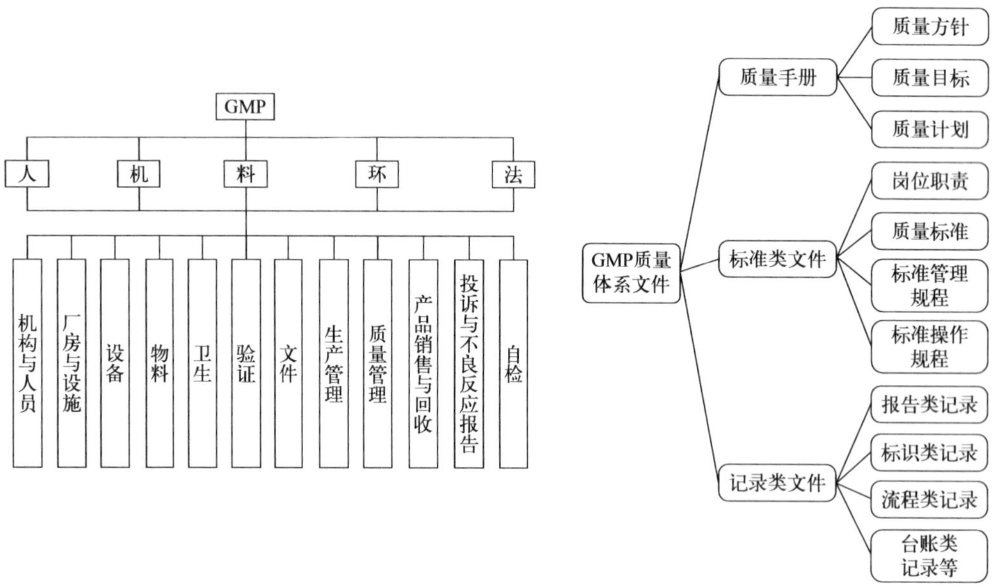

图 3-8 GMP 五大要素构成和体系文件

要保证所生产的食品满足安全卫生的基本要求，需要考虑多方面的影响因素：既需要有合理的质量管理体系以及合格的原料、辅料、生产车间、生产设备等，还需要有可靠的产品检验，以及适合的工作人员，运用风险分析原理对产品整个过程进行全面分析，确定什么因素是可以控制的。GMP 是为保障食品的安全卫生而制定的一种管理体系，对食品生产的整个过程提出了一系列措施和方法，使企业在原料、生产、检验、储藏、运输以及人员方面均能符合良好的操作规范，防止产品在不卫生条件下生产，避免在可能引起污染的环境中储存，通过降低人为失误，从而确保产品的安全和品质的稳定，保证最终产品的质量符合标准要求。

（三）具体内容

GMP质量管理体系为企业提供了严格的操作规范，为生产合格的产品提供了制造标准，主要从加工环境、厂房设施与结构、加工设备与器具、食品生产用水、原辅料的质量控制、生产加工环节（包含加工、包装、检验、储存、运输等环节）、成品的管理与实验室的检验检测、企业卫生设施、人员、管理制度等10个方面做出了规范性要求。

食品GMP是对食品生产的各个环节、各个方面实施全面质量控制的具体要求，主要包含硬件和软件两个部分的内容。硬件主要是指食品生产加工企业的生产厂房、机器设备、卫生设施等方面的要求；软件则侧重于对生产技术、生产工艺、管理组织以及管理制度的要求。

1. 硬件要求

侧重于生产设施与环境的物理条件。

厂房选址与布局：需符合卫生防护距离要求，生产区、生活区、辅助区合理分隔。

设施设备：生产设备材质需无毒无害、易于清洁，配备必要的消毒、通风、排水设施。

卫生设施：设置专用洗手消毒间、更衣间、废弃物处理区等，确保生产环境洁净。

2. 软件要求

侧重于管理制度与技术规范。

原料控制：对采购、运输、贮藏环节制定标准，如原辅材料需符合安全标准，运输工具需清洁消毒，贮藏条件需满足产品特性要求。

生产过程控制：明确从原料处理、加工、包装到检验的全流程操作规程，关键环节设置质量控制点。

人员管理：建立健康档案（如每年体检）、卫生培训制度，操作人员需遵守更衣、消毒等卫生规范。

质量追溯：记录生产全过程信息（如原辅料批次、生产时间、检验结果等），确保产品可追溯。

检验检测：配备与生产规模相适应的实验室，对原料、半成品、成品进行定期检验，不合格产品严禁出厂。

3. 全流程管控重点

GMP的核心是实现“从农田到餐桌”的全过程质量控制，具体包括10个关键环节：

① 加工环境的卫生控制；

② 厂房设施与结构的合理性；

③ 加工设备与器具的清洁与维护；

④ 生产用水的安全（需符合GB 5749—2022《生活饮用水卫生标准》）；

⑤ 原辅料的质量验收与存储；

⑥ 生产加工、包装、检验环节的规范操作；

⑦ 成品的储存与运输条件；

⑧ 实验室检验检测能力与频次；

⑨ 企业卫生设施的配置与维护；

⑩ 人员资质与管理制度的完善。

GMP 是实施 HACCP、ISO 22000 的前提，为 SSOP 提供框架支持。食品 GMP 为企业提供了科学的生产标准，不仅是保障食品安全的基础，也是推动食品工业规范化、现代化的重要手段。通过实施 GMP，企业可实现布局合理化、工艺科学化，为食品安全信息化管理奠定数据基础。GMP 的硬件要求见表 3-4。

表 3-4　GMP 的硬件要求（10 大模块）

序号	模块	关键条款	信息化接口
1	厂区选址与布局	远离污染源、功能分区	地理信息系统(GIS)坐标、平面图矢量文件
2	厂房与设施	人流物流分开、防交叉污染	建筑信息模型(BIM)、门禁/视频
3	生产用水	符合 GB 5749—2022	在线水质仪表(pH、余氯)
4	设备与器具	易清洁、耐腐蚀	设备唯一编码(EPC)
5	原料采购与验收	供应商审核、批批检验	ERP 供应商代码＋原料批次号
6	生产过程控制	CCP 监控、批次追溯	制造执行系统(MES)、二维码/射频识别(RFID)
7	包装、贮存与运输	防护、温度记录	冷链温湿度传感器
8	检验与实验室	独立区域、方法验证	化验室信息管理系统(LIMS)
9	废弃物管理	分类收集、无害化处理	固废电子联单
10	人员与培训	健康体检、岗位培训	培训档案电子签名

二、卫生标准操作规范（SSOP）

卫生标准操作程序（sanitation standard operating procedure，SSOP）是食品加工企业为满足 GMP 的卫生要求，针对生产过程中可能影响食品安全的卫生环节制定的系统性操作指南。它通过明确清洗、消毒、卫生维护等具体步骤，将抽象的卫生要求转化为可执行、可监控的操作规范，从源头消除潜在的食品安全风险，确保终产品符合卫生标准。

（一）SSOP 的核心内容

SSOP 围绕食品生产过程中 8 项关键卫生控制点，形成全面的卫生控制体系，具体如下。

1. 水（冰）的安全控制

与食品直接接触或用于清洗食品接触表面的水（及制冰用水）必须符合《生活饮用水卫生标准》（GB 5749—2022）。企业需建立水源监测制度（如定期送检），配备必要的水处理设备（如过滤、消毒装置），并记录水质检测结果，确保水（冰）在储存、输送过程中不受污染。

2. 食品接触表面的清洁与消毒

针对生产设备、工器具、操作台、手套、工作服等直接接触食品的表面，需制定明确的清洁消毒流程。

清洁频次：如每班生产结束后彻底清洗，关键环节每 2 小时消毒一次；

操作方法：采用“预冲洗→使用食品级清洁剂清洗→冲洗→消毒（如次氯酸钠溶液浸泡）→冲洗（必要时）”的步骤；

效果验证：通过 ATP 生物检测或微生物培养等方法，定期验证清洁消毒效果。

3. 交叉污染的预防

重点控制原料与成品、生熟食品、不同品种产品之间的交叉污染，具体措施如下。

生产区域物理分隔：如生区与熟区设置独立通道；

设备、工具专用：如红色工具用于生料处理，蓝色工具用于成品加工；

人员操作规范：如从生区进入熟区前必须二次更衣消毒。

4. 手的清洗、消毒与厕所卫生管理

洗手消毒设施需设置在生产车间入口、厕所出口等关键位置，配备非手动式水龙头、消毒凝胶、干手器等，并张贴标准化洗手流程图示（图 3-9）；

厕所需远离生产区，保持通风、清洁，设置防蚊蝇设施，定期消毒并记录。

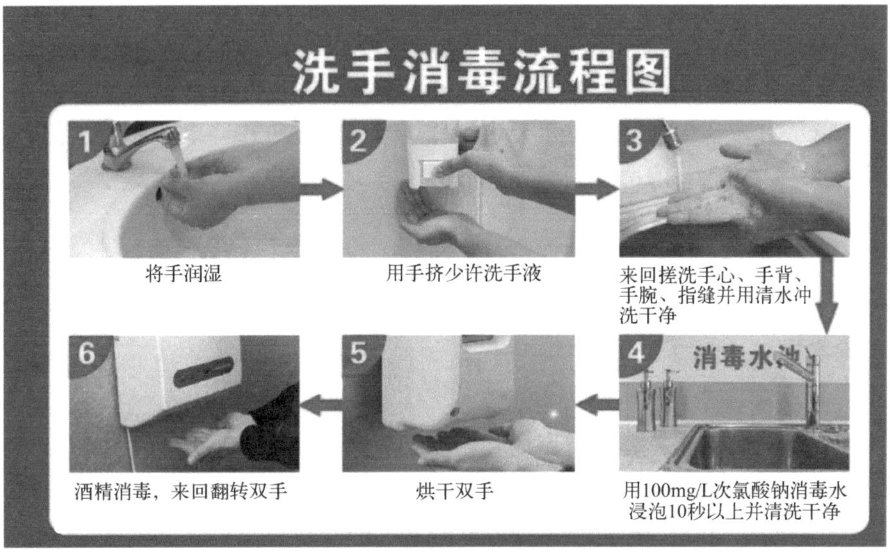

图 3-9 标准化洗手流程图示

5. 防止外部污染物污染

建立防护措施避免食品受到灰尘、昆虫、化学物质、异物等污染，例如：

生产车间安装纱窗、风幕机等防蝇设施；

化学品与食品原料、成品分区存放，运输工具避免混用；

采用金属探测仪、X 射线机等设备检测异物。

6. 有毒化学物质的管理

洗涤剂、消毒剂、杀虫剂等有毒化学物质需执行“专人管理、专柜存放、专账记录”制度：

所有化学品必须标注中文名称、浓度、使用范围及安全警示；

领用需登记（如领用日期、数量、领用人），并严格按照推荐浓度使用，避免残留超标。

7. 员工健康与卫生控制

建立员工健康档案，每年进行一次体检，患有痢疾、伤寒等有碍食品安全疾病的人员不得从事直接接触食品的工作；

制定个人卫生规范，如工作时需佩戴发网、口罩，不得佩戴首饰，手部有伤口时需使用防水创可贴并佩戴手套。

8. 虫害防治

实施“预防为主、综合防治”策略，包括：

厂区外围设置防鼠沟、灭蝇灯，车间内安装粘鼠板、虫情监测装置；

与专业虫害防治公司合作，定期开展消杀工作（如每月一次），并记录虫害活动情况及处理结果。

（二）SSOP 与 GMP、HACCP 的关系

1. SSOP 是 GMP 的具体化延伸

SSOP 是 GMP 卫生要求的具体化。GMP 对食品生产的卫生条件提出原则性要求（如“厂房应保持清洁”），而 SSOP 则将其转化为可操作的细节（如“厂房地面每日用 500mg/L 次氯酸钠溶液拖洗”），是实现 GMP 卫生目标的基础保障。

企业在实施 SSOP 前，需先确保符合 GMP 的基本要求，随后建立并有效实施 SSOP。SSOP 不仅是 GMP 最关键的基本卫生条件，也是实现 GMP 全面目标的卫生生产规范。食品企业必须将 GMP 规范中涉及的卫生要求细化为具体的 SSOP，以法律为依据，通过有效的 SSOP 实施，达到 GMP 的要求，确保食品安全和卫生。

2. SSOP 是 HACCP 体系的前提

HACCP（危害分析与关键控制点）聚焦于生产过程中的关键风险点，而 SSOP 通过控制基础卫生条件（如设备清洁、人员健康），为 HACCP 的有效实施创造前提。SSOP 支撑 HACCP 关键点控制，例如通过 SSOP 确保接触面卫生，降低 CCP 点（如巴氏杀菌）的监控负担。若基础卫生无法保障，HACCP 的风险控制将失去意义。

3. GMP-SSOP-HACCP 三者协同形成食品安全管理体系

GMP 搭建总体框架，SSOP 夯实卫生基础，HACCP 聚焦关键风险，三者层层递进、相互支撑，共同构成“预防-控制-验证”的食品安全闭环管理体系。

问答题

1. 绘制 HACCP 体系在乳制品生产中的关键控制点逻辑图。
2. 解释 ISO 22000 中“前提方案”与“操作性前提方案”的区别。
3. 计算企业 SC 认证时间成本，需包含文件准备、现场审核等阶段。
4. 案例分析：企业通过 FSSC 22000 认证后仍出现质量问题，推测可能原因。

· 第四章 ·

食品安全追溯技术

食品安全追溯技术作为保障食品从生产到消费全过程安全与质量的核心手段，其重要性随着全球化进程的不断深入日益凸显。当前，食品供应链呈现出多节点、跨区域、复杂化的特征，消费者对食品安全的关注度持续提升，而频发的食品安全事件更凸显了追溯技术在风险防控中的关键作用。有效的食品追溯不仅能够助力企业快速识别问题环节、精准控制风险扩散，更能增强消费者对品牌的信任度，从而提升企业在市场中的核心竞争力。因此，构建完善的食品安全追溯体系并应用先进的追溯技术已成为现代食品产业高质量发展的必然趋势。

第一节　食品安全追溯概述

一、追溯系统的概念与发展

食品可追溯系统（food traceability system，FTS）源于“可追溯性”（traceability）理念，旨在解决食品供应链全程的质量安全问题。根据国际标准化组织（ISO）在标准 ISO 8402：1994《质量管理和质量保证——词汇》中的定义，可追溯性是“通过记录的信息追踪实体历史、应用或位置的能力”。国际食品法典委员会（CAC）则将其定义为通过识别码追踪商品生产、使用及流向的能力。

具体而言，食品可追溯性是指在产品全生命周期中，追踪和验证其来源、加工、运输、储存及销售等各环节信息的能力，其核心在于信息的准确性与实时性。现代信息技术（如电子化记录、自动化数据采集）为可追溯系统的实施提供了强大支撑，确保了信息的完整性与可验证性。追溯系统的建设需要供应链各环节参与者（生产者、加工者、物流商、零售商等）协同参与，通过信息共享机制实现数据的互通与透明，方能有效提升食品安全保障水平。

追溯系统的建立具有重要的历史背景。20 世纪 90 年代，英国牛海绵状脑病危机（受感染的牛肉及骨粉出口）引发多国严重的经济损失与社会恐慌，直接催生了欧盟范围内畜产品可追溯系统的率先建立。该系统综合运用自动化技术、自动识别技术（如条码、RFID)、信息加密技术，为农产品建立唯一身份标识，实现从生产入库、仓储分类、销售发货、物流运输直至消费使用的全程监控与管理。本质上，可追溯系统是“物的质量保证”与“人的责任管理”的有机结合。

二、追溯制度的内涵与功能

食品安全追溯制度是依托现代标识技术、信息采集技术、数据交换技术及跟踪定位技术，对食品供应链各环节中可能产生的质量安全危害（物理性危害、化学性危害、生物性危害）进行全程记录、信息传递与共享的制度安排。该制度将关键信息汇总于统一监管平台，其功能主要如下。

① 风险控制与快速响应：当食品安全问题发生时，能迅速锁定问题源头（如特定原料、加工环节、运输条件失控）及受影响批次，实现精准召回和有效止损。

② 责任界定与追责：清晰记录食品流向、销售渠道与时间，为确定法律责任主体提供客观证据基础，确保责任明确、追责有力。

③ 提升透明度与信任：增强供应链透明度，使消费者能够了解食品来源与生产过程，同时激励企业强化内部管理，提升消费者信心与满意度。

④ 突破贸易壁垒：满足国内外市场对食品安全追溯的法规要求，促进国际贸易。

三、食品追溯制度与技术支撑

食品追溯制度是依托现代技术构建的规范化管理体系，其核心是通过标识技术、数据采集技术、信息交换技术等，对食品供应链中可能存在的质量安全危害（物理性、化学性、生物性危害因子）进行全程记录、传递与共享。该制度将各环节的关键信息（如原料检测报告、加工工艺参数、物流温控记录等）纳入统一监管框架，实现“来源可查、去向可追、责任可究”。技术支撑是食品追溯制度落地的关键，主要包括：

① 自动识别技术，如条形码、二维码、RFID（射频识别）等，用于为食品赋予唯一标识；

② 数据采集技术，如传感器、物联网设备等，实现对生产环境（温湿度、光照）、加工参数（时间、温度）、物流状态等信息的自动采集；

③ 信息存储与共享技术，如区块链（确保数据不可篡改）、云平台（实现跨主体信息共享）等，为数据的安全存储与高效调用提供保障。

四、食品追溯追责的作用

食品追溯追责是食品安全追溯体系的重要延伸，其核心是在食品安全问题发生后，通过追溯系统锁定问题源头与责任主体。具体作用包括：

① 快速控制风险，通过追溯系统定位问题产品的生产批次、分销范围等信息，可及时启动召回程序，防止问题食品进一步流入市场；

② 明确法律责任，系统记录的客观数据为责任认定提供证据，确保对违法违规行为的精准追责，维护市场秩序；

③ 倒逼管理升级，追责机制的存在促使企业强化内部质量管理，从源头减少安全隐患，形成“自我约束、持续改进”的良性循环。

食品安全追溯技术通过构建全链条信息追溯网络，实现了从“源头管理”到“风险防控”再到“责任追究”的闭环管理，是现代食品安全治理体系的核心支撑，对保障公众饮食安全、促进食品产业可持续发展具有不可替代的作用。

第二节　编码技术

一、概述

代码（code）又称信息编码，是对实体事物进行唯一标识的有序字符组合，需满足计算机和人工识别、处理的便利性。其本质是人为定义的符号（或符号组合），用于表征客观事物的名称、属性或状态。

在信息系统中进行代码编制时，代码编制需满足以下核心特性。

① 唯一性：在现实世界中，如果我们对很多东西不加标识是无法区分的，即使是计算机处理也很困难。所以，将原来不能确定的信息加以唯一标识是编制代码的首要任务。最简单的例子就是某个单位职工的工号。在人事档案管理中，不难发现人的姓名很难避免重名。为了避免这一问题，采用代码唯一地标识每一位员工，这就成了工号。

② 规范性：遵循统一编码规则，确保代码结构清晰、易读易处理，避免因规则混乱导致的识别障碍。

③ 系统性：从全局视角设计编码体系，按对象类型（如物料、人员、设备）分组编码，形成结构化管理系统。

④ 可拓展性：预留足够编码容量，以覆盖未来新增对象，避免频繁调整编码规则。

二、编码标识主要技术

1. 起源与发展

条码（barcode）技术起源于20世纪40年代，1948年用黑白条纹表示数字的构想被提出，1949年首个条码专利（“牛眼式条码”，原理与现代一维条码一致）出现。受当时技术限制，条码未立即普及。

1966年，人们开始了条码应用系统的商业应用探索。20世纪70年代，美国统一代码委员会（UCC）制定通用产品代码（UPC）条码标准，欧洲成立物品编码协会（EAN）并推出兼容UPC的EAN条码，1974年首款带UPC条码的商品（箭牌口香糖）在美国超市售出，标志条码进入商业化阶段。2002年，UCC并入EAN，成立全球统一编码组织GS1，推动条码标准全球化。1988年中国成立中国物品编码中心，1991年加入GS1，继而负责推广全球统一编码系统，形成覆盖全国的编码管理与服务体系。

2. 工作原理与特点

条码通过宽窄不同的黑条（“1”）和白空（“0”）按规则排列，存储特定信息。识别时，条码扫描器发射光束，反射光经光电转换为电信号，再由译码器解析为数字/字符信息，最终由计算机处理。其核心特点如下。

① 输入速度快：是键盘输入的5倍，支持“即时数据输入”。

② 可靠性高：误码率低于百万分之一，远优于键盘输入（1/300）和光学字符识别（1/10000）。

③ 信息量大：一维条码可存储数十位字符，二维条码可存储数千字符，且具备自动纠错能力。

④ 灵活实用：可单独使用，或与其他设备联动实现自动化管理。

⑤ 成本低：标签制作简单，识别设备操作便捷，尤其适用于零售等高频场景。

3. 条码分类

条码可以依据维码区别（即编码方式不同）和码制区别（即编码规则不同）来进行分类。一般来讲，依据维码区别，目前最为常见的是一维码和二维码。近些年又出现了一种在传统黑白二维码基础之上发展而来的全新图像信息矩阵产品，即彩色三维码。而它们各自依据码制的不同又可以分为不同种类的条码。

条码的分类主要可以根据其结构、维度、用途等不同标准进行划分。按维度分类，分为一维条码、二维条码和三维条码；按用途分为商品条码、运输条码（表 4-1）。

表 4-1 条码分类

分类	种类	具体内容
维度	一维条码	UPC(universal product code)：常用于美国的商品标识。 EAN(European article number)：类似于 UPC，广泛用于国际商品。 Code 39：用于库存管理和工业应用。 Code 128：可编码更多字符，适用于运输和包装
	二维条码	QR 码(quick response code)：广泛用于链接网址、支付等。 Data Matrix：常用于小型商品的标识。 PDF417：适用于身份证、运输和票务等场景
用途	商品条码	用于零售商品标识，如 UPC 和 EAN
	运输条码	用于物流和运输管理，如 Code 128 和 PDF417
	工业条码	用于制造和库存管理，如 Code 39 和 Data Matrix
	医疗条码	用于药品管理和患者识别，确保安全和准确性
编码方式	数字条码	只能编码数字，例如 UPC 和 EAN
	字母数字条码	可以编码字母和数字，例如 Code 39 和 Code 128
	全 Unicode 条码	可以编码多种字符集，包括中文、日文等，例如 QR 码和 Data Matrix
读取方式	手动扫描条码	需要人工用扫描器扫描，如传统一维条码
	自动扫描条码	可以通过自动识别系统读取，如 RFID(射频识别)标签
技术	光学条码	通过光学扫描设备读取的条码，如一维和二维条码
	射频识别(RFID)	通过射频信号读取的系统，通常不需要直接视线接触

4. 主要一维条码

一维条码即指条码条和空的排列规则，是条形码的传统形式，信息以黑白条纹的形式排列，通常只能表示数字和有限的字母。常用的一维码的码制包括 EAN 码、39 码、交叉 25 码、UPC 码、128 码、93 码以及 Codabar（库德巴码）等，不同的码制有它们各自的应用领域。

(1) UPC（universal product code） UPC 是一种广泛使用的条码系统，主要用于商品识别。它由美国统一代码委员会（Uniform Code Council，UCC）于 1973 年制定，主要用于北美地区。

UPC条码以图形形式存在，由不同宽度的条纹和空白组成。UPC码通常有两种主要格式：UPC-A和UPC-E，如图4-1所示。UPC-A码是最常见的使用形式，而UPC-E码则为那些需要节省空间的商品提供了灵活性。两者在结构上虽然有所不同，但都旨在实现高效的商品识别和管理。通过使用UPC码，零售商和消费者都能够更快速、准确地处理商品信息（表4-2）。

图4-1　UPC-A和UPC-E码

UPC-A码是标准的UPC通用商品条码版本，通常由12位数字组成，前6位是制造商代码，7～11位是商品代码，最后1位是校验码。前6位由GS1分配，后5位由制造商自行定义，最后一位校验码用于验证条码的正确性。UPC通常被印刷在商品包装上，广泛用于零售商品的标识和销售，在美国和加拿大的超市和商店中广泛使用。

表4-2　UPC-A和UPC-E码异同

特征	UPC-A码	UPC-E码
数字数量	12位数字	6位数字
用途	广泛用于各种商品，标准格式	主要用于小型商品包装
结构	包含制造商代码、商品代码及校验码	通过压缩和编码省略某些数字
可读性	通常更易于机器和人类读取	适合空间有限的情况

（2）EAN（European article number）　EAN码是一种国际标准的商品条码，旨在为全球范围内的商品提供统一的识别方式。它由GS1制定，广泛应用于零售、物流、库存管理等领域。EAN码的主要目的是通过自动化系统提高商品识别的效率和准确性，在欧洲和其他地区广泛使用。

EAN码符号有标准版（EAN-13）和缩短版（EAN-8）两种，见图4-2。我国的通用商品条码与其等效，日常购买的商品包装上所印的条码一般就是EAN码。

图4-2　EAN条码

EAN-13条码通常有13位数字，结构与UPC相似，是由“国家代码”3位数（如690～699为中国）、“厂商识别代码”4位数、“商品项目代码”5位数，以及“校验码”1位数组成（图4-3）。

图4-3中EAN-13码分为4个部分，从左到右分别为：

1～3位：共3位，690～699都是中国大陆的代码，由国际分配。

4～8位：共5位，代表生产厂商代码，由厂商申请，国家分配。

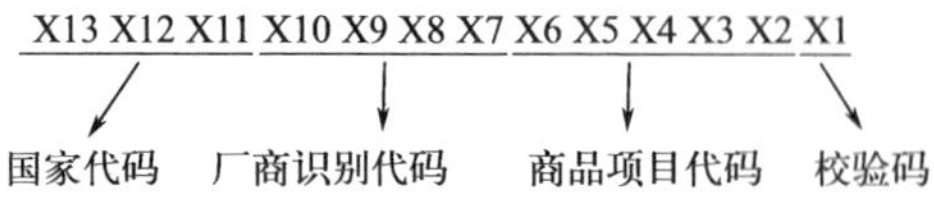

图 4-3　EAN-13 代码

9～12 位：共 4 位，代表商品代码，由厂商自行确定。

第 13 位：共 1 位，是校验码，依据一定的算法由前面 12 位数字计算而得到。

其中，厂商识别代码由中国物品编码中心统一向申请厂商分配。厂商识别代码左起三位是 GS1 分配给中国物品编码中心的前缀码。商品项目代码由厂商根据有关规定自行分配。校验码用来校验其他代码编码的正误。条形码校验码计算方法如下：首先，把条形码从右往左依次编序号为“1，2，3，4，…”；从序号 1 开始，将所有奇数序号位上的数相加求和，用求出的和乘 3；再把所有偶数序号位上的数相加求和，将该结果与刚才奇数序号位和的 3 倍相加，得出总和；最后用 10 减去这个总和的个位数（若个位数为 0，则校验码为 0），即得出校验码。

举例如下：此条形码为 977167121601X（X 为校验码）。

第一步：将条形码从右往左编序号（对应数字如下），第 1 到 12 位依次为 1、0、6、1、2、1、7、6、1、7、7、9；

第二步：取出奇数序号位（1、3、5、7、9、11）上的数相加求和：1＋6＋2＋7＋1＋7＝24；

第三步：奇数序号位和的 3 倍：24×3＝72；

第四步：取出偶数序号位（2、4、6、8、10、12）上的数相加求和：0＋1＋1＋6＋7＋9＝24；

第五步：将两步结果相加得出总和：72＋24＝96；

第六步：用 10 减去总和的个位数（96 的个位数为 6）：10－6＝4；

所以最后校验码 X＝4，此条形码为：9771671216014。

备注：如果第 5 步结果的个位为 0，校验码为 0。

EAN-8 商品条码也称缩短版商品条码，表示 EAN/UCC-8 代码。在通常情况下，用户应尽量选用 EAN 商品条码，尤其是选用 EAN-13 条码。但在以下几种情况下，可采用 EAN-8 条码（表 4-3）：

① EAN-13 商品条码的印刷面积超过印刷标签最大面面积的四分之一或超过全部可印刷面积的八分之一时；

② 印刷标签的最大面面积小于 $40cm^2$ 或全部可印刷面积小于 $80cm^2$ 时；

③ 产品本身是直径小于 3cm 的圆柱体。

表 4-3　EAN-13 与 EAN-8 的异同

特征	EAN-13 码	EAN-8 码
数字数量	13 位数字	8 位数字
用途	适用于各类商品，特别是大型商品	主要用于小型商品包装
结构	国家代码、制造商代码、产品代码和校验位	国家代码、组合制造商和产品代码及校验位
可读性	提供更详细的信息，适合国际市场	适合空间有限的情况，信息较少
应用范围	全球通用，适用于大多数零售商品	主要针对小型商品，如化妆品、药品等

EAN码作为全球通用的商品标识符，极大地提升了商品管理的效率。EAN-13和EAN-8两种版本满足了不同商品的需求，前者适用于大多数商品，后者则专为小型商品设计。EAN码的使用不仅便利了零售商和供应链管理者，也为消费者提供了更方便的购物体验。

（3）Code 39　Code 39（也称为39码）是一种广泛应用的条形码标准，能够编码字母、数字和一些特殊字符。它于1974年首次被提出，旨在提供一种灵活、高效的方式来表示和识别信息。由于其开放性和易于实现的特点。Code 39在多个行业中得到了广泛应用，尤其是在需要同时编码字母和数字的场景中。Code 39能够编码的字符包括大写字母（A～Z）、数字（0～9）、特殊字符（如“$”、“%”、“—”、“.”、“+”、“/”和空格等），通常用于较短的信息表示。Code 39条码由宽窄不同的条形和空隙组成，条形的宽度和排列方式决定了所编码的信息。条码通常以“*”符号作为开始和结束符，确保条码能够正确识别。Code 39条码的高度和宽度可以根据需要进行调整，通常推荐的高度为1.0英寸（约2.54cm），以确保扫描设备能够准确读取。Code 39条码的可读性良好，适用于各种扫描设备，包括激光扫描器和图像扫描器。广泛应用于工业、汽车零部件、文档管理等领域，适合用于需要字母和数字混合的标识，目前使用极为广泛，如图4-4所示。

code 39 extended

code 39　　FAST REPORT

图4-4　Code 39码

（4）Code 128　Code 128是一种高密度的条形码标准，首次引入于1981年。它能够表示从ASCⅡ 0到ASCⅡ 127共128个字符，因此得名128码。Code 128条码广泛应用于企业内部管理、生产流程、物流控制系统等领域，特别适合需要高信息密度和多样性编码的场合。

Code 128支持整个ASCⅡ字符集，包括数字（0～9）、大写字母（A～Z）、小写字母（a～z）、特殊符号和控制字，因此能够灵活编码多种类型的信息。Code 128的条形码由宽度不同的条纹和空隙组成，能够高效地存储数据。条码的宽度和高度可以根据需要进行调整，从而提供更高的信息密度。Code 128包括三个不同的字符子集：子集A（包含大写字母、数字和控制字符）、子集B（支持大写字母、小写字母、数字和特殊字符）、子集C（专门用于双位数字编码，能够以更紧凑的方式表示数字信息）。

Code 128具有高信息密度和灵活性强的特点，能够编码更多信息，适合复杂数据的存储，支持多种字符类型，广泛兼容好，大多数扫描器支持Code 128，易于实现和使用。但是相对较长的条形码可能在空间有限的情况下不够理想，对于简单的应用，可能显得过于复杂。

EAN/UCC-128是一种特殊的Code 128C码，具有完整性、紧密性、联结性及高可靠度的特性，常用于供应链管理。辨识范围涵盖生产过程中一些补充性质且易变动的信息，如生产日期、批号、计量等。EAN/UCC-128 码可应用于货运栈板标签、携带式资料库、连续生产数据记录、流通配送标签等。

Code 128 条码作为一种高密度、高效的信息编码工具，因其广泛的字符支持和灵活的应用场景，已成为物流、商品管理和生产流程等领域的重要工具。EAN/UCC-128 码的引入进一步增强了其在供应链中的应用价值，确保信息的完整性和可靠性。通过合理利用 Code 128，各行业能够提升管理效率，减少错误，提高运营水平（图 4-5）。

12ABcd«GS»#56
Code 128 auto

12AB«GS»#56
Code 128 A

12ABcd#56
Code 128 B

1256
Code 128 C

图 4-5　Code 128 码

（5）GS1 条码

GS1 条码是由 GS1 组织制定的条形码标准，用于唯一标识商品、服务和地点。它能够在全球范围内被识别和使用。随着全球贸易的增长和供应链的复杂化，企业需要一种标准化的方式来跟踪和管理产品，GS1 条码的出现为这一需求提供了解决方案。GS1 条码是一种全球通用的商品标识系统，旨在提升供应链的效率、准确性和透明度。GS1 是一个国际非营利组织，负责开发和维护全球标准的产品标识、条码和电子商务标准。GS1 条码的主要组成部分如下。

① 全球贸易项目编号（GTIN）：用于唯一标识产品的编码，通常有以下几种格式。

a. GTIN-8：8 位数字，适用于小型商品；

b. GTIN-12：12 位数字，主要在北美使用；

c. GTIN-13：13 位数字，世界上最常用的格式（例如 EAN-13）；

d. GTIN-14：14 位数字，通常用于箱装商品。

② 应用标识符（AI）：用于指示后续数字的含义，帮助系统识别和处理数据。例如，(01) 表示 GTIN，(10) 用于批次号。

③ 校验码：GTIN 中的最后一位用于验证条码的准确性，确保扫描时的读取正确。

每个 GS1 条码都是全球唯一的，确保每种商品在市场上的独特性。GS1 条码遵循国际标准，可以在全球范围内互操作，便于跨国贸易。通过标准化的条码系统，提升了供应链的可追溯性和透明度。条码技术支持快速的商品识别，减少人工错误，提高工作效率。

企业需向 GS1 组织的本地分支（如 GS1 China）申请使用 GS1 条码。申请时通常需要提供企业的基本信息和相关证明文件。申请后，企业将获得一个唯一的公司前缀（prefix），用于生成 GTIN。企业应定期维护条码的有效性，并及时更新产品信息，以确保准确性。

GS1 条码作为全球通用的商品标识系统，具有唯一性、互操作性和透明性，广泛应用于零售、物流、制造和医疗等多个领域。伴随全球贸易的发展，GS1 条码将在未来继续发挥重要作用，推动供应链的效率和安全性。随着数字化转型和电子商务的快速发展，GS1 条码的应用前景广阔。未来，GS1 条码可能会与其他技术（如 RFID、物联网等）结合，进一步提升商品管理的智能化和自动化水平。此外，GS1 还在持续更新标准，以适应新兴市场和技术的变化（图 4-6）。

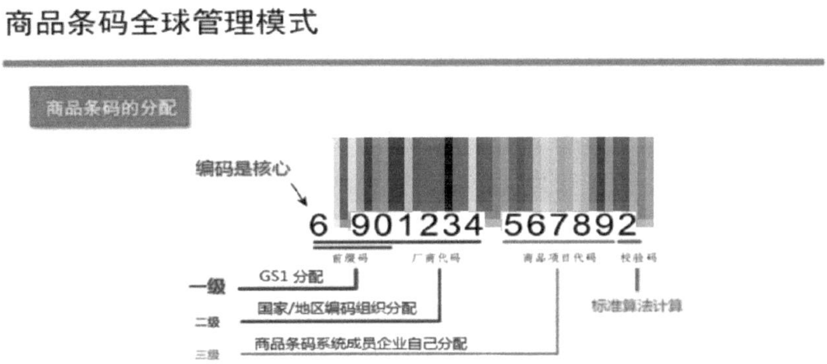

图 4-6　GS1 条码

(6) 中国商品条码 (CGB)　中国商品条码 (CGB) 是中国市场上使用的一种商品标识系统，由中国物品编码中心 (GS1 China) 负责管理和分配，是符合国际标准的条形码系统之一。CGB 通常采用的是条形码标准的扩展，主要用于国内商品的标识，如图 4-7 所示。

CGB 的编码结构与 EAN-13 相似，CGB 的前缀通常是 690、691、692 等，代表中国的商品。虽然中国商品条码 (CGB) 和 EAN-13 码在格式上有相似之处，均为条形码用于商品标识，但它们在标准、编码结构、应用范围和管理组织等方面存在显著区别。CGB 主要针对中国市场，旨在满足国内商品管理的需求，而 EAN-13 则是一个国际标准，适用于全球商品的流通和识别。

企业可以向中国物品编码中心申请 CGB。申请时需提供企业营业执照、组织机构代码等相关资料。获得批准后，企业将获得唯一的制造商代码，之后可以根据需要自行生成商品代码。企业需要定期维护条码的有效性，及时更新商品信息。每个 CGB 条码都是唯一的，确保每种商品在市场上的独特标识。通过条形码扫描技术，CGB 能够快速、准确地进行商品识别，提升工作效率。CGB 条码兼容多种条码扫描设备和系统，便于在不同环境下应用。虽然 CGB 是针对中国市场的，但它遵循国际条形码标准，便于与国际市场接轨。目前，CGB 被广泛应用于零售业、物流与仓储、生产管理、医疗行业等多个领域。

(7) Code 93 码　Code 93 是一种条形码符号，旨在提供高密度的数据编码，支持字母数字字符的编码。它是被 ANSI (美国国家标准学会) 采纳的一种条形码标准，主要用于需要高信息密度的应用场景。Code93 码与 39 码具有相同的字符集，但它的密度要比 39 码高，所以在面积不足的情况下可以用 93 码代替 39 码，具体见图 4-8。

6 901234 567892

图 4-7　中国商品条码

BJ100080

图 4-8　Code 93 码

Code 93 是一种高密度的条形码符号，能够有效地编码字母数字字符，适用于各种需要空间优化的应用场景。凭借其独特的编码方式和校验机制，Code 93 在库存管理、制造业和运输等领域发挥了重要作用。

(8) ITF25 条码 (交叉 25 码)　ITF-25 条码 (interleaved two of five) 是一种常用的条形码类型，特别适用于工业和物流领域。它是一种高效的数字条码，能够在较小的空间内编码大量信息。它主要用于需要高密度数据存储的场合，如仓储、物流和制造业。

ITF-25 是一种交叉的两位数字编码，即每两个数字交替编码（图 4-9）。它的结构使得条码在视觉上呈现出交叉的效果。交叉 25 码是一种条和空都表示信息的条码，交叉 25 码有两种单元宽度，每一个条码字符由五个单元组成，其中两个宽单元、三个窄单元。交叉 25 码符号中组成条码符号的字符个数为偶数，当字符是奇数个时，应在左侧补 0 变为偶数。条码字符从左到右，奇数位字符用条表示，偶数位字符用空表示。交叉 25 码的字符集包括数字 0 到 9。

（9）Industrial 25 条码　Industrial 25（也称为 Interleaved 2 of 5，I25）条码是一种常见的条形码类型，主要用于工业和物流领域。Industrial 25 是一种交互式的条形码，该条码只支持数字字符，有两种单元宽度。每个条码字符由五条组成，其中两个宽条，三个窄条。这种条码的空不表示信息，只用来分隔，一般取与窄条相同的宽度，如图 4-10 所示。

开启交叉25码

图 4-9　交叉 25 码

I 2 of 5 - Any Length

Enable Chinese 2 of 5

图 4-10　Industrial 25 条码

5. 二维条码

二维条码（2-dimensional bar code，2D-bar code）是一种在水平和垂直两个维度上存储信息的图形化编码技术。相较于传统的一维条码，二维条码在信息容量、识别效率、容错能力及信息类型支持等方面均具有显著优势。

① 高存储容量：二维条码的信息承载能力远超一维条码。例如，QR 码（快速响应码）可容纳高达 7089 个数字或 4296 个字母数字字符；而 Data Matrix 码则特别适用于空间受限的场景，仍能存储数百个字符的信息。这种大容量特性使其能够满足复杂信息的编码需求。

② 快速识别：其独特的矩阵结构设计，使得二维条码能被扫描设备快速、准确地读取。这种高效的识别特性在零售结算、物流分拣、交通票务等需要即时信息处理的场景中尤为重要，可显著提升操作效率，减少等待时间。

③ 强容错能力：二维条码具备出色的抗损毁能力。即使条码图案部分被遮挡、污染或损坏（容错率通常可达 7%～30%），其信息仍可被成功恢复和读取。这一特性极大地增强了其在潮湿、脏污等非理想环境下的应用可靠性。

④ 信息类型多样：二维条码支持灵活编码多种类型的数据，包括数字、字母、汉字（多语种字符）、网址链接以及二进制数据等。这种广泛的兼容性使其能够适应广告推广、产品追溯、身份认证等多样化的应用场景。

凭借高容量、快速识读、强健壮性及多类型信息支持等核心优势，二维条码已成为现代信息传递与商业活动中不可或缺的关键技术。随着技术持续演进，其应用领域将不断拓展，为用户提供更便捷、高效的服务（表 4-4）。

表 4-4　二维码分类

分类角度	种类
编码方式	线性条码:包括传统的一维条码(如 UPC、EAN),主要用于商品标识,信息量较小; 矩阵二维码:如二维码(QR 码)、Data Matrix 等,这类二维码以矩阵形式存储信息,能够容纳更多数据
编码原理	堆叠式二维码:通过将多个二维码叠加在一起,能够在有限空间内存储更多信息,通常适用于需要高信息密度的场合; 标准矩阵二维码:例如 QR 码,其信息以黑白方块的形式排列,适合快速扫描和解码
数据容量	低容量二维码:适用于信息量较小的场合,如简单链接和短文本; 高容量二维码:能够存储大量信息,如名片、产品详细信息等,适合复杂的应用场景
应用领域	产品追踪二维码:用于物流和供应链管理,帮助跟踪商品流通; 支付二维码:在移动支付中广泛使用,如支付宝、微信支付等

(1) 堆叠式二维码　堆叠式二维码(又称堆积式或层排式二维码)在编码原理上沿袭了一维条码的基础,其核心特征是将多个一维条码图形垂直堆叠,形成多行结构(通常为两行或更多)。这种结构设计使其兼具了一维条码在编码逻辑、识读设备兼容性及印刷工艺方面的优势,同时针对行数增加进行了算法优化。尽管其译码算法和软件与一维条码存在差异,但现代识读设备普遍能高效处理此类码制。典型的堆叠式二维码包括 PDF417、Code 49 和 Code 16K 等。

堆叠式二维码的核心优势在于其高信息密度。相较于传统二维码(矩阵式),在相同物理面积下,堆叠式二维码能够承载更大量的数据,适用于需要编码复杂信息(如详细产品参数、多步骤说明)或多个关联链接的应用场景。此外,其设计具有灵活性,可通过调整堆叠的行数,在信息容量与条码可读性之间实现最佳平衡。目前,堆叠式二维码广泛用于商品信息展示、电子票务、广告宣传和多媒体内容分享等领域。

PDF417 是堆叠式二维码的代表性码制,由美国 Symbol Technologies 公司于 1991 年开发。"PDF"代表 portable data file(便携数据文件),强调其大容量数据承载特性。"417"表示其编码结构由 4 个条和空单元组成一个 17 位长的码词(codeword)模式,并以多行纵向排列构成完整符号(图 4-11)。

图 4-11　PDF417 码

PDF417 码的核心竞争力体现在三个方面。

① 超高信息密度:在有限空间内可存储约 1850 个字符,支持字母、数字、符号等多种字符集,能直接嵌入结构化数据(如表格、多层级追溯信息),无须依赖外部数据库即可实现信息独立传递。

② 强容错能力:采用 Reed-Solomon 纠错算法,即使 25%~30%的码图因磨损、污损或遮挡而损坏,仍能准确解码,确保在潮湿、粉尘等复杂环境(如食品加工车间、冷链运输环节)中保持稳定性能。

③ 灵活适配性:尺寸与形状可根据包装需求调整,既能适配大面积标签,也能压缩至小型包装表面,兼容多种印刷工艺(如喷墨、激光雕刻),适配不同材质(塑料、纸质、金属箔等)。

目前,PDF417 被广泛应用于运输单据、物流标签、身份识别证件、活动票务等需要可靠存储中到大量数据的场景。

(2) 矩阵式二维码　矩阵式二维码是通过矩形空间内黑白模块的分布实现信息编码的图

形符号，其核心原理是利用矩阵中模块的“存在”表示二进制“1”、“不存在”表示二进制“0”，通过模块的排列组合传递特定信息。这种编码方式融合了计算机图像处理技术与组合编码原理，形成了高效的自动识读体系，常见类型包括 QR Code、Data Matrix、Aztec Code、MaxiCode 等。矩阵式二维码技术基础融合了计算机图像识别、组合编码与纠错算法。核心结构特征如下。

定位图案：通常位于三个角落（如 QR 码）或中心（如 Aztec 码），用于快速确定二维码的位置、方向和倾角，确保任意方向可读；

校准图案：（部分码制如 QR 码具备）辅助定位，尤其在大尺寸码中保证模块位置精度；

数据区：包含经过编码的原始信息（文本、URL、二进制数据等）；

纠错区：通过添加冗余信息（常用 Reed-Solomon 算法），使条码在部分模块损坏（污损、遮挡）时仍能被正确解码，容错率通常可达 7%～30%。

矩阵式二维码的核心优势在于极高的信息密度（远超堆叠式和所有一维码）和强大的抗损毁能力。其设计允许有限的视觉定制（如颜色、中心标志嵌入），但需确保足够的对比度以维持可读性。因其高效可靠，已成为移动支付、数字营销、产品追溯、电子票证等领域的首选编码技术。

图 4-12 QR Code

① 标准二维码（QR Code） QR Code（quick response code）由日本 Denso Wave 公司于 1994 年发明，是最常见的二维码（图 4-12），广泛应用于零售、物流、广告和食品行业等各个领域。其技术特性主要如下。

- 超大容量：可存储最多 7089 个数字或 4296 个字母数字字符；
- 快速识读：独特的定位图案设计，支持高速、多角度扫描；
- 强容错性：容错等级可选（L：7%，M：15%，Q：25%，H：30%），适应不同环境要求；
- 数据兼容广：支持数字、字母、汉字（需用 UTF-8 等编码）、二进制数据、URL 等；
- 生成便捷：大量免费/商业工具支持生成与打印。

在食品行业，QR Code 的应用尤为深入，企业可在包装上嵌入生产批次、原料来源、质检报告等追溯信息，消费者通过手机扫描即可直观了解食品全生命周期；同时，二维码可链接至品牌官网、营养成分表或促销活动，增强与消费者的互动，提升信任度。

② Data Matrix 码 Data Matrix 码是一种特别适合在极小表面积上编码数据的矩阵式二维码（图 4-13），其技术特性主要如下。

微型化优势：最小尺寸可小于 2mm×2mm，是小型物品（芯片、药丸、精密零件）标识的理想选择。

高密度存储：在微型面积上可存储数百字符（数字/字母/符号）。

强纠错能力：采用 Reed-Solomon 纠错（ECC 200 标准），容错率高达 25%～30%，耐污染、磨损性能优异。即使模块损坏近 30%，信息仍可恢复。

结构特征：包含独特的“L”形实心定位边和沿对边的时钟轨道，确保在无定位图案角的情况下也能被快速识别定位。

因其紧凑性，Data Matrix 码广泛应用于电子元件、医疗器械等小型产品，在食品行业则适合小包装食品（如零食、调味品）的追溯管理——通过在有限空间内存储批次号、生产时间等关键信息，实现精细化溯源。

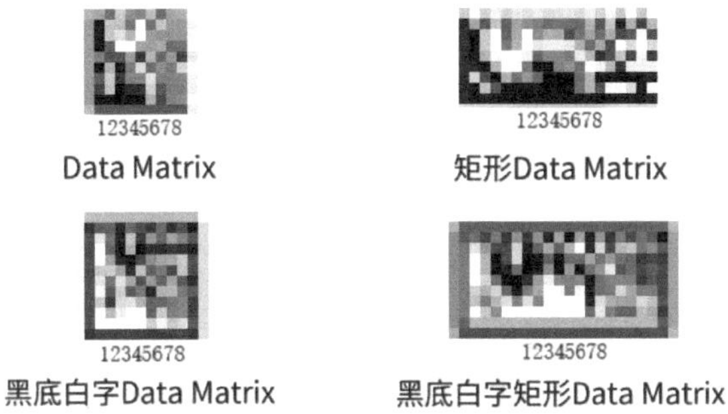

图 4-13 Data Matrix 码

③ Aztec Code Aztec Code 是一种高密度矩阵式二维码，以其中央牛眼状定位标志为显著特征，无需外围空白区，空间利用率高（图 4-14）。技术特性如下。

高数据密度：可存储约 3000 个字母数字字符或 1800 个数字；

强纠错能力：内置多层纠错机制；

无静区要求：可在印刷品边缘或与其他图形紧密相邻处使用，设计更灵活；

适应性强：在曲面或低对比度背景下仍表现良好。

Aztec Code 是一种高效的二维条形码，其设计适配多种印刷技术和材质，在食品行业中，尤其适合包装空间紧张的场景（如罐头、瓶装饮料）；可存储原料溯源、物流温控等数据，助力企业实现供应链透明化；同时，通过扫描链接至消费者教育内容（如烹饪指南），提升品牌体验。

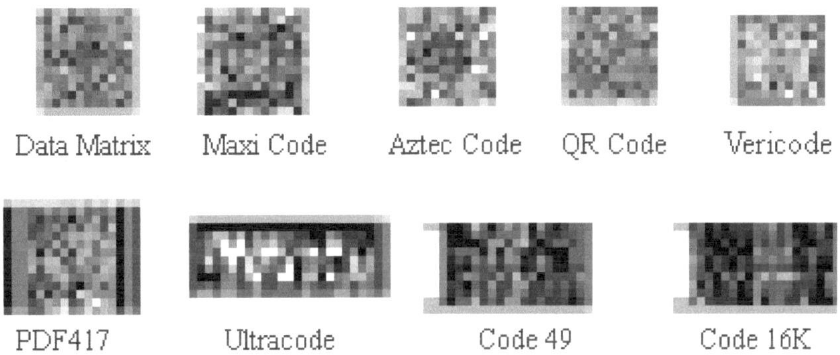

图 4-14 几种二维码

④ MaxiCode MaxiCode 由美国联合包裹服务公司（UPS）开发，专为高速物流场景设计，采用蜂窝状六边形模块和中央定位图案的结构，支持每秒数百次的自动扫描，可存储 93 个字符的高密度信息，容错性强（图 4-15）。其技术特性如下。

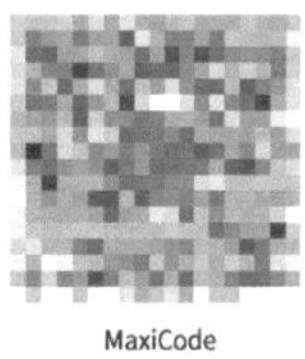

图 4-15 MaxiCode 码

固定尺寸：面积约 1 英寸×1 英寸，包含 866 个六边形模块；

结构化数据：主要设计用于编码结构化信息（如邮政编码、国家代码、服务等级等）；

高速识读：可在传送带上高速移动时被准确读取；

中等容量：最多存储约 93 个字母数字字符（或 138 个数字）；

强容错性：对部分损坏鲁棒性强。

在食品供应链中，MaxiCode能快速关联运输批次、温控记录、配送节点等动态数据，帮助企业实时监控生鲜食品的在途状态，确保新鲜度与安全性；同时，其高速识别特性可提升仓库分拣效率，减少食品周转时间。

⑤ 微二维码（Micro QR Code） Micro QR Code是为空间极度受限场景设计的简化版QR Code，模块尺寸通常为11×11至17×17，最小边长仅1cm，可存储25个字符（支持数字、字母、汉字），容错率可调（图4-16）。

尽管存储容量有限，但其小巧特性使其适用于微型食品包装（如胶囊保健品、小袋调味品），可存储简化的追溯编号或官网链接，满足基础信息传递需求；同时，在物联网设备标识中也有广泛应用。矩阵式二维码通过模块化设计与高效编码逻辑，实现了“小空间、大容量、高可靠”的信息传递，成为食品行业追溯管理、供应链优化与消费者互动的核心工具。不同码制的差异化特性，使其能精准适配从大型包装到微型产品的全场景需求，推动食品信息化管理向精细化、智能化发展。

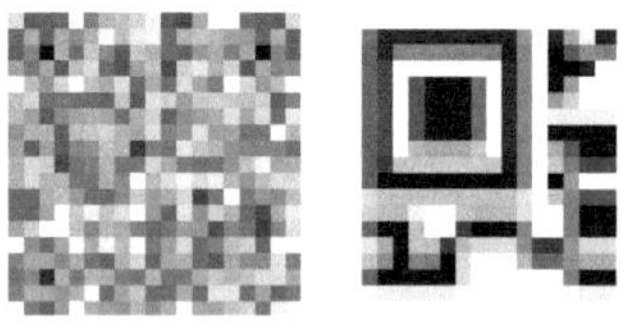

图4-16 微二维码

图4-17 彩色三维码

6. 彩色三维码

彩色三维码的全称为彩色图像三维矩阵，英文名为Colormobi，又称色码、三维彩色码或彩链。其核心功能是作为信息索引工具——用户通过专用的Colormobi解读器扫描后，可快速访问关联的文字、图片、视频等内容（如图4-17所示）。

三维码核心技术原理与特征如下。

色彩维度编码：在传统二维码黑白（二值）模块的基础上，彩色三维码引入了红（R）、绿（G）、蓝（B）、黑（K）四种颜色作为信息载体。颜色本身成为编码的关键维度，显著提升了信息密度和组合可能性（理论上，若编码模块总数为n，组合数可达4^n种；以64个模块为例，组合数约3.40×10^{38}种）。

索引式架构：彩色三维码本身并不直接存储内容数据。其彩色矩阵图案本质上是指向云端服务器数据的唯一索引标识符（ID）。扫描时，解读器读取该ID并发往服务器，服务器据此检索并返回对应的URL或数据内容，完成信息访问。

双向数据交互：系统支持记录扫描行为（时间、地点、设备等），为后台提供用户交互数据，实现双向信息流管理。

专用识读要求：由于其独特的色彩编码原理，彩色三维码必须使用专用的Colormobi解读器进行识读。普通二维码扫描工具（如微信扫一扫）无法解析其信息。

与传统彩色二维码有本质区别：彩色二维码仅对标准二维码（如QR码）进行视觉着色，其底层编码逻辑不变。颜色变化（不改变深浅）不影响内容。普通二维码扫描器可识别。彩色三维码（Colormobi）的颜色是核心编码元素，直接参与信息定义。颜色变化即代表信息内容改变。必须使用专用解读器。

目前，彩色三维码已在 O2O 营销（如扫码跳转促销活动）、身份认证（如电子证件标识）、移动票据（如电子门票）、视频发布等领域实现广泛应用。其优势在于通过色彩丰富的视觉设计提升用户辨识度，同时依托大容量索引支持复杂场景的信息交互。在食品安全追溯领域，彩色三维码的应用尚处于探索阶段。未来若能结合其多维度编码特性，可尝试通过颜色矩阵关联食品的原料批次、检测报告、物流轨迹等全链条信息，甚至嵌入视频形式的生产过程记录，为消费者提供更直观的追溯体验。但需突破专用识别工具的普及限制，才能在食品行业实现规模化应用。

7. 条码的印制

条码的印制质量是确保其可被准确、快速识读的关键。质量不达标的条码不仅无法提升管理效率，反而可能导致数据采集错误和流程混乱。因此，对生产商和销售商而言，严格把控条码印制质量至关重要。条码的识读依赖于条空（深色条/浅色空）的光学对比度及其几何尺寸的精确性，因此对条空尺寸、印刷精度、颜色搭配、印制位置及承印材料等均有严格要求，并需符合相关国家标准。

① 条空颜色搭配　条空颜色需保证高对比度，以确保扫描器能准确识别。最理想的组合为“黑条白空”，其他搭配需符合国家标准 GB 12904—2008《商品条码　零售商品编码与条码表示》的要求，避免因对比度不足导致识读失败。

② 印刷位置　需根据包装形式选择合适位置，确保条码远离边缘、重叠处、皱褶或弯角，间距至少 5 毫米，防止因包装变形、磨损或遮挡影响识读。例如，某企业的真空包装生物产品因条码位置靠近皱褶处，导致变形后无法识别。具体规范可参考 GB/T 14257—2025 的相关要求。

③ 条码大小　条码放大系数需在标准尺寸的 0.8～2.0 倍范围内选择，具体取决于包装面积。原则上条码高度不得截短；若因空间限制必须调整，需咨询专业技术人员，避免影响识读精度（EAN 条码的具体尺寸可参照相关标准）。

④ 左右空白区（静区）　条码符号左右两端必须预留足够宽度的空白区（静区），为扫描器提供识别起始/终止的低电平信号。空白区是扫描器识别条码起止的关键，需按标准预留足够宽度。例如，EAN-13 条码的结构包含左侧空白区、起始符、数据符、分隔符、校验符、终止符及右侧空白区（如图 4-18 所示），空白区不足会导致扫描失败。

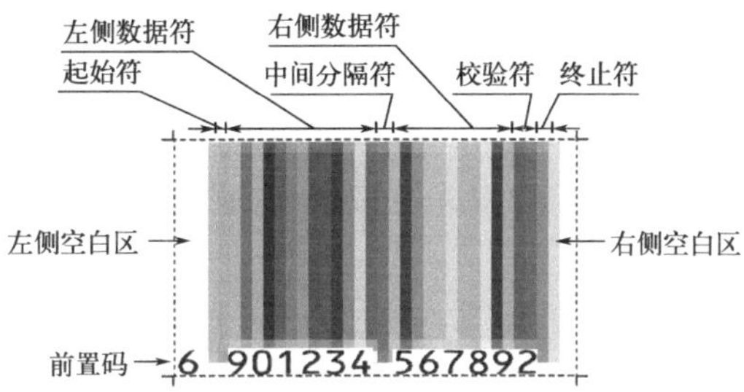

图 4-18　EAN-13 商品条码符号结构

⑤ 承印材料　在塑料、玻璃等透明材料上印制时，必须预先印刷底色（如白色），否则扫描器无法捕捉反射信号。若仅印刷条色而忽略底色，会导致条码完全无法识读。

⑥ 质量检验标准　条码印制完成后，需依据相关国家标准进行质量检验，确保符号等级符合应用要求，如 GB/T 18348—2022《商品条码　条码符号印制质量的检验》、GB/T 23704—2017《二维条码符号印制质量的检验》等。

8. 条码打印设备

条码打印机专为条码标签设计，与普通打印机的核心区别在于采用热技术（热敏或热转印），支持无人值守的连续高速打印。常见类型如下。

① 热敏式打印机（thermal printer）　热敏打印机的原理是通过在热敏纸上加热特定区域，使其发生化学反应，从而形成图像。该过程依赖于温度的变化，高温可加速反应，通常在 200℃时可在几微秒内完成。热敏打印机的优点为条码质量高、价格相对低廉，并且设备体积小巧。然而，热敏纸不耐光照，容易褪色，影响条码的识别率。因此，热敏打印机广泛应用于超市、服装店、物流和零售等对条码要求较低的场合。

② 热转印打印机（thermal transfer printer）　热转印打印机利用专用碳带，通过加热将碳粉转印到纸张或其他材质上。碳带的涂层物质可根据需求选择，具有较强的附着力，打印质量更佳且更为耐用。热转印打印机可以使用压敏胶黏剂标签纸、聚对苯二甲酸乙二醇酯（PET）、聚氯乙烯（PVC）、水洗标、吊牌等多种标签介质，打印出的标签保存时间通常可达两年以上。这种打印机广泛应用于汽车、纺织、电信、食品、电子、化工、制药、医疗、公用事业、零售、运输和物流等行业。

③ 普通激光打印机　普通激光打印机可以配合专门的条码标签设计软件来制作条码标签。这种方式具有多种优势，激光打印机的精度高，图形表现能力强，能够打印彩色标签。然而，其打印速度较慢，且可打印的材料种类较少。

一般来说，企业在需要大批量、高频率、需特殊材料（如耐低温/防水 PET 标签）、要求高耐久性（追溯要求）等情况下，首选热转印打印机；小批量、一次性、低成本、短期使用可选择激光打印机；短期周转标识（非追溯核心标签）可考虑热敏式打印机。

9. 条码识读设备

条码识读设备通过光学装置将条空信息转换为电信号，再经译码器解析为数据。现代设备通常即插即用，按工作原理可分为三类。

① 光笔　光笔需接触或极近距离（＜1mm）划过条码，通过光电元件检测条空反射光变化。

优点：成本最低、结构简单坚固、体积小巧、无移动部件。

缺点：操作依赖技巧（速度、角度、压力）、仅适用于平整表面高质量条码、首读率/误码率较低、无法读取曲面/破损/覆膜条码。

适用场景：预算有限、简单桌面应用，对识读速度和可靠性要求不高。

② CCD 扫描器　CCD 扫描器采用发光二极管（LED）泛光源照亮条码，CCD 传感器成像识别。

优点：成本适中、非接触（短距）、可识读一维码和堆叠式二维码（如 PDF417）。

缺点：景深有限（尤其读取堆叠码需扫动）、对条码平整度/印刷质量要求较高、在强光或弱光环境下性能可能下降。

适用场景：零售收银台、办公室文档管理、一般仓储。

③ 激光扫描器　激光扫描器的工作原理是通过激光二极管发出光线，照射在旋转的棱

镜或摆动的镜子上，反射后的光线照射到条码表面，再经过光电转换器将反射光信号转换为电信号，进而完成解码。激光扫描器可读取一维条码和线性堆叠式二维码，扫描过程中不需要手动扫动。

优点：非接触扫描，适用于远距离读取，通常可在超过 30cm 的范围内有效工作。能够读取不规则表面上的条码，甚至可以透过玻璃和透明胶纸读取。具有较高的识别速度和首读成功率，能够有效识别质量较差或模糊的条码。误码率极低，通常为三百万分之一。防震防摔性能较好，适合工业环境使用。

缺点：初始购置成本较高。

适用场景：食品行业首选，适用于生产线、仓库（手持/固定式）、物流分拣中心、零售后台等需要高效、可靠、远距离、多角度识读的环境，是处理复杂场景（如高速传送带、托盘级扫描）的主力设备。

10. 申请商品条码的流程

企业在进行商品条码的申请和使用时，主要包括注册、续展、变更等三个方面。

① 注册：向中国物品编码中心或其分支机构提交厂商识别代码申请，经审核通过后获得唯一编码资质。

② 续展：厂商识别代码有效期为 2 年。系统成员应在有效期届满前 3 个月内办理续展手续。逾期未续展将被注销厂商识别代码及成员资格。

③ 变更：依据《商品条码管理办法》第二十九条，系统成员名称、地址、法定代表人等信息发生变化时，应当自有关部门批准之日起 30 日内，持有关文件和《系统成员证书》到所在地编码分支机构办理变更手续。

第三节　射频识别（RFID）技术

一、 RFID 概述

无线射频识别（radio frequency identification，RFID）技术是一种利用射频信号实现非接触式自动识别与数据交换的先进技术。其核心原理基于空间电磁感应（inductive coupling）或电磁传播（propagation coupling），通过标签与读取器之间的无线通信，完成对目标对象的自动识别。

RFID 技术的起源可追溯至 20 世纪 40 年代，最初用于第二次世界大战中敌我飞机的身份识别。20 世纪 60 年代，技术开始向商业领域延伸；21 世纪后，其应用范围快速扩张。2005 年，美国国防部要求军需物资全面采用 RFID 标签，美国食品药品监督管理局（FDA）亦建议制药商通过 RFID 追踪药品以防范假冒；沃尔玛、麦德龙（Metro）等大型零售商的规模化应用，进一步推动了 RFID 在全球供应链中的普及。

RFID 系统由三个核心组件构成。

① 标签：内嵌微芯片与天线，负责存储信息并与读取器通信。按能源供应分为如下三种。

• 无源标签：无电池，依靠读写器发射的射频能量激活并反向散射信号。成本低、寿命长、体积小，是主流类型（尤其超高频 UHF）。

• 有源标签：自带电池供电，可主动发射信号。识别距离远（百米级），但成本高、体积大、寿命有限（几年）。

• 半有源标签（BAP）：自带电池为芯片供电，但通信能量仍来自读取器。性能介于无源和有源之间。

② 读取器：通过天线发射射频信号激活标签，接收并解码标签返回的信息（如唯一标识、存储数据等）。

③ 计算机系统：对读取器传输的信息进行处理、存储与分析，支持后续的追溯、管理等应用。

根据RFID的基本电磁场工作原理，RFID系统可分成IC RFID系统（芯片RFID，最常见的RFID形式）、SAW RFID系统（声表面波RFID）以及其他形式的RFID系统。这些系统的核心理念都是实现标签和读取器之间的非接触式双向通信，以达到标签识别和数据交换的目的。

RFID技术是一门多学科多技术综合利用的应用技术，所涉及的关键技术大致包括芯片技术、天线技术、无线通信技术、数据变换与编码技术、电磁场与微波技术等。RFID要大规模应用，一方面是要降低RFID标签价格，另一方面要看应用RFID之后能否带来增值服务。从市场发展看，2010年欧盟已有3%的企业应用RFID，覆盖身份认证、供应链跟踪、ETC收费、生产控制等领域；2012年全球RFID市场规模突破200亿美元，且持续增长。目前，RFID技术正处于快速成熟期，多国将其列为重点发展的战略性产业。

二、 RFID的工作原理及分类

RFID系统通常由三个主要组件组成：电子标签、读取器和计算机系统。标签内嵌有微芯片和天线，能够存储信息并通过射频信号与读取器进行通信。

1. 工作原理

由解读器通过天线发射一特定频率的无线电波能量，电子标签进入磁场后，接收解读器发出的射频信号，凭借感应电流所获得的能量发送出存储在芯片中的产品信息，或者由标签主动发送某一频率的信号，解读器读取信息并解码后，送至中央信息系统进行有关数据处理（图4-19）。

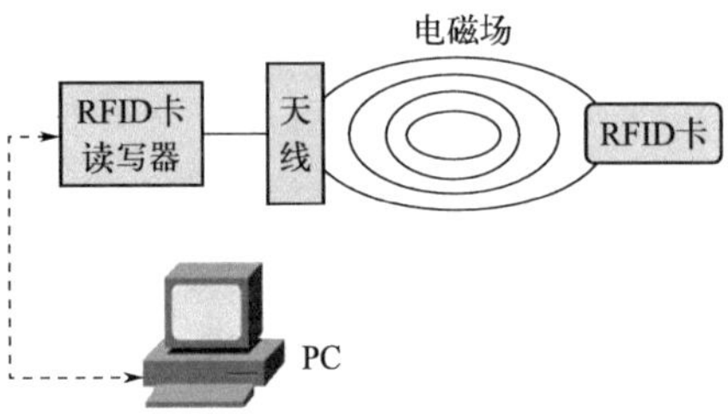

图4-19 RFID工作原理

2. 分类方式

从工作频率来看，RFID可以分为低频、高频和超高频三种，不同频段的RFID产品会有不同的特性。

① 低频（LF）：频率范围120～134kHz，波长约2500m。读取距离短（≤10cm），易受金属干扰，数据传输速率较慢，但感应器成本较高。适用于动物识别、门禁等近距离场景。

② 高频（HF）：频率为13.56MHz，波长约22m。抗金属干扰能力较强，支持多标签同时读取，读写距离10cm～1m，价格适中。广泛应用于图书馆管理、票务系统、近场通信（NFC）支付等领域。

③ 超高频（UHF）：频率范围860～960MHz（全球略有差异：欧洲868MHz，北美902～905MHz，日本950～956MHz），波长约30cm。数据传输速率高，可短时间内读取大量标签，读写距离达十余米，但信号穿透性较弱（易受金属、液体、粉尘影响）。适用于物流仓储、供应链跟踪等高效场景。

从工作模式上看，RFID 标签可分为被动式、半被动式（也称作半主动式）、主动式三类。

① 被动式：无内置电源，依赖读取器信号供电，成本低、寿命长，但读取距离短、响应速度较慢。适用于商品防盗、库存管理等场景。

② 半被动式：内置小型电池驱动芯片，天线专注于信号传输，响应速度与读取距离优于被动式，适合对性能有一定要求的应用（如资产追踪）。

③ 主动式：配备内置电源，读取距离长（可达百米级），存储容量大，可处理复杂数据，但成本较高、电池寿命有限。适用于远程识别（如集装箱追踪、环境监控）。

三、 RFID 在中国的应用

RFID 技术作为一项重要的自动识别与数据采集（AIDC）技术，近年来在中国的发展势头迅猛，应用范围已深入渗透至物流、零售、制造、医疗、农业、交通等多个国民经济领域。与国际应用趋势一致，RFID 在中国也广泛应用于工业自动化、商业自动化、交通运输控制管理（涵盖车辆监控、高速公路收费、停车场管理、物品管理、生产自动化、安防出入控制、仓储管理、动物管理等）等场景。伊夫雷亚交互设计学院（Interaction Design Institute Ivrea）曾指出，RFID 最具代表性的三大应用领域是运输与配送、制造与加工、安全与认证。结合中国独特的经济发展阶段和市场特点，RFID 技术的应用与发展也呈现出鲜明的本土化特色。

在中国，RFID 技术已拥有数年的实际应用积淀。其关键应用领域可归纳如下，其中部分领域与食品安全溯源密切相关。

1. 农业与食品安全领域

农业是 RFID 技术与食品安全结合最紧密的领域，重点应用于畜禽养殖、生鲜溯源等场景。

① 畜禽全生命周期管理：重庆推行生猪 RFID 全链条管理，从活体养殖到屠宰分切，通过标签记录免疫情况、养殖环境、屠宰时间等数据，实现肉品来源可溯、去向可追，大幅提升猪肉安全保障水平。

② 精准养殖：北京、江苏等地的奶牛养殖场试点 RFID 系统，实时监测奶牛健康状况、采食数据，实现精准饲喂，保障生鲜乳质量稳定；上海对宠物（猫、狗）实施 RFID 身份管理，记录健康信息，间接为动物源性食品的安全溯源提供参考。

③ 农作物监控：虽应用较少，但实验性项目已开始探索通过 RFID 标签监测土壤温湿度、作物生长周期，优化灌溉与施肥，为农产品（如蔬菜、水果）的安全种植提供数据支持。

2. 物流与供应链领域

食品物流的复杂性（如冷链运输、多环节流转）对追溯效率要求极高，RFID 技术在此领域的应用显著提升了食品安全保障能力。

① 生鲜冷链追踪：顺丰速运在智能分拣系统中集成 RFID 技术，不仅实现包裹自动识别与信息更新，还能实时监控生鲜食品的运输温湿度，确保从产地到餐桌的全程冷链可控，降低变质风险。

② 跨境食品管理：马士基（Maersk）在集装箱上安装 RFID 标签，上海口岸通过电子

车牌识别系统实现集装箱实时监控，确保进口食品在运输、存储环节的信息透明，助力快速排查问题批次。

3. 其他重点领域

① 制造业改造：海尔、富士康等企业通过 RFID 实现生产过程追踪，在食品加工设备管理中，可记录设备清洁、维护信息，保障加工环节的卫生安全；宝钢利用 RFID 追踪钢铁批次质量，为食品包装材料的安全溯源提供基础。

② 零售与仓储：沃尔玛等企业通过 RFID 优化库存管理，在食品零售中，可实时监控货架商品保质期，自动预警临期产品，减少过期食品流入市场的风险。

③ 医疗与交通：医院通过 RFID 追踪药品流向，防范假药；高速公路 ETC、智慧停车等应用积累的技术经验，为食品运输车辆的路径追溯提供了参考模式。

四、 RFID 的技术标准

RFID 技术的广泛应用离不开标准化工作的支撑。2006 年，国际标准化组织（ISO）和国际电工委员会（IEC）联合成立的 ISO/IEC JTC 1 下属的 SC 31 分技术委员会开始系统性地推进 RFID 应用系统的标准化工作，其核心目标如下。

① 提供通用框架：为 RFID 应用系统建立统一架构，规范数据安全和多种接口（读写器-标签、读写器-中间件、中间件-应用系统），促进不同 RFID 系统间的互操作性和信息共享。

② 屏蔽设备差异：使应用程序开发无须过度关注底层读写器和标签的具体类型与技术差异，简化应用设计和开发流程。

③ 优化系统性能：支持读写器的分布式协调控制和集中管理功能，特别是在读写器密集部署的组网环境中，优化整体系统性能（如解决信道冲突、提高识别效率）。

1. 空中接口协议标准

ISO/IEC 于 2006 年开始重视 RFID 应用系统的标准化工作，其目的在于提供框架、规范数据安全和接口，实现信息共享及优化系统性能。以下是主要的空中接口协议标准。

ISO/IEC 18000-1：定义 RFID 的基本参考结构和标准化参数，规范读写器与标签之间的通信参数及知识产权基本规则。

ISO/IEC 18000-2：适用于中频段（125～134kHz），规定标签和读写器之间的物理接口，支持 Type A（FDX）和 Type B（HDX）标签的通信，并包括防碰撞方法。

ISO/IEC 18000-3：适用于高频段（13.56MHz），规范读写器与标签之间的物理接口、协议和命令，以及防碰撞方法。

ISO/IEC 18000-4：适用于微波段（2.45GHz），规定相应的物理接口、协议、命令和防碰撞方法。

ISO/IEC 18000-6：适用于超高频段（860～960MHz），规范读写器与标签之间的通信内容。

ISO/IEC 18000-7：适用于超高频段（433.92MHz）有源电子标签，规定通信的物理接口、协议、命令及防碰撞方法，适合大型固定资产跟踪。

2. 数据内容与处理标准

该部分标准主要解决读写器采集到的原始数据如何被应用程序理解和有效利用的问题。

ISO/IEC 15961：规范读写器与应用程序之间的数据交互方式，使应用程序能够进行标签数据的读取、写入、修改和删除。

ISO/IEC 15962：规定数据的编码、压缩及逻辑内存映射格式，确保电子标签数据可以转化为应用程序可理解的格式。

ISO/IEC 24753：扩展 ISO/IEC 15962 的数据处理能力，适用于具有辅助电源和传感器功能的电子标签。

ISO/IEC 15963：定义电子标签唯一标识的编码标准，与其他相关标准（如 ISO/IEC 7816-6、ISO/TS 14816 以及 EAN. UCC 标准编码体系）兼容，并保留未来扩展的可能。

3. 实时定位系统（RTLS）标准（ISO/IEC 24730 系列）

该系列标准将 RFID 技术扩展应用于室内外目标的实时定位与跟踪。

ISO/IEC 24730-1：提供应用编程接口（API），规范 RTLS 服务功能和访问方法，以便应用程序方便访问 RTLS 系统，独立于底层空中接口协议。

ISO/IEC 24730-2：适用于 2450MHz 的 RTLS 空中接口协议，规范基于 RTLS 发射机的无线电信标定位系统。

ISO/IEC 24730-3：适用于 433MHz 的 RTLS 空中接口协议。

4. 中国的 RFID 相关标准

中国积极参与 RFID 国际标准化工作，同时也制定了符合国情的国家标准，特别是在特定应用领域。

• GB/T 20563—2006《动物射频识别 代码结构》：规定了用于动物识别的 RFID 标签中编码的数据结构，确保动物身份标识的唯一性和规范性。

• GB/T 22334—2008《动物射频识别 技术准则》：规定了动物用 RFID 电子标签的技术要求、性能测试方法、安装规范以及应用系统的数据管理要求，为 RFID 技术在动物识别与管理（尤其是涉及食品安全溯源的畜牧养殖环节）中的有效、安全应用提供了指导。

5. EPCglobal 体系与食品安全溯源

电子产品代码（EPC）体系，由国际物品编码组织（GS1）主导推动，是构建全球开放物联网（IoT）的核心标识与数据共享架构。EPC 的核心如下。

① 唯一物品标识（EPC 码）：为每一个物理对象（不仅是产品类别，而且具体到单品实例）分配一个全球唯一的编码（EPC URI），通常存储在物品上的 RFID 标签或二维码中。

② RFID 技术实现：EPC 码主要通过 UHF RFID 技术（遵循 ISO/IEC 18000-6C 标准）进行自动、快速的识别与数据采集。

③ 数据发现服务（EPCIS 和 ONS）：EPC 网络的核心组件如下。

EPC 信息服务（EPCIS）：定义捕获和共享物品在供应链各环节（如生产、运输、仓储、销售）发生的业务事件（如“物品 X 在时间 T 由位置 A 移动到位置 B”）的标准接口和数据格式。

对象名解析服务（ONS）：类似于互联网的 DNS，提供根据 EPC 码查询其对应物品信息存储位置（通常是持有该物品信息的 EPCIS 地址）的服务。

④ 网络化信息共享：通过 ONS 和 EPCIS，供应链上的授权参与方可以按需查询和共享与特定 EPC 码关联的物品动态信息。

EPC 体系在食品安全溯源中的核心价值如下。

① 端到端全程追溯：EPC 体系是实现食品“从农场到餐桌”全链条追溯的理想技术框架。通过在原料、加工品、包装箱、托盘等载体上应用带有 EPC 码的 RFID 标签，并利用 EPCIS 记录关键环节事件（如养殖信息、收割/屠宰、加工批次、检验检疫、仓储环境、物流运输、分销信息），可在发生食品安全事件时迅速、精准地定位问题源头和影响范围，实施定向召回，最大限度减少损失，保障消费者安全。

② 提升供应链效率与透明度：实时、自动的 EPC/RFID 数据采集极大提升了库存可视化水平（位置、数量、状态），减少了人工错误和盘点时间，优化了物流路径和仓储作业。供应链各环节信息的透明共享增强了整体协同效率。

③ 增强消费者信任与品牌保护：消费者可通过扫描产品上的二维码（关联 EPC 码）或零售商终端，便捷地访问经认证的溯源信息（如产地、生产过程、检验报告、物流轨迹），了解食品的真实“身世”，显著提升消费信心和对品牌的信任度。同时，EPC 的唯一性也有助于打击假冒伪劣产品。

④ 集成与扩展性：EPC 体系设计上易于与企业现有的企业资源计划系统（ERP）、仓库管理系统（WMS）、制造执行系统（MES）等管理系统以及食品安全监管平台集成，形成统一的信息化管理生态。其标准化的架构也便于未来扩展到更广泛的物联网应用。

第四节　物联网技术（IoT）

一、物联网概念和特征

物联网（internet of things，IoT）的理念最早由麻省理工学院（MIT）的 Kevin Ashton 教授于 1999 年在研究无线射频识别（RFID）技术时提出，其核心思想是通过信息传感设备（如 RFID）使物理对象能够接入网络，实现对物品的智能化识别、定位、跟踪、监控和管理。这一概念标志着信息技术从“人与人互联”向“物与物、人与物互联”的延伸，物联网代表了信息技术发展进程中继计算机、互联网之后的第三次浪潮，其目标在于构建一个万物互联、智能感知的世界。

2005 年，国际电信联盟（ITU）在《ITU 互联网报告 2005：物联网》中正式确立了物联网的全球性地位，明确其作为信息社会基础设施的核心价值。2011 年，工业和信息化部电信研究院发布的《物联网白皮书》进一步深化了物联网的定义。物联网是通过信息传感设备（如射频识别装置、红外感应器、全球定位系统、激光扫描器等），按约定的协议，把任何物品与互联网相连接，进行信息交换和通信，以实现智能化识别、定位、跟踪、监控和管理的一种网络。简言之，物联网是实现物与物、物与人之间泛在连接，并对物理世界进行感知、互联和智能处理的网络基础设施和应用体系。

物联网的本质是依托现有信息通信网络（包括有线网络、无线网络和互联网），利用各类感知技术获取物理世界的状态信息，通过数据传输网络汇聚信息，并利用信息处理平台进行智能分析和决策，最终实现对物理对象的远程控制或自动化响应。物联网不仅是技术的融合，更是一种创新性的信息承载方式和智能化应用模式，其核心驱动力在于应用创新。物联网有以下三个显著特征。

1. 全面感知（comprehensive perception）

物联网的核心基础在于广泛部署各种信息传感与识别设备（如 RFID 标签与读写器、各类传感器、摄像头、GPS/北斗模块、二维码识读器等），这些设备能够根据应用需求，主动或被动地采集目标对象及其环境的状态信息（如温度、湿度、压力、光照、位置、速度、化学成分、生物特征等），感知能力覆盖物流、农业、工业生产、智能家居、环境监测、健康医疗、食品安全等众多领域，实现对物理世界的数字化映射。

2. 可靠传输（reliable transmission）

物联网是在现有通信网络（互联网、移动通信网、卫星网、专网等）基础上构建的应用型网络，高度依赖并整合多种有线及无线通信技术（如 Wi-Fi，Bluetooth，Zigbee，LoRa，NB-IoT，5G 等），形成泛在、异构的互联互通平台。物联网对数据传输提出了高要求：需要具备足够的带宽以承载海量感知数据，保证低延迟以实现实时响应，并确保传输过程的可靠性和安全性，从而实现各类终端设备、网关、平台与应用系统之间高效、稳定的信息交互。

3. 智能化处理（intelligent processing）

物联网的价值不仅在于连接和传输，更在于对海量、多源、异构感知数据的深度挖掘与智能分析。物联网系统通常依托强大的后端信息处理平台（如云计算平台、边缘计算节点、大数据分析引擎、人工智能算法）对汇聚的数据进行存储、清洗、关联、建模和分析。基于分析结果，系统能够根据预设规则或学习模型进行自动化决策、预测性维护和智能化控制（例如：智能交通系统根据实时路况优化信号灯配时，智能仓储系统自动调度机器人补货，食品监控系统预警潜在变质风险）。智能化处理是物联网从“互联”迈向“智联”的关键，赋予系统自适应、自优化和主动服务的能力。

二、物联网的关键支撑技术

物联网（IoT）旨在通过部署在物理世界中的各类信息传感设备，实时、自动地采集被监控对象（物体、环境、过程）的多种状态信息（声、光、电、力、化、生、位置等），并利用信息通信网络实现数据的汇聚、交互与智能应用。物联网的构建与实现依赖于一系列核心基础技术。

1. 信息感知与识别技术

这是物联网的“神经末梢”。

无线射频识别技术（RFID）：利用无线电波实现非接触式自动识别目标对象并获取相关数据。系统由阅读器和电子标签组成，广泛应用于物品追踪、身份识别、门禁控制等场景。

电子产品代码技术（EPC）：为物理对象提供全球唯一的标识符（EPC 码），通常存储在 RFID 标签或二维码中，是实现物品身份管理和全球信息共享（通过 EPCglobal 网络）的核心基础，对供应链透明化和食品安全追溯至关重要。

传感器技术（sensor technology）：将物理量、化学量或生物量转化为可测量的电信号的装置。种类繁多（温度、湿度、压力、光照、气体、加速度、图像、生物传感器等），是获取环境与对象状态信息的主要手段。

条码/二维码技术：成熟、低成本的光学识别技术，在商品流通、身份验证等领域应用广泛。

2. 无线传感器网络技术（wireless sensor network，WSN）

由大量空间分布的、具有感知、计算和无线通信能力的微型传感器节点组成。节点通过自组织方式形成多跳网络，协作地感知、采集和处理网络覆盖区域内的感知对象信息（如温度场、湿度分布、污染物浓度）。数据通过无线方式传输汇聚到网关节点，再接入互联网或其他网络。适用于环境监测、精准农业、工业监控、智能建筑等大范围、分布式感知场景。

3. 定位与导航技术

全球定位系统（GPS）及北斗卫星导航系统（BDS）：提供全球或区域范围内的实时三维位置、速度和时间信息（PVT），是实现车辆、货物、人员等移动目标定位跟踪的核心技术。

室内定位技术：如 Wi-Fi 定位、蓝牙信标（Beacon）、UWB（超宽带）、Zigbee 定位等，弥补卫星信号在室内环境覆盖的不足。

4. 网络通信技术

有线网络：以太网、光纤等，提供高带宽、稳定的骨干连接。

无线短距离通信：Bluetooth、Zigbee、NFC 等，适用于设备间近场互联。

无线局域网（WLAN）：Wi-Fi（IEEE 802.11 系列），提供局部区域的高速接入。

蜂窝移动通信：2G/3G/4G LTE，特别是 5G 及未来的 6G，具有高带宽、低时延、广连接特性，是支撑大规模物联网应用的关键。

低功耗广域网（LPWAN）：LoRa、Sigfox、NB-IoT、LTE-M 等，专为远距离、低功耗、海量连接的物联网终端设计，适用于智能抄表、环境监测、资产追踪等场景。

5. 信息处理与应用支撑技术

网络技术：支撑数据传输、路由、寻址。

数据库技术：海量感知数据的存储、管理和高效查询（关系型数据库、NoSQL 数据库、时序数据库）。

中间件技术：屏蔽底层硬件和网络的异构性，为上层应用提供统一的数据访问接口和功能服务（如设备管理、数据过滤、协议适配）。

云计算与边缘计算：提供强大的数据存储、计算资源和平台服务（IaaS，PaaS，SaaS）。边缘计算将计算任务下沉到网络边缘靠近数据源的位置，减少延迟，提高响应速度，保护隐私。

大数据技术：处理物联网产生的海量、高速、多样数据，进行存储、清洗、分析和挖掘。

人工智能（AI）技术：机器学习、深度学习等应用于数据分析、模式识别、预测预警、智能决策，是物联网实现“智能化”的核心引擎。

三、物联网系统的结构

基于物联网技术的食品安全管理系统通常采用分层架构设计，主要包括以下三个层次。

1. 感知层（perception layer）/采集层

感知层/采集层负责信息的原始采集和对象的身份识别，其构成要素如下。

感知设备：RFID 标签与读写器（用于食品/包装/载具身份标识与追踪）、各类传感器（温度、湿度、气体、光照等，用于监测食品状态及环境参数）、摄像头（图像识别、过程监控）、GPS/BDS 模块（位置追踪）、条码/二维码扫描器等。

执行设备（可选）：接收控制指令并执行动作的设备（如冷链中的温控阀门、加工线上的执行机构）。

作用：部署在食品生产、加工、仓储、运输、销售等各环节现场，实时监控和跟踪全过程，进行物理世界数据的数字化采集和初步编码，确保食品及其环境的关键信息（身份、位置、状态）被及时、准确地获取。

2. 网络层（network layer）/传输层

网络层/传输层负责将感知层采集的数据安全、可靠、高效地传输到上层的数据中心或云平台，其构成要素如下。

接入网络：各种有线（以太网、光纤）和无线（Wi-Fi，Bluetooth，Zigbee，LoRa，NB-IoT，4G/5G 等）通信技术，用于连接感知层设备与网关或直接接入广域网。

网关（gateway）：重要的网络边界设备。负责协议转换（将不同感知层设备的私有协议转换为标准 IP 协议）、数据汇聚、初步处理（过滤、压缩）、安全接入（防火墙、认证）以及将数据通过核心网络转发至平台层。

核心网络：互联网、移动通信网、专网等，提供广域连接能力。

网络管理：确保网络连通性，安全和可靠运行。

作用：构建信息传输通道，将分散的感知层数据汇聚并传送到资源库（数据中心/云平台），实现信息的跨地域、跨系统共享与交换。支持如 MQTT、CoAP 等轻量级物联网通信协议。

3. 应用层（application layer）

面向最终用户，处理网络层汇聚的数据，实现具体的业务逻辑和智能化应用，其构成要素如下。

物联网平台：核心支撑平台。提供设备管理、连接管理、数据管理（存储、处理、分析）、规则引擎、应用使能、API 接口、可视化、安全保障等服务。可以是公有云、私有云或混合云部署。

大数据分析引擎：对海量物联网数据进行深度挖掘、建模分析，发现规律，预测趋势（如预测食品保质期、识别异常模式）。

人工智能引擎：应用机器学习、深度学习等算法实现智能决策（如自动预警、优化调度）。

具体应用系统：基于平台能力开发的各类业务应用，具体如下。

食品安全追溯平台：供企业、监管部门、消费者查询食品全链条信息。

仓储环境智能监控系统：实时监控冷库温湿度并自动报警、调控。

运输过程透明化管理平台：实时追踪冷链车辆位置、温度，确保运输合规。

生产过程质量控制系统：监控关键工艺参数，确保产品质量。

智慧农场管理系统：监控作物生长环境，指导精准灌溉施肥。

用户界面：Web 门户、移动 App、大屏可视化等，供不同用户角色（企业管理者、监管人员、操作员、消费者）访问和使用系统功能。

作用：是物联网价值最终落地的层面。它将处理后的信息转化为可操作的洞察和决策，服务于企业运营管理、政府监管执法和消费者知情权保障，实现数据的价值流转，为相关人员提供信息查询、业务处理、风险预警和交流协作的平台。

系统模式见图 4-20。

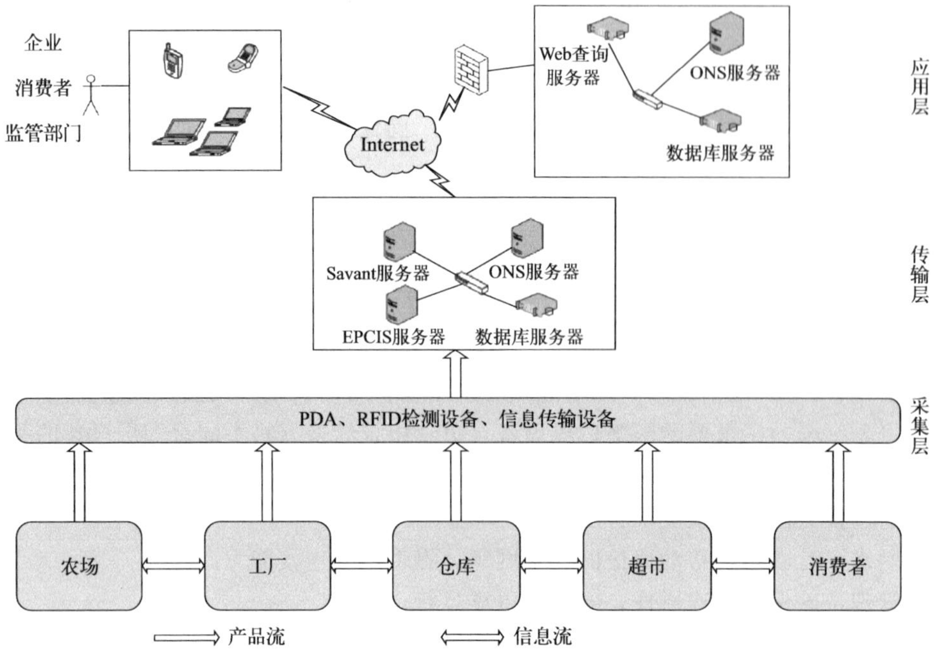

图 4-20 基于物联网的食品安全追溯平台模型

ONS—对象命名服务；EPCIS—EPC 信息服务；PDA—个人数字助理

四、物联网在食品行业中的应用

物联网（IoT）技术通过深度融合传感器、智能设备、通信网络与信息处理平台，正在深刻变革食品行业的运营与管理模式。其核心价值在于实现对食品供应链全链条（从生产源头到消费终端）关键环节的实时感知、监控、智能预警与全程追溯，为保障食品安全、提升质量、优化效率提供了强大的技术支撑。

1. 生产环节的动态监测与智能管控

在食品生产过程中，物联网技术通过部署温湿度传感器、气体传感器、设备状态传感器等多类型设备，实现对生产环境与工艺参数的全方位动态监测。在畜禽养殖场，传感器实时采集舍内温度、湿度、氨气浓度等数据，通过物联网平台联动通风、温控设备自动调节环境，保障养殖安全；在食品加工厂，针对杀菌、发酵等关键环节，实时监测设备运行温度、压力及时长，确保符合工艺标准。这些传感器采集的环境参数与设备状态数据，经物联网传输至云端平台，形成生产过程的“数字档案”。生产管理者可通过终端实时查看数据曲线，当参数超出阈值时，系统自动触发预警，便于及时干预调整，从源头降低质量风险。

2. 流通环节的全链条追踪与冷链保障

食品从生产端到消费端的流转过程复杂，物联网技术通过“感知＋定位＋传输”实现全流程透明化管理。在冷链物流领域，冷藏车、集装箱、冷库等场景部署了温度、湿度传感器及 RFID 标签，实时记录食品所处环境的关键参数，数据通过无线网络上传至云端，若温度超出安全范围（如生鲜食品的 0～4℃），系统立即向管理人员发送报警信息，避免因环境异常导致食品变质。同时，结合 GPS 定位技术与 RFID 标签，可精准记录运输车辆的实时位置、行驶路径及停留时间，消费者扫码即可查询食品的运输履历，监管部门也能快速定位问题批次的流通范围，为追溯提供有力的数据支持。

3. 追溯系统的信息整合与信任构建

物联网技术推动食品追溯从“批次级”向“单品级”升级，实现“来源可查、去向可追”。通过 EPC 编码（电子产品代码）与 RFID 标签，可关联食品的原料来源（如种植基地、养殖档案）、加工过程（生产日期、操作人员）、检测报告等全生命周期信息，形成完整的追溯链。消费者扫描包装上的二维码，即可直观获取这些数据，显著增强对产品的信任。当食品安全事件发生时，监管部门可通过物联网平台快速检索问题产品的生产批次、流通区域及销售终端，精准定位召回范围，最大限度减少不必要的损失。

4. 智能监管的效率提升与风险预警

物联网为食品安全监管提供了“数据驱动”的新模式，变“事后处罚”为“事前预防”。云端平台对海量监测数据（如生产环境参数、冷链温度）进行智能分析，当数据趋势异常时（如某批次产品的微生物指标持续上升），会自动向监管部门推送预警信息，便于提前介入排查。同时，通过物联网实现企业生产数据与监管平台的直连，减少了人工抽检的人力成本，还能确保数据的真实性（避免人为篡改）。例如，某地市场监管局通过物联网系统远程调取食品企业的加工记录，实现非现场监管，大幅提升了执法效率。基于物联网的冷链监控系统更是构建起“点-线-面”全覆盖的监测网络，传感器每 10～30s 采集一次温湿度数据，测量误差控制在±0.5℃以内，采用低功耗广域网（LoRa）等技术适应复杂通信需求，相较于传统人工巡查，降低了 70%以上的人为记录误差，还能通过历史数据回溯为食品变质原因分析提供依据。

随着 5G、边缘计算等技术的成熟，物联网在食品行业的应用将向更精细化发展，如通过 AI 算法预测食品变质风险、结合区块链技术确保追溯数据不可篡改等，这些创新将进一步推动食品行业管理水平升级，为消费者健康构建起“看得见、可追溯”的食品安全防线。

第五节　区块链技术

区块链技术的概念雏形源于 2008 年，化名“中本聪”的匿名学者发表论文《比特币：一种点对点电子现金系统》，首次提出基于分布式账本的去中心化交易体系。比特币的成功运行验证了区块链技术的可行性，其核心价值逐渐超越数字货币范畴。研究者发现该技术在解决多方协作信任问题上具有革命性潜力，尤其在供应链管理、金融服务、数据安全等领域展现出广阔前景，为食品行业的信息可信化追溯提供了新范式。

从本质上看，区块链是一种分布式账本技术，通过加密算法和共识机制确保数据的安全性与一致性。其结构由一系列按时间顺序链接的“区块”组成，每个区块包含一组交易记录及前一区块的哈希值（通过密码算法生成的唯一标识）。这种链式结构使得数据在逻辑上形成不可篡改的链条——任何节点试图修改数据都会导致哈希值变化，且需同步篡改后续所有区块，这在分布式网络中几乎不可能实现，从而保障了数据的完整性与可信度。

一、区块链技术原理与核心特征

区块链的核心原理基于分布式架构与密码学技术，其运作依赖对等网络、非对称加密、共识机制、智能合约等技术支撑，形成了去中心化、不可篡改、透明可追溯等独特特性。

1. 去中心化

区块链网络中没有单一的控制中心或中介机构，所有节点（参与者）拥有平等的权利与义务，共同维护账本数据。节点间通过预设的密码学规则而非信用背书进行交易验证，即使部分节点失效或被攻击，整个系统仍能正常运转。这种架构避免了传统中心化模式中“单点故障”的风险，同时降低了对第三方机构的依赖。

2. 不可篡改

区块链采用单向哈希算法与时间戳技术，每个区块的哈希值均基于前一区块生成，形成链式关联。一旦数据写入区块，任何修改都会导致哈希值异常，且需获得全网多数节点认可才能生效（如比特币需控制51%以上算力，在实际中几乎不可实现）。此外，时间戳记录了数据生成的精确时间，使每笔交易的历史轨迹可全程追溯，为数据的真实性提供了刚性保障。

3. 共识机制

共识机制是区块链节点间达成数据一致性的核心规则，确保在无需互信的前提下，所有节点对交易记录的顺序与状态形成统一认知。常见的共识机制包括工作量证明（PoW）、权益证明（PoS）、实用拜占庭容错（PBFT）等，不同机制在安全性、效率、能耗等方面各有侧重，适用于不同场景。

4. 多方参与共同维护

区块链网络的参与者通常是利益不完全一致的实体，在不同记账周期内，由不同节点轮流发起记录，其他节点通过共识机制共同验证。这种“分布式记账”模式确保了数据的客观性，避免了单一主体垄断信息的风险。

二、区块链分类

区块链技术因其独特的信息安全性和去中心化特征，近年来备受关注，并在多个领域展现出广泛的应用潜力。根据信息公开程度和中心控制力度，区块链主要可以分为三种类型：公有区块链（公有链）、联盟区块链（联盟链）和私有区块链（私有链）。

1. 公有区块链（公有链）

公有链是完全开放的网络，任何个体或组织均可自由加入并成为节点，参与交易验证与账本维护。其交易记录对全网公开透明，共识机制（如PoW）确保了去中心化与安全性。典型代表为比特币、以太坊。

特点：开放性高、完全去中心化、透明可追溯，但因需全网节点验证，效率相对较低，适用于无需隐私保护的公开场景（如数字货币交易、公益捐赠追溯）。

2. 联盟区块链（联盟链）

联盟链由预先选定的多个组织或机构共同参与管理，节点身份需经过认证，非授权主体无法加入。其数据仅对联盟内节点公开，共识机制（如PBFT）由联盟成员共同制定，兼顾安全性与效率。典型应用包括跨境贸易结算、行业供应链协同。

特点：半开放、多中心控制、效率较高，适用于存在多方协作但需保护商业隐私的场景（如食品供应链追溯、企业间数据共享）。

3. 私有区块链（私有链）

私有链的参与节点与管理权限完全由单一机构控制，仅对内部指定成员开放，外部主体无法访问。其去中心化程度最低，但数据安全性与隐私性最高，共识机制可根据企业需求定制。常见于企业内部数据管理、机构内部审计。

特点：封闭性、中心控制、高安全性，适用于对数据隐私与权限管理要求严格的场景（如金融机构内部交易记录、政府部门数据存证）。

区块链技术通过独特的技术架构解决了“信任构建”与“数据安全”的核心问题，三种分类分别适配不同的开放程度与管理需求。在食品安全领域，联盟链因兼顾“多方参与”与“隐私保护”的特性，成为食品供应链追溯的主流选择，为全链条数据的真实可信提供了技术支撑。联盟链是食品追溯的理想选择，沃尔玛、雀巢等企业已联合建立联盟链，实现从农场到货架的数据贯通；私有链适用于大型食品集团内部质量管控，如乳制品企业生产批次审计；公有链在公益性质的原产地认证中具有潜力（如有机农产品溯源）（表 4-5）。

表 4-5 区块链分类和应用

类型	核心特征	典型场景
公有链	完全开放匿名参与,高度去中心化,数据全透明(如比特币、以太坊)	加密货币、公益溯源
联盟链	许可准入机制,多中心治理,数据按规则分层可见(如 Hyperledger Fabric)	食品跨企业追溯联盟供应链金融
私有链	单一机构控制,节点授权加入,侧重数据隐私与审计效率	企业内部流程管理

三、区块链在食品行业中的应用

区块链技术凭借去中心化、数据不可篡改、透明可追溯的特性，为食品行业的安全管理、供应链优化提供了创新性解决方案。其核心价值在于通过可信数据链打通生产、流通、消费各环节，解决信息不对称问题，目前已在多个场景形成成熟应用案例。

1. 全链条食品追溯系统

区块链技术为食品追溯提供了“不可篡改的数字档案”。沃尔玛与 IBM 合作开发的区块链食品追溯系统，将产品从农场种植、加工、运输到零售的全环节信息（如种植时间、农事记录、质检报告、物流节点）写入区块链。当发生食品安全事件时，企业可通过区块链在数秒内定位问题产品的来源及流通范围，相比传统追溯系统效率提升数十倍。消费者则可扫描产品二维码，直观查看全链条数据，增强对食品来源的信任。这种“源头可溯、去向可追”的模式，大幅降低了信息造假风险，为监管部门提供了精准的执法依据。

2. 供应链的透明化管理

在食品供应链中，区块链技术通过多方参与的分布式记账，实现了供应链数据的透明共享与协同管理。雀巢公司将区块链应用于咖啡供应链，从咖啡豆种植环节开始，记录产地土壤数据、采摘时间、加工工艺、运输温控等信息，所有参与方（农场、加工厂、经销商）均可实时查看并验证数据。这不仅确保了咖啡豆来源符合可持续发展标准，还能快速响应消费者对“公平贸易”“有机认证”等的需求，提升品牌信誉。此外，区块链的共识机制减少了供应链中的摩擦成本，避免了传统模式下因信息不透明导致的纠纷。

3. 食品安全监测与风险预警

区块链与物联网技术的结合，实现了食品安全参数的实时监测与可信存证。IBM 推出的“Food Trust”区块链平台，可对接冷链物流中的温湿度传感器、加工车间的微生物检测设备，将关键参数（如运输温度、存储环境、检测结果）实时写入区块链。一旦数据超出安全阈值，系统自动触发预警，企业可及时干预。由于区块链确保了监测数据的真实性（无法篡改或伪造），监管部门无需重复核验即可采信，显著提升了食品安全监管的效率。

4. 消费者参与及智能合约应用

区块链技术正在重塑消费者与生产者的互动模式。部分初创企业搭建的区块链自助交易平台，允许消费者直接对接农户，交易记录、支付信息均通过区块链存证，确保透明可追溯。消费者可通过链上数据了解食品的生产过程（如是否使用农药、养殖环境等），自主选择符合自身需求的产品。此外，智能合约的应用简化了食品供应链的流程：当产品送达指定仓库并通过质量检测时，合约自动触发付款流程；当库存低于阈值时，自动生成补货指令，减少人工干预，提升供应链响应速度。

区块链技术通过构建“数据可信、流程透明、责任可究”的食品管理体系，不仅解决了传统模式下的信息孤岛问题，还增强了消费者对食品安全的信心。随着联盟链技术的成熟（兼顾隐私保护与多方协作），其在食品行业的应用将从重点企业试点向全行业普及，为食品安全治理提供全新的技术范式。

第六节　大数据技术

一、大数据的定义和特征

大数据（big data）是指在数据体量、生成速度和类型多样性上远超传统数据处理工具处理能力的数据集。不同研究机构对其有侧重不同的定义：Gartner 强调大数据需要新的处理模式以增强决策、洞察和流程优化能力；麦肯锡全球研究院指出，大数据是超出传统数据库软件抓取、存储、管理和分析能力的数据群体；EMC 公司则从规模上界定，认为大数据通常指 10TB 及以上的大型数据集，多个数据集协同可形成 PB 级规模。

从内涵来看，狭义的大数据聚焦于处理海量数据的关键技术及其在各领域的应用，核心是从各类数据中挖掘价值的能力；广义的大数据则涵盖技术、工程、科学及应用等与大数据相关的全领域，形成了完整的知识体系。

大数据的核心特征可概括为“4V”，即大量化（volume）、多样化（variety）、快速化（velocity）和价值化（value）。

1. 大量化

大数据体量庞大是大数据的首要特征，传统数据处理工具难以应对。在食品行业，数据来源广泛，包括供应链各环节信息（如原料采购、生产加工、物流运输）、销售数据、客户反馈、市场趋势分析等，数据量的激增促使企业采用新的处理技术。例如，大型食品企业的年度生产、销售及用户行为数据可轻松达到 PB 级，远超传统数据库的处理上限。

2. 多样化

数据类型的多样性体现在多个维度：按生产类型可分为交易数据、交换数据和传感数据；按来源涵盖社交媒体评论、传感器监测数据（如冷链温度）、系统生成日志等；按格式包括文本、图片（如食品包装设计）、音频（如用户语音评价）、视频（如生产过程监控）、光谱（如食品成分检测）等；按结构可分为结构化、半结构化和非结构化数据（见表 4-6）；按所有者包括企业内部数据、政府监管数据和社会公开数据等。随着互联网技术的发展，非结构化数据在食品行业中的占比不断提升，例如消费者在社交平台发布的食品评价视频、生产车间的监控录像等，都需要专门的技术进行处理。

表 4-6 结构数据的分类

分类	概念	特点	具体内容
结构化数据	具有固定格式和预定义模型，存储于关系型数据库，以表格形式呈现	格式统一、易于用结构化程序语言（SQL）查询、数据类型明确	客户信息表（含 ID、姓名、地址等字段）、交易记录表（含日期、金额、商品 ID 等）
半结构化数据	无固定结构但含标签或标记，可部分解析	灵活性强、含元数据可解析、适用范围广	XML/JSON 格式数据、电子邮件（含发件人、主题等字段，正文为自由文本）
非结构化数据	无预定义格式或结构，无法在传统数据库表中存储	无固定格式、处理复杂（需自然语言处理 NLP、图像识别等技术）、信息丰富	食品检测报告文本、生产车间监控视频、消费者拍摄的食品外观图片

3. 快速化

数据的生成和更新速度极快，要求实时或近实时的处理能力。在食品行业，这一特征尤为关键：消费者需求变化迅速（如突发的健康饮食趋势）、市场动态（如原材料价格波动）、生产过程参数（如烘焙车间的实时温度）等都需要即时监测和响应。例如，连锁餐饮企业通过实时采集各门店的销售数据，可在 1 小时内调整区域库存分配，避免缺货或积压。

4. 价值化

大数据的核心价值不在于数据量的堆积，而在于通过分析挖掘出的隐藏信息。食品企业通过大数据分析，可洞察潜在市场趋势（如低糖食品的消费增长）、优化供应链（如根据销售预测调整原料采购量）、提升客户满意度（如基于用户反馈改进产品口味），最终实现商业价值最大化。例如，某乳制品企业通过分析消费者的购买记录和评价数据，成功推出针对年轻群体的新型酸奶产品，市场份额显著提升。

随着互联网、数字技术及数据科学的发展，大数据已从早期的“海量存储与处理”转向“价值挖掘与应用”，成为推动食品行业转型的重要力量，尤其在食品安全追溯、生产优化和消费需求洞察等方面发挥着不可替代的作用。

二、大数据分析技术

大数据分析技术是食品安全信息化管理的核心支撑，它通过处理海量、多源、异构的数据，挖掘潜在价值，为风险预警、质量控制、过程优化和科学决策提供依据。其中，数据挖掘与机器学习技术扮演着至关重要的角色。

1. 数据挖掘技术

数据挖掘（data mining）是食品信息采集领域的核心技术之一，旨在从海量、异构、高维的数据中自动发现有价值的模式、关系与趋势，为食品企业的质量管理与经营决策提供科学依据。其概念最早可追溯至 20 世纪 80 年代中后期。当时，数据库管理系统（DBMS）和商业智能（BI）工具的广泛应用，使得企业能够在短时间内积累大规模的业务数据；与此同时，计算能力的指数级提升和磁盘存储成本的急剧下降，为复杂算法的落地创造了条件。

数据挖掘正是在这一背景下应运而生，并迅速成为连接“数据”与“知识”的桥梁。

数据挖掘的核心在于运用算法和统计方法，探索数据中的模式（patterns）、关联（associations）、聚类（clusters）、异常（anomalies）和趋势（trends）。一个完整的数据挖掘过程通常包括如下流程。

① 数据收集：从销售记录、供应链系统、传感器、社交媒体等多渠道获取数据；

② 数据预处理：通过缺失值填补、异常值修正、数据集成、归一化/标准化等手段，提升数据质量与一致性；

③ 模式发现：运用分类、聚类、关联规则、时间序列、序列模式、偏差检测等算法提取隐含规律；

④ 结果解释与部署：将模型结果转化为可执行的业务规则，并嵌入生产或质检系统，实现闭环优化。

（1）关联规则挖掘　关联规则挖掘（association rule mining）旨在发现数据集中不同项（属性）之间存在的有意义联系，揭示“当某些条件（项集）出现时，其他条件（项集）也倾向于出现”的规律。其核心度量指标如下。

① 支持度（support）：规则中所有项同时出现的频率，反映规则的普遍性。

② 置信度（confidence）：在前提条件出现的情况下，结论也出现的条件概率，反映规则的可靠性。

③ 提升度（lift）：衡量规则中前提与结论之间的相关性强度，大于 1 表示正相关。

在食品检验与生产中，关联规则挖掘的应用尤为重要。通过分析食品成分数据，可发现某类食品中添加剂 A 的含量与微生物超标率之间的潜在关联，例如“当添加剂 A 含量低于 0.05g/kg 时，微生物超标率下降 30%”，这类规律能为原料配比优化提供数据支撑，帮助企业在保证风味的同时降低质量风险。在生产环节，关联规则可挖掘工艺参数与质量问题的隐性关系，如“烘焙温度超过 180℃且烘烤时间超过 12min 时，饼干酥脆度不合格率上升 20%”，基于此类规则可构建实时监测系统，当参数接近阈值时自动预警，避免批量不合格产品产生。此外，通过关联规则分析还能优化质检策略，例如发现“原料批次为 *X* 且加工时长超过 4h 的产品，重金属超标风险是其他产品的 5 倍”，企业可据此聚焦关键影响因素，对高风险批次加大检测频率，在降低检测成本的同时提高质量控制的精准性。

（2）聚类分析　聚类分析是一种无监督学习方法，其目标是将数据集中的对象（样本）划分成若干个组（簇），使得同一簇内的对象彼此相似度高，而不同簇间的对象相似度低。相似性通常基于对象在多个属性（变量）上的距离或相似系数来衡量。聚类分析通过将大量食品样本（如不同批次、产地、品种）的多样化检测数据（包括理化指标、微生物指标、感官评分、光谱/色谱数据等）依据相似性自动划分为不同的群组（簇），有效揭示样本的内在结构和分布特性。

在食品质量控制中，聚类分析的价值主要体现在三个方面。①异常识别方面，通过将食品样本按水分、酸度、微生物含量等核心质检指标进行聚类，可将特性相似的样本归为同一簇，若某一样本与所在簇的整体特征差异显著（如某批次罐头的 pH 值远高于同类样本的聚类中心），则可快速判定为潜在质量异常，为变质、污染等问题的早期预警提供依据。②标准细化方面，聚类分析能将食品划分为特性更均一的子群体，例如将大米按直链淀粉含量聚类为“高、中、低”三类，每类子群体的蒸煮特性、口感差异显著，这为制定更精准的细分质量标准（如不同直链淀粉含量大米的等级划分）提供了数据支撑，使质量评价更贴合实际应用场景。③效率提升方面，对大规模质检数据聚类后，可针对不同簇的风险等级设计差异化检测方案，如某簇样本的微生物超标率显著高于其他簇，可将其定为高风险组，增加检测频率和项目；而低风险簇则可适当简化检测流程，从而在保证质量的前提下减少冗余操作，大幅提升质检效率。

2. 机器学习在食品质量控制中的作用

机器学习（machine learning，ML）是使计算机通过数据“自主学习”并优化决策的技术，其核心是通过算法构建模型，无需明确编程即可实现数据处理与预测。机器学习是人工智能的重要分支，它赋予计算机系统从数据中自动学习并改进的能力，而无需依赖显式的程序指令。

在食品安全信息化管理中，ML 技术极大地推动了数据采集、处理、分析和决策过程的自动化与智能化。根据学习范式，主要分为：

① 监督学习（supervised learning）：使用带有明确标签（目标值）的数据集进行训练。算法学习输入特征与输出标签之间的映射关系，用于预测（如分类、回归）。例如，根据历史检测数据预测新样本是否合格。

② 无监督学习（unsupervised learning）：处理没有标签的数据。算法致力于发现数据内在的结构、模式或分组，如前面所述的聚类分析、降维等。

③ 深度学习（deep learning）：作为机器学习的一个强大子集，利用包含多层非线性处理单元（神经元）的深度神经网络（DNN）模型。特别擅长处理高维度、非结构化数据（如图像、文本、时序信号），能从原始数据中自动学习层次化的特征表示，在复杂模式识别任务中表现卓越。

（1）预测模型　预测模型是基于机器学习算法构建的，其核心是通过学习历史数据中蕴含的模式、趋势和关联关系，建立输入变量（特征）与目标变量（预测值）之间的数学映射模型，进而对未来或未知事件的结果进行推断。

在食品质量控制中，预测模型的应用贯穿于生产、存储到质检的多个环节，为高效管理提供科学依据。在成分检测方面，通过近红外光谱技术采集食品的光谱数据，结合机器学习模型可快速预测脂肪、蛋白质、糖分等关键成分的含量。这种方法无需复杂的化学前处理，相比传统实验室检测能将分析时间从数小时缩短至几分钟，既提高了检测效率，又能实现生产线上的实时成分监控。在存储管理中，预测模型可结合存储环境的温度、湿度、光照等数据，构建“食品保质期-存储条件”的动态关联模型。例如，通过分析历史数据发现，某类肉类在 0℃冷藏环境下保质期约为 7 天，而当温度升至 5℃时，保质期会缩短至 4 天。这类模型能帮助企业精准规划库存周转，减少因过期导致的浪费。在生产质量管控中，预测模型可基于杀菌时间、压力、包装密封性等工艺参数，提前识别潜在的质量风险——如当杀菌时间不足预设阈值的 90%时，模型可预警罐头胀罐风险；当果汁均质压力波动超过 5%时，可提示分层隐患。通过这类预警，生产者能及时调整工艺参数，从源头降低次品率，保障产品质量稳定性。

（2）异常检测　异常检测（anomaly detection）是机器学习的重要应用，其目标是识别数据集中显著偏离“正常”行为模式或预期范围的观测值（异常点、离群点）。算法通过建立正常行为的基线模型（如统计分布模型、聚类模型、时序模型、深度学习模型），然后计算新数据点与该模型的偏差程度来判断是否异常。

在食品生产中，异常检测技术通过实时监控与智能分析，在多个关键环节发挥着风险防控作用。在实时工艺监控方面，系统会基于历史生产数据为生产线的温度、压力、设备转速等关键参数建立正常范围模型，一旦监测到数据超出阈值，例如酸奶发酵罐温度在10min内突升10℃，偏离正常发酵区间，系统会立即触发声光警报并推送异常信息至管理人员，便于及时停机检查，避免因参数异常导致批量产品质量不达标。在成品质检筛查环节，机器学习算法通过分析食品的外观图像（如水果的色泽均匀度、包装是否破损）或实验室检测数据（如农药残留值、微生物数量），自动识别不合格产品，比如通过图像识别剔除表皮有霉斑的柑橘，通过数据比对筛出农残超标的蔬菜。这种自动化检测不仅减轻了人工肉眼判断的劳动强度，还能减少主观误差，提升质检一致性。在供应链异常追踪中，系统会整合物流环节的运输时间、冷链温度波动、装卸记录等数据，与原料到厂后的质检结果（如水分含量、微生物指标）进行关联分析，精准定位异常环节，例如某批冷冻肉在运输过程中冷链温度多次超标，到厂后检测发现细菌总数异常升高，系统可据此追溯运输责任，并优化冷链温控方案，从源头降低原料质量风险。

三、大数据在食品行业中的应用

大数据分析技术为食品行业的智能化管理提供了全新视角，其核心是通过整合生产、加工、流通、销售等全链条的多源数据（包括结构化数据、文本、图像、传感器信号等），利用专业工具进行深度分析，将原始数据转化为决策依据，最终实现流程优化、质量提升与风险防控。

1. 大数据分析的核心流程

（1）数据采集与预处理　数据采集是基础，通过传感器（如生产车间的温湿度传感器、冷链运输的温度记录仪）、RFID标签、物联网设备、销售系统、社交媒体等多渠道，实时获取食品全生命周期的数据（如原料产地信息、加工工艺参数、物流轨迹、消费者评价等）。采集后需进行预处理，包括数据清洗（去除噪声、填补缺失值）、整合（关联多源数据，如将原料批次与成品质量数据匹配）、标准化（统一格式与单位），为后续分析奠定基础。

（2）数据存储与管理　海量食品数据（如某大型企业的年度数据可达PB级）需依托分布式存储技术（如Hadoop的HDFS）和云计算平台实现高效存储与管理。同时，通过数据仓库技术对数据进行分类归档（如生产数据、质量检测数据、市场数据），确保数据的安全性、可访问性与一致性，支持多维度分析需求

（3）数据分析与挖掘　这是流程的核心环节，通过数据挖掘（关联规则、聚类分析）、机器学习（预测模型、异常检测）、统计分析等技术，从数据中提取规律与洞察。例如，通过分析生产参数与质量检测结果的关联，挖掘影响食品口感的关键因素；利用机器学习模型基于历史销售数据预测市场需求，为生产计划提供参考。

（4）数据可视化与应用　分析结果通过仪表盘、动态图表等可视化工具直观呈现，帮助决策者快速理解数据含义。例如，实时监控面板可动态展示各生产线的质量达标率、冷链运输的温度波动曲线；管理层通过市场趋势图表调整营销策略。最终，这些洞察转化为具体行动（如优化生产工艺、调整库存策略、启动质量预警），实现数据驱动决策。

2. 大数据在食品行业的典型应用

大数据技术已深度融入食品行业的核心环节，在提升效率、保障安全、驱动创新等方面

发挥关键作用。

① 生产过程优化与质量控制：通过实时采集生产线的工艺参数（如杀菌温度、搅拌速度）、设备状态数据，结合机器学习模型分析参数与产品质量的关联性，可实现生产过程的动态优化。例如，某饮料企业通过大数据分析发现“灌装压力在 0.3～0.35MPa 时，封口合格率最高”，据此调整设备参数，使次品率降低 15%。同时，利用异常检测算法实时监控数据偏离情况（如某批次原料的水分含量突然超标），及时触发预警，避免不合格原料流入生产环节。

② 供应链智能化管理：大数据整合原料采购、物流运输、仓储库存等全链条数据，提升供应链的透明度与效率。例如，通过分析历史销售数据与天气、节假日等因素的关联，建立需求预测模型，精准调控原料采购量，减少库存积压；在冷链物流中，实时追踪运输车辆的位置、温度数据，结合路径优化算法，确保生鲜食品在途质量，同时降低物流成本。

③ 食品安全追溯与风险预警：构建覆盖“农田到餐桌”的全链条追溯系统，整合原料产地检测报告、生产加工记录、物流信息、零售终端数据等，通过唯一标识（如二维码、RFID）实现食品信息的全程可查。当发生食品安全事件时，可通过大数据快速定位问题批次的流通范围与影响人群，缩短召回响应时间。此外，通过分析多源数据（如消费者投诉、抽检结果、环境监测数据），建立风险预警模型，提前识别潜在安全隐患（如某地区原料重金属超标风险），主动采取防控措施。

④ 市场分析与消费者洞察：整合线上线下销售数据、社交媒体评论、用户调研结果等，深入分析消费者偏好与市场趋势。例如，通过分析电商平台的购买记录，发现“25～35 岁女性对低糖酸奶的购买频次增长最快”，据此开发针对性产品；监测社交媒体中关于产品的评价关键词，快速响应负面反馈（如“包装破损”），改进包装设计，提升消费者满意度。

第七节　云计算技术

一、云计算的概念

云计算的发展可追溯至 20 世纪 60 年代的大型主机时代，当时用户通过终端共享集中式计算资源，这一模式为后续的资源共享理念奠定了基础。随着互联网技术的飞速发展，21 世纪云计算逐渐成为一种全新的资源交付模式。2006 年，谷歌首席执行官埃里克·施密特在搜索引擎大会上首次提出“云计算”概念；2009 年，美国国家标准与技术研究院（NIST）进一步明确其定义：云计算是基于互联网的计算模式，允许用户按需、便捷地访问共享资源池（包括网络、服务器、存储、应用程序等），且无需过多管理干预或与服务提供商交互。

1. 核心特征（基于 NIST 定义）

云计算的核心特征体现为资源服务的灵活性与高效性，具体如下。

① 按需自助服务：用户可自主获取计算资源（如存储空间、应用程序），无需人工干预；

② 广泛网络接入：通过互联网实现多设备（计算机、手机、平板）访问，打破时空限制；

③ 资源池化：服务提供商集中管理计算资源，根据用户需求动态分配，提升资源利用率；

④ 快速动态配置：资源可按需快速扩展或收缩，适应业务需求变化；

⑤ 按使用量计费：基于实际资源消耗计费，实现成本优化。

2. 服务模式

云计算的服务模式按资源封装程度分为三类，满足不同用户需求。

① 基础设施即服务（IaaS）：提供底层基础设施（如虚拟机、存储、网络），用户可自主部署操作系统和应用，适用于需要灵活管理硬件资源的场景（如食品企业的私有数据中心）。

② 平台即服务（PaaS）：提供开发平台（含软件开发工具包 SDK、测试环境、数据库等），用户无需关注底层基础设施，专注于应用开发（如食品追溯系统的定制化开发）。

③ 软件即服务（SaaS）：直接提供云端应用软件（如通过浏览器访问的食品安全管理系统），用户无需安装维护，适用于快速部署标准化工具（如批次管理软件）。

3. 部署模式

根据服务范围与控制权，云计算的部署模式分为四类。

① 公有云：由第三方提供商运营，向公众开放服务（如阿里云、AWS），成本低但安全性依赖服务商，适合食品企业的非敏感数据存储（如市场调研数据）。

② 私有云：为单一组织专属构建，部署在企业内部或托管环境，安全性与控制力强，适用于食品企业的核心数据管理（如配方数据、质检记录）。

③ 社区云：由多个具有共同需求的组织共享（如行业协会成员），兼顾成本与安全性，适合食品产业链上下游企业的数据协同（如供应链追溯信息共享）。

④ 混合云：融合公有云与私有云优势，敏感数据存于私有云，非敏感业务用公有云（如食品企业将生产数据存于私有云，营销数据存于公有云），实现资源优化配置。

4. 核心实现原理

云计算的高效运作依赖三大技术支撑。

① 虚拟化技术：将物理服务器、存储等资源抽象为虚拟资源，实现灵活分配（如一台物理服务器可虚拟为多台虚拟机，分别用于生产监控和库存管理）。

② 分布式计算：将大型复杂的计算任务拆解为多个独立的子任务，分配给网络中多个地理或逻辑分散的计算节点并行处理，最终汇总各节点的运算结果，完成整体任务。例如，大数据平台将海量用户行为数据的分析任务拆分到数十台服务器同时运算，大幅缩短处理时间；云盘的文件存储采用分布式架构，将文件分片存储在不同节点，保障数据安全与访问速度。

③ 服务导向架构：通过标准化接口（API）实现不同系统的互联互通，促进数据共享（如将生产系统与物流系统通过云平台接口对接，实现信息实时同步）。

在现代食品行业中，云计算技术成为数据管理与安全管控的核心支撑。通过集中化的资源调度与高效的数据处理能力，它不仅提升了食品生产、流通等环节的信息化水平，更为食品安全追溯、质量监控提供了灵活可靠的技术平台。

二、云计算的特征

根据 NIST 的定义，云计算的五大要素特点：自助服务、网络化服务访问、可衡量的服务、资源池化以及资源的灵活调度，这些特征共同保障了其在食品行业的适用性。

1. 自助服务

用户可通过云平台界面自主申请、配置资源（如新增存储容量、部署质检分析工具），无需服务商干预。这一特性使食品企业能够快速响应生产需求变化（如旺季临时扩容数据存储)，缩短业务部署周期，提升管理敏捷性。

2. 网络化服务访问

云服务通过互联网交付，支持多终端（电脑、手机、工业平板）访问。例如，食品企业管理人员可通过手机实时查看云端的生产数据，物流人员在运输途中通过平板查询冷链监控信息，实现“随时随地办公”，打破地域限制。

3. 资源池化

服务商将计算、存储、网络等资源集中形成“资源池”，根据用户需求动态分配。例如，某食品集团的多个子公司共享云平台资源，生产高峰期自动分配更多算力，低谷期释放资源给其他子公司，大幅提升资源利用率，降低整体成本。

4. 可衡量的服务

云平台实时监控资源使用量（如存储容量、计算时长），并按实际消耗计费。食品企业可清晰掌握各业务模块的资源成本（如追溯系统的算力消耗、监控系统的存储费用)，便于成本核算与优化，避免资源浪费。

5. 资源的灵活调度

资源可根据需求快速扩展或收缩。例如，节假日食品销量激增时，云平台自动为电商销售系统扩容服务器；销量回落时自动缩减资源。这种弹性确保了系统稳定性，同时避免资源闲置，特别适合食品行业的季节性波动场景。

三、云计算分析平台

1. 总体架构设计

基于云计算的食品大数据分析平台设计需兼顾行业特性与技术适配性，核心在于通过合理的云平台选择与层次划分，实现数据全链路的高效处理。

① 云平台选择：需根据企业规模、数据敏感性及业务需求确定。

② 系统层次划分：平台采用“三层架构”实现数据从采集到应用的闭环。

• 数据采集层：通过传感器网络（温湿度、光谱传感器)、物联网设备（RFID、智能终端）及业务系统接口，实时采集原料采购、生产加工、仓储物流、终端销售等全链条数据，经预处理后传输至存储层。

• 存储处理层：基于分布式技术（HDFS 分布式文件系统、NoSQL 数据库）实现海量数据存储，结合 MapReduce、Spark 等计算框架完成数据清洗、转换与整合，确保数据质量与一致性。

• 分析应用层：作为核心层，集成机器学习算法（预测模型、异常检测）与数据挖掘工具（关联规则、聚类分析)，提取数据价值并转化为决策支持，支撑食品安全监管、生产优化等场景。

2. 平台功能模块

（1）数据采集与集成模块　该模块是数据入口，负责多源异构数据的实时捕获与整合。通过适配传感器、视频监控、ERP 系统等多样化数据源，支持结构化（生产报表)、半结构化（XML 日志)、非结构化数据（图像、音频）的统一接入。采用数据清洗（去重、补全缺失值)、格式转换等预处理技术，消除噪声与冗余，为后续分析奠定基础。同时，通过标准化接口（API）实现与上下游系统（如供应商管理系统、零售终端平台）的数据共享，打破信息孤岛。

（2）数据存储与管理模块　聚焦数据的安全存储与高效管理，采用分布式存储技术（HDFS、MongoDB）支撑 PB 级食品数据存储，满足高吞吐量读写需求（如旺季销售数据峰值）。在数据管理方面，提供备份恢复、加密传输、访问权限控制等安全机制，保障数据完整性；支持元数据管理与版本追溯，便于追踪数据来源（如某批次原料的检测记录），提升数据可信度。

（3）数据分析与可视化模块　集成多样化分析工具与可视化组件，实现数据价值的深度挖掘与直观呈现。通过聚类分析（如产品质量分级）、关联规则（如原料与口感的关系）、时间序列预测（如销量趋势）等算法，提取隐藏规律；借助仪表盘、动态图表（折线图、热力图）等可视化工具，将分析结果转化为直观易懂的报表（如生产质量波动曲线、区域销售分布），支持多维度钻取分析（如按批次、区域筛选数据）。

（4）预警与决策支持模块　基于分析结果实现主动预警与智能决策。通过实时监测关键指标（如冷链温度、微生物含量），当数据超出阈值时自动触发预警（如短信、系统弹窗），提示管理人员干预（如调整冷藏车温度）；同时，结合历史数据与算法模型，提供生产优化建议（如原料配比调整、设备维护周期）、供应链优化方案（如库存周转策略），助力企业降低风险、提升效率。支持用户自定义预警规则与决策模型，适配不同企业的个性化需求。

四、云计算在食品行业中的应用

云计算技术在食品行业的应用经历了从“本地数据管理”到“云端协同”的演进：早期企业依赖本地服务器存储数据，难以应对海量数据与实时分析需求；随着云服务（亚马逊 AWS、微软 Azure 等）的成熟，其弹性资源与集中化管理能力逐渐成为食品行业的核心支撑，推动行业向智能化转型。

1. 数据集中化管理的基础应用

云计算为食品行业的海量数据（如生产日志、传感器数据、消费者反馈）提供了高效存储与管理平台。通过云端集中存储，企业可实现全链条数据的实时更新与共享——生产部门、物流团队、零售终端能同步访问数据（如某批次食品的加工记录、运输温度），减少信息不对称导致的误差。例如，中小型食品企业无需自建数据中心，通过公有云服务即可低成本实现生产数据的远程备份与多终端访问，提升数据管理效率。

2. 全链条效率提升

在实践应用中，云计算通过与物联网、大数据技术的深度融合，为食品行业全链条的效率提升提供了有力支撑，具体体现在供应链、生产、安全监管等核心场景。

① 供应链优化：云端平台整合了原料采购、库存管理、终端销售等全环节数据，通过实时分析实现供需的动态匹配。例如，某饮料企业借助云平台实时监测不同区域的销量波动，系统可根据数据趋势自动调整各地仓储的库存分配，当南方地区某款饮料因高温天气销量激增时，平台会快速指令北方仓库调货补充，有效降低了滞销或缺货风险，提升了供应链的响应速度。

② 生产过程监控：生产设备上的传感器会实时采集温度、压力、转速等关键工艺参数，并即时上传至云端。云平台结合预设算法对数据进行持续分析，判断生产过程的稳定性——如烘焙车间的温度传感器发现某批次饼干的烘烤温度突然超出标准区间时，系统会立即触发

预警并通知管理人员，便于及时调整设备参数，确保每批产品的质量均一性，减少因工艺波动导致的次品。

③ 食品安全追溯领域：云端追溯系统整合了原料产地信息、加工环节记录、物流运输轨迹等全链条数据，并通过唯一标识（如二维码）与产品绑定。消费者购买后扫码即可查看从农田到货架的全流程信息（如蔬菜的种植基地、农药使用记录、运输温度）；当出现质量问题时，监管部门也能通过云平台快速检索问题产品的生产批次、流通区域及销售终端，大幅缩短追溯时间，提升了食品安全监管的精准性与效率。

3. 数据驱动决策

云计算推动食品企业从“经验决策”向“数据决策”转型。通过云端分析工具，企业可深入挖掘市场趋势（如低糖食品消费增长）、消费者偏好（如口味反馈），指导产品研发与营销策略；在餐饮领域，云平台整合订单、库存、会员数据，实现智能点餐、库存自动预警、个性化推荐，提升运营效率与顾客满意度。例如，某连锁餐饮品牌通过云平台分析门店销售数据，动态调整菜品供应，使食材浪费减少20%。

云计算技术以其弹性资源、集中化管理、高效协同的特性，成为食品行业数字化转型的“基础设施”，不仅提升了数据处理效率，更通过全链条数据打通与智能分析，为食品安全保障、生产优化、市场响应提供了强大支撑，推动行业向更高效、更可控的方向发展。

第八节　传感器技术

一、传感器技术概述

传感器是通过感知元件捕获环境中的物理、化学或生物信号，经信号调理（放大/滤波/转换）后输出可处理电信号的关键设备。其工作流程遵循感知→转换→输出三阶段模型。

① 感知元件：通过物理或化学反应响应环境变化，如温度传感器感知温度波动、气体传感器检测特定气体浓度变化。

② 信号调理：对感知元件产生的原始信号进行放大、过滤和转换，消除噪声干扰，确保信号的准确性与稳定性。

③ 输出模块：将处理后的信号转化为电信号等可被人类或计算机识别的形式，为后续数据分析（如食品安全监控系统）提供基础。

二、传感器分类

在食品行业中，传感器根据检测原理和应用场景可分为化学传感器、生物传感器和纳米传感器三大类，它们在食品安全监测、成分分析等环节发挥着不可替代的作用。

1. 化学传感器

化学传感器通过识别物质的化学特性（如浓度、成分）实现检测，核心是利用待测物质与传感器表面的化学作用（如氧化还原、吸附）产生可测量的信号，广泛应用于食品中有害化学物质的监控与成分分析。

在有毒化合物检测方面，化学传感器可精准识别农药残留、重金属、合成添加剂等。针对农药残留，其通过电化学或光谱学方法实现微量检测，即使是生产加工中残留的痕量成分也能被捕捉，快速验证食品是否符合安全标准；对于铅、汞、镉等重金属，凭借高灵敏度可识别极低浓度（μg/kg 级）污染，由于重金属在极低浓度下仍可能危害人体健康，这种高灵敏度对食品安全至关重要；在合成添加剂监测中，能准确量化防腐剂、色素等含量，确保不超过法规限值，既保障生产过程的质量控制，也守护最终产品的安全性。此外，光谱传感器（如近红外光谱传感器）作为化学传感器的重要分支，在食品成分分析中应用广泛。通过近红外光谱技术，可快速分析食品中的糖分、脂肪、水分等成分（如饮料生产线上实时监测果汁糖度），实现质量在线控制，大幅提升生产效率与检测准确性。

2. 生物传感器

生物传感器以生物识别元件为核心，结合信号转换与处理技术，实现对生物或化学物质的特异性检测，其突出优势是利用生物分子（如酶、抗体）的特异性结合能力，显著提升检测的选择性。

生物传感器的结构包括三个核心部分：①生物识别元件，核心部分，通过特异性结合识别目标物质，如酶（检测特定化学物质）、抗体（识别病原体或过敏原）、核酸（匹配特定微生物基因序列）等，不同元件适配不同检测对象；②信号转换器，将生物识别过程中产生的生化信号（如反应热、光变化）转换为电信号或光信号等可检测的物理信号；③信号处理器与输出装置，对转换后的信号进行放大、分析，并以数值或图像形式输出，便于直观读取结果。

生物传感器技术在食品安全监测中展现出显著优势，能够快速检测食品中的微生物、化学污染物及过敏原，为食品安全防控提供高效解决方案。在微生物检测方面，生物传感器可灵敏识别食品中的细菌、真菌、病毒等微生物。其核心原理是通过特异性抗体、DNA 序列或酶与目标微生物及其代谢产物结合，触发生化反应并产生可监测信号（如电信号、光信号）。相较于传统的微生物培养（需 24～48h）和显微镜检查法，这种检测方式能将时间缩短至数小时甚至几十分钟，大幅提升监测时效性，为食源性疾病的快速溯源与控制赢得宝贵时间。对于化学污染物检测，生物传感器的应用同样广泛，可覆盖农药残留、兽药残留、重金属及非法添加物等场景：检测农药残留时，以酶为生物识别元件，通过监测酶活性受抑制的程度（如有机磷农药对胆碱酯酶的抑制）实现定量分析；针对兽药残留，利用特定抗体与目标兽药的特异性结合，通过抗体活性变化推算残留量；重金属检测则依赖生物识别元件（如金属结合蛋白）与重金属离子的特异性结合，将浓度转化为可测信号；而对于苏丹红等非法添加物，可通过特定酶的活性变化间接判断其残留情况。

此外，随着过敏人群增多，过敏原检测成为食品安全的重要环节。生物传感器通过抗体与过敏原蛋白（如花生蛋白、牛奶酪蛋白、鸡蛋卵清蛋白）的特异性结合，能精准识别食品中微量过敏原，为过敏人群规避饮食风险提供科学依据，有效保障特殊人群的饮食安全。

3. 纳米传感器

纳米传感器是融合纳米材料（如纳米金、碳纳米管、石墨烯）特性的新型传感器，其基本原理是利用纳米材料与目标物质的特异性相互作用（如吸附、化学反应），将化学信号转换为电信号或光信号，实现定性与定量分析。纳米材料的高比表面积、优异导电性和催化活性，使其具备灵敏度高、选择性强、响应快、便携性好等优势，在食品安全检测中展现出巨大潜力。

纳米传感器的核心优势在于超高灵敏度：纳米材料的高表面积/体积比提供了更多反应

位点，可检测低至 ng 级（10^{-9}g）甚至 pg 级（10^{-12}g）的污染物。例如，纳米金颗粒修饰的电化学传感器可检测蔬菜中百草枯，线性范围 0.5～400.0ng/mL，检出限低至 0.2ng/mL，样品前处理简单，6min 即可完成分析；石墨烯修饰电极构建的传感器可检测食用油中苯并芘，线性范围 5～500ng/mL，检出限 1.2ng/mL，回收率 97.8%～103.5%，为油脂安全评估提供精准数据。

此外，纳米传感器的快速响应与连续监测能力，使其能在食品加工、运输等环节实现早期预警（如检测到微量污染物时即时报警），覆盖更多种类的潜在污染物，显著提升食品安全监测的主动性与全面性，为防范食源性疾病提供有力支撑。

三、传感器技术在食品行业的应用

传感器技术作为现代食品安全信息化管理的核心数据采集手段，已在食品行业全产业链（生产、加工、存储、运输、检验）中广泛应用。通过实时、精准地感知温度、湿度、气体浓度、压力、pH 值及特定生物/化学物质等关键参数，传感器将环境与物料信息转化为可传输、可分析的电信号，显著提升了数据的可获取性与时效性，为食品质量安全的风险预警、过程控制和追溯管理提供了坚实的数据基础。其在保障食品安全、提升生产效率和优化资源利用方面发挥着不可替代的作用。

1. 温度和湿度监测

温度和湿度是影响食品品质的关键环境因素，传感器技术通过精准调控确保食品在加工、存储、运输过程中处于适宜条件，有效防止变质腐败。

不同类型的温度传感器适配多样化场景。热电偶传感器因响应速度快、耐高温（适用−200～1800℃），常用于烘焙、杀菌等高温加工环节；热敏电阻精度高（误差±0.1℃），适用于酸奶发酵、冷链运输等对温度敏感的场景；红外传感器则可实现非接触式测量，避免污染食品（如生鲜肉类表面温度检测）。选择时需综合考虑精度、响应时间及环境兼容性（如是否耐油污、耐腐蚀），确保生产过程的温度稳定性，例如某饮料厂通过热电偶实时监控杀菌釜温度，将次品率降低了 15%。在烘干、发酵等环节，湿度传感器通过测量空气相对湿度值控制环境湿度。电容式湿度传感器长期稳定性好（漂移率<2%/年），适合粮食仓储的长期监测；电阻式湿度传感器成本低、响应快，适用于面包发酵等短期高频监测场景。例如，饼干生产线通过湿度传感器将烘干车间湿度控制在 30%～35%，有效避免了成品受潮变软。

2. 气体与压力监测

气体成分和压力变化直接影响食品的新鲜度与加工稳定性，传感器技术通过实时监测实现精准调控。

气体传感器可监测食品包装内的气体成分，评估新鲜度。例如，乙烯传感器能检测水果释放的乙烯浓度（如苹果成熟过程中乙烯浓度从 0.1mg/kg 升至 5mg/kg），指导仓储周期；氧气传感器用于真空包装检测，当氧气浓度超过 2%时触发警报，防止肉类氧化变质；二氧化碳传感器则适用于碳酸饮料生产，确保气含量达标。压力传感器在液体处理、包装环节发挥重要作用。机械式传感器结构简单，用于对精度要求不高的管道压力监测；压电式传感器精度高（误差<0.5%），适用于高压均质机（如牛奶均质压力控制在 20～30MPa）；电子式传感器则可实现实时数据传输，联动设备调整压力（如罐头密封时压力异常自动停机）。选

择时需关注材质安全性（如与食品接触部分需符合 FDA 标准）及易清洁性，避免微生物滋生。

3. pH 值与成分监测

pH 值和成分特征决定食品的风味与安全性，传感器技术通过快速检测实现加工过程的精准控制。

玻璃电极 pH 传感器精度高（测量范围 0～14，误差±0.01），广泛应用于饮料调配（如柠檬汁 pH 需控制在 2.0～2.5）、酸奶发酵（终点 pH 约 4.5）等场景；离子选择性电极则可针对性检测特定离子（如酱油中的钠离子浓度）。某醋厂通过在线 pH 传感器实时调整发酵液酸度，使产品合格率提升至 99%。光谱传感器可快速检测食品成分，无需破坏样品，例如近红外传感器在小麦加工中实时分析蛋白质含量（误差＜0.5%），指导面粉分级；拉曼光谱传感器则可识别肉类中的盐酸克伦特罗残留，检测时间从传统方法的 2h 缩短至 5min。

4. 微生物与污染物监测

传感器技术在食品安全风险防控中发挥核心作用，可快速识别微生物污染与化学残留。在肉类加工厂，生物传感器与化学传感器组成监测网络：电化学传感器检测抗生素残留（如氯霉素检出限低至 0.1ng/mL），生物传感器（如免疫传感器）识别沙门菌、大肠埃希菌（响应时间＜30min）。此外，纳米传感器可检测痕量污染物，如石墨烯传感器检测蔬菜中铅含量（检出限 1pg/mL），灵敏度远超传统方法。在供应链中，传感器与物联网结合形成“智能监测链”：冷链车中的温度传感器、仓库中的湿度传感器、零售终端的气体传感器实时上传数据，通过云端平台分析预警。

传感器技术通过覆盖“环境-加工-安全”全维度监测，为食品行业构建了从“被动检测”到“主动防控”的智能化管理体系，是食品安全信息化的核心支撑。

问答题

1. 设计生鲜农产品从种植到零售的全链条追溯信息节点。
2. 比较 GS1 编码体系与 EPC 编码在跨境贸易中的适用场景。
3. 论述区块链技术在解决数据篡改问题中的技术原理。
4. 某批次肉类检测异常，如何使用追溯系统定位问题环节？

·第五章·

食品安全追溯系统的构建

食品安全追溯系统指运用信息技术记录和管理食品从生产、加工、储运到销售的全过程信息，确保其安全性、质量可控性与可追溯性的核心手段。该系统能实时追踪食品流向与来源，为消费者、生产经营者及监管机构提供快速信息查询通道，助力及时响应潜在风险。

在国际上，欧盟法规强制要求食品企业建立追溯机制，实现问题食品的快速溯源与处置；美国《食品安全现代化法案》（FSMA）亦将追溯系统作为提升安全水平的关键措施。我国《食品安全法》明确了食品可追溯的法定要求，鼓励企业采用信息化手段落实追溯管理。国家层面推动建设了如“中国食品（产品）安全追溯平台”等系统，地方性平台也在积极发展，共同提升食品可追溯性，增强消费信心。

构建有效的追溯系统，是保障食品安全、提升产业透明度、赢得消费者信任的基石。随着信息技术（如区块链、物联网）的深入应用，追溯系统将向更智能、高效、互联的方向发展，为全球食品安全提供更强支撑。

第一节　食品可追溯系统的需求分析

食品可追溯系统的核心用户涵盖生产企业、加工商、批发商、零售商、监管机构及消费者，不同主体需求各有侧重：生产企业需记录生产流程与原料来源，加工商和批发商关注加工及分销信息，监管机构依赖实时数据开展监管，消费者则期望获取食品来源与质量信息。全面的需求分析是系统有效落地的前提，可提升食品安全管理水平，强化各方信任，为消费者提供可靠信息服务。

一、法律法规要求

食品可追溯系统构建首先需要符合国家和地区的食品安全法规及标准，这包括遵循相关法律法规的要求，确保系统的设计和实施能够满足监管机构的合规审查，并为食品安全管理提供必要的支持。从法律法规角度，食品可追溯系统的构建需求分析强调合规性、透明性和安全性，确保系统能够有效支持食品安全管理，提升监管效率，保障消费者的合法权益。

1.《食品安全法》

食品可追溯系统的构建需以法律法规为首要依据，确保系统设计与实施符合国家及地区的监管要求，为食品安全全链条管理提供合规性支撑。其中，我国《食品安全法》作为核心法规，从追溯义务、管理环节、责任主体等方面提出了明确规范，是系统构建的根本遵循。

根据第四十二条，食品生产经营者必须建立食品安全追溯体系，以确保食品的可追溯性。国家鼓励企业利用信息化手段采集和保存生产经营信息，从而更高效地构建追溯体系。这一条款强调了信息技术在追溯系统建设中的重要作用，推动企业实现高效的信息管理。

第四十四条要求食品生产经营企业建立健全食品安全管理制度，并加强食品安全知识培训和食品检验工作。这些措施为食品安全追溯体系奠定了坚实的基础，确保每个环节都有可靠的信息记录和管理，提升了企业的整体食品安全水平。

根据第四十五条，食品生产经营者应建立从业人员健康管理制度，要求对接触直接入口食品的人员进行健康检查，并持有健康证明。这一制度确保了食品安全管理体系中人力资源的合规性，从根源上防止食品安全风险的发生。

第四十六条强调食品生产企业在原料采购、生产工序、检验控制、运输和交付等环节的严格管理要求。这些关键环节的管理和记录构成了食品追溯体系的重要内容，确保了从原料到成品的全过程都有据可查，增强了消费者的信任感。

第四十七条规定食品生产经营者应建立食品安全自查制度，定期检查和评价食品安全状况，及时整改不符合要求的情况，并在发现潜在风险时立即停止生产经营活动并报告。这些措施确保了食品安全追溯体系的动态管理和及时调整，使得在出现问题时，能够迅速追溯并采取有效措施。

《食品安全法》通过上述条款为食品安全可追溯系统的构建提供了全面的法律保障，明确了各方责任，强化了监督机制，促进了食品安全的持续改善。这些规定不仅为食品安全的管理提供了法律依据，也为维护消费者权益、提升公众对食品安全的信心奠定了基础。

2.《食品安全法实施条例》及其相关文件

《食品安全法实施条例》为《食品安全法》的执行提供了具体化的法律依据和要求，尤其在食品安全可追溯系统的构建方面，起到了重要的指导作用。以下是条例中与食品安全可追溯系统相关的关键条款和内容的整理与完善。

第十七条明确规定，食品安全监督管理部门应与农业行政等相关部门共同制定食品安全全程追溯的基本要求，指导食品生产经营者利用信息化手段建立和完善食品安全追溯体系。这一措施不仅提升了食品安全管理水平，还增强了消费者对食品安全的信任。

第十八条要求食品生产经营者建立食品安全追溯体系，依照《食品安全法》的规定，真实记录并保存进货查验、出厂检验及销售等信息，以确保食品的可追溯性。这一条款的实施确保了食品在生产和流通环节的透明性，使得在发生食品安全事故时，能够迅速追溯到问题源头。

第十九条强调企业主要负责人对食品安全工作负有全面责任，要求建立并落实食品安全责任制，同时加强对供应商的管理和生产过程的控制。这意味着在构建追溯体系时，企业需要强化食品安全意识，确保每一个环节的安全管理。

第二十条规定，企业必须加强对食品安全管理人员的培训和考核，以提升其专业能力和管理水平。这不仅保障了追溯体系的有效实施，也为应对突发食品安全事件提供了必要的人力支撑。

第二十一条则要求在委托生产、贮存和运输食品的情况下，企业需审核受托方的食品安全保障能力，并对其生产行为进行监督，这强调了上下游环节之间的责任和监管机制，从而确保食品在整个供应链中的安全可追溯性。

第二十五条具体规定了食品生产经营者保存记录的时限，以确保在食品安全事故发生后，能够及时调取相关信息进行调查和处理。这些措施共同构成了食品安全可追溯系统的基本框架，为保障公众食品安全提供了法律和制度保障。

此外，《市场监管总局办公厅关于〈食品安全法实施条例〉第 81 条适用有关事项的意见》进一步补充和细化了上述条例的实施细则，确保了法规的有效落地和执行。

3.《农产品质量安全法》

《农产品质量安全法》于 2022 年 9 月 2 日第十三届全国人民代表大会常务委员会第三十六次会议修订。该法对农产品质量安全作出了明确规定，特别涉及可追溯系统中的责任追溯和信息披露等相关要求。

该法第十六条指出，国家建立的农产品质量安全标准体系是构建可追溯系统的基础。这些标准要求农产品在生产、储存和运输过程中，必须严格遵循相关的质量安全标准，确保每一个环节都能够被追踪和检查。第二十七条则要求农产品生产企业和合作社建立详细的生产记录，包括农业投入品的使用情况、病虫害防治情况以及收获和屠宰日期等信息，确保每个生产环节都有据可查。这些记录不仅为产品的质量安全提供了数据支持，也为食品安全追溯提供了必要的原始信息。此外，第三十八条对农产品的包装和标识提出了明确要求，销售的产品必须附加合格证和相关标识，包括产品的品名、产地、生产者、生产日期、保质期和质量等级等信息。这些信息为消费者提供了可追溯的依据，使他们能够清晰了解所购产品的来源和安全性。第二十八条和第二十九条针对可能影响农产品质量安全的农业投入品，要求实行许可制度并进行监督抽查，以确保投入品的使用安全，减少质量安全隐患，从而增强可追溯系统的可靠性。第四十一条明确指出，国家鼓励使用现代信息技术手段进行信息采集和留存，如电子记录和信息化管理，以提高追溯系统的效率和准确性。这些条款共同构成了一个全面、系统的农产品质量安全可追溯系统框架，为食品安全可追溯系统的构建提供了法律依据。通过确保农产品从生产到销售的全程信息可记录、可查询，该法为在出现质量安全问题时的迅速、准确追溯和处理提供了保障，从而提升了食品安全的整体能力。

4. 部门规章

除了《食品安全法》《农产品质量安全法》《食品安全法实施条例》外，多个部门也出台了相关规章和标准，以推进食品可追溯系统的建设。自 2018 年政府职能机构改革以后，国务院、农业农村部、商务部等国内多个部门陆续发布了多个与食品安全可追溯相关的部门规章和标准。2018 年商务部办公厅发布《重要产品追溯管理平台建设指南（试行）》以下简称指南，对构建食品安全可追溯系统具有重要的意义，为食品安全可追溯系统的构建提供了全面的框架和具体的实施指引。指南中明确给出重要产品追溯管理平台的术语和定义、各级平台的逻辑关系、设计要求、总体架构、功能要求、性能要求、接口要求、部署环境要求、安全性要求和运行维护要求，适用于我国省、市级重要产品追溯管理平台的建设及运行维护，为行业组织、第三方追溯服务机构等开展追溯体系建设提供了参考。通过对食品从生产到消费全过程的实时追踪，确保信息透明，及时识别和处理潜在的安全隐患，重要产品追溯管理平台能降低食品安全事件的发生风险，这样的系统不仅增强了消费者对食品安全的信任，也推动企业在生产和管理中更加注重责任感和自律性。追溯系统为监管部门提供了可靠的数据支持，提升了监管效率，形成了更为有效的食品安全监管机制，这种系统化的信息管理方式还促进了食品产业的技术进步和管理升级，使整个行业更加规范和竞争力更强。在指导内容方面，指南强调了建立统一、规范的追溯管理平台，以实现信息的互联互通和数据共享。企业需通过信息化手段采集和保存各环节的数据，确保记录的完整性和真实性。同时，指南倡导制定标准化的追溯流程，确保信息记录的规范化，形成系统的数据链条，以便于追溯和管理。数据管理与安全也是指南的重要内容，强调建立健全的数据管理机制，确保数据的安全性、隐私保护，并防止数据泄露和篡改。强化对企业从业人员的培训也是系统建设的关键内容，提升对追溯系统的认识和操作能力，以确保系统有效实施。指南也提到要建立动态监测机制，对追溯系统的运行情况进行定期评估，及时发现问题并进行调整，确保系统的持续优化和提升。

2019 年，农业农村部印发《农产品质量安全信息化追溯管理办法（试行)》(以下简称办法）及配套制度明确要求农产品生产经营者建立农产品质量安全追溯体系，利用信息化手段记录和管理农产品生产、加工、包装、贮存、运输、销售等环节的相关数据。办法要求追溯系统必须具备信息采集、记录、存储和查询等功能，并要求生产经营者如实记录农产品的生产过程、使用的农药、兽药、饲料等投入品，以及采收、加工、贮存和运输等重要环节的信息。这些信息应在追溯系统中准确、完整地保存，确保在发生质量安全问题时能够迅速、准确地追溯到问题来源，并采取相应的控制措施。此外，配套制度进一步细化了信息化追溯的具体操作要求，包括信息数据的格式、追溯标签的使用以及追溯系统的维护和升级。这些措施旨在通过标准化管理和信息化技术的应用，提升农产品的质量安全管理水平，增强消费者对农产品的信任度，并为监管部门提供有效的监督工具。

2021 年 12 月 24 日，《食品生产经营日常监督检查管理办法》(国家市场监督管理总局令第 49 号，自 2022 年 3 月 15 日起施行）发布，明确规定应当加强监督检查信息化建设，记录、归集、分析监督检查信息，加强数据整合、共享和利用，完善监督检查措施，提升智慧监管水平，还要求食品生产经营者建立完善的食品安全管理制度，包括食品可追溯体系，确保在食品安全监督检查中可以提供完整的追溯记录。

5. 地方性法规

为了进一步落实《食品安全法》《农产品质量安全法》《食品安全法实施条例》等法律法规和部门规章中食品可追溯要求，一些地方政府积极出台相应的地方性法规和政策，以推动食品可追溯系统的实施，确保食品安全和质量。多个省市已发布地方性追溯管理办法，要求地方企业建立完善的追溯系统，从而保障地方特产的质量安全。这些政策不仅体现了地方政府的监管力度，还为企业提供了明确具体的方向。

福建省发布了《福建省食品安全信息追溯管理办法》，强调信息化追溯在食品安全中的重要性。甘肃省也出台了《甘肃省食品安全信息追溯管理办法》，进一步明确了企业在追溯体系中的责任。浙江省于 2024 年 1 月 1 日实施的《浙江省食品安全数字化追溯规定》，推动了数字化手段在追溯管理中的应用，提高了追溯的效率和准确性。安徽省在《安徽省追溯平台农产品质量安全追溯管理办法（试行)》中，强调了农产品质量安全的追溯机制。此外，山西省发布的《山西省加快推进重要产品追溯体系建设实施方案》，以及长三角地区市场监督管理局联合发布的《关于推进长三角地区保健食品生产经营企业食品安全信息追溯试点工作的指导意见》，都体现了地方政府在整合区域资源、提升食品追溯能力方面的努力。

内蒙古和贵州等地也相继出台了食品可追溯政策。如，内蒙古自治区《内蒙古自治区市场监督管理局关于保健食品生产企业建立质量安全信息化追溯体系的指导意见》和贵州省《省农委办公室关于推进贵州省农产品质量安全追溯体系建设的通知》，均强调了建立完善的追溯体系对保障食品安全的重要性。黑龙江省《关于进一步加强省内重点冷链食品追溯管理工作的通知》和河北省《关于强化产地准出市场准入管理，完善食用农产品全程追溯机制的意见》也进一步强化了食品追溯的管理机制，确保从生产到市场的各个环节都能实现可追溯。吉林省《吉林省耳标追溯及产地检疫信息化管理推进方案》和陕西省《关于推进食盐安全信息追溯工作的通知》则针对特定产品的追溯管理，出台了相应的推进方案和通知，全面提升了食品追溯的监管水平。

这些地方政策的出台，不仅为食品追溯平台的构建与管理提供了法律依据，还明确了食品生产企业的主体责任，确保保健食品的质量和安全。这些措施的实施，有助于提升公众对食品安全的信任，促进食品行业的健康发展。

6. 技术标准和规范

对于食品可追溯系统的构建，国家标准化管理委员会发布了一系列技术标准和规范，旨在为食品追溯体系的设计、实施和管理提供科学依据和指导。这些标准涵盖了从生产到销售的各个环节，确保信息的透明和可追溯性，从而提升食品安全保障水平。

技术标准为食品可追溯系统提供了统一的框架与流程，使各参与方能够在共同遵循的规范下进行信息记录和数据管理。目前相关标准如下。

《食品追溯　信息记录要求》(GB/T 37029—2018)：适用于食品安全追溯，规定了工业化生产的预包装、可销售的食品在生产、物流和销售过程中涉及的追溯信息记录要求。

《食品安全国家标准　食品经营过程卫生规范》(GB 31621—2014)：适用于各种类型的食品经营活动，规定了食品采购、运输、验收、贮存、分装与包装、销售等经营过程中的食品安全要求。

《食品安全国家标准　餐饮服务食品安全操作规范》(GB 31654—2021)：适用于餐饮服务经营者和集中用餐单位的食堂从事的各类餐饮服务活动等，规定了餐饮服务活动中食品采购、贮存、加工、供应、配送和餐（饮）具、食品容器及工具清洗、消毒等环节场所、设施、设备、人员的食品安全基本要求和管理准则。

《食品安全国家标准　食品通用卫生规范》(GB 14881—2013)：适用于各类食品的生产，规定了食品生产过程中原料采购、加工、包装、贮存和运输等环节的场所、设施、人员的基本要求和管理准则。

《食品冷链物流追溯管理要求》(GB/T 28843—2024)：适用于食品冷链物流服务提供方对预包装食品冷链物流过程的追溯管理，规定了食品冷链物流的追溯管理基本要求、追溯信息、信息采集及记录、追溯信息管理和实施追溯的管理要求。

《饲料和食品链的可追溯性　体系设计与实施的通用原则和基本要求》(GB/T 22005—2009)：适用于饲料和食品链中任一阶段的可追溯体系的实施，规定了设计和实施饲料和食品链可追溯体系的原则和基本要求。

《饲料和食品链的可追溯性　体系设计与实施指南》(GB/Z 25008—2010)：适用于按照 GB/T 22005—2009 建立饲料和食品链可追溯体系的各方组织，为饲料和食品链可追溯体系的设计和实施提供指南。

《农产品追溯要求　茶叶》(GB/T 33915—2017)：适用于茶叶产品的追溯，规定了茶园管理及茶叶生产、茶叶加工、茶叶流通、茶叶销售各环节的追溯要求。

《农产品追溯要求　果蔬》(GB/T 29373—2012)：适用于果蔬供应链中各组织可追溯体系的设计和实施，规定了果蔬供应链可追溯体系的构建和追溯信息的记录要求。

《农产品追溯要求　水产品》(GB/T 29568—2013)：适用于水产品供应链中各组织可追溯体系的设计和实施，规定了水产品供应链可追溯体系的构建和追溯信息的记录要求。

《食品追溯二维码通用技术要求》(GB/T 38574—2020)：适用于食品追溯二维码在食品追溯体系中的应用，规定了食品追溯二维码使用原则、目标、数据内容、管理要求。

《葡萄酒生产追溯实施指南》(GB/T 36759—2018)：适用于葡萄酒生产企业（含原酒加工企业、加工灌装企业等），葡萄酒生产监管部门、第三方追溯服务提供方等也可参照使用，规定了葡萄酒生产过程中可追溯体系建设及信息记录要求。

《绿色制造　制造企业绿色供应链管理　信息追溯及披露要求》(GB/T 43903—2024)：规定了制造企业绿色供应链管理过程绿色信息追溯及披露的总体要求，绿色信息追溯要求及绿色信息披露要求。适用于制造企业的绿色供应链信息追溯及披露，供应链上下游企业及其他相关方可参照执行。

《牛肉追溯技术规程》(GB/T 41438—2022)：确立了牛肉追溯的程序，规定了牛肉追溯目标、精度和范围的确定、追溯码赋码和编码规则、追溯信息采集和输入、追溯码与信息关联、追溯码读取和解码等内容，描述了相应的证实方法。适用于肉牛饲养、交易、屠宰、分割包装、运输和产品销售等过程中追溯的相关技术操作。

《农产品追溯要求　蜂蜜》(GB/Z 40948—2021)：提供了蜂蜜生产、加工、物流、销售环节追溯信息记录的指导建议。适用于蜂蜜产品的追溯。

《畜禽肉追溯要求》(GB/T 40465—2021)：规定了畜禽肉追溯体系目标、要求、实施、评价与改进的要求。适用于畜禽肉生产、贮存及出厂等环节的追溯体系建设。

《重要产品追溯　追溯体系通用要求》(GB/T 38159—2019)：规定了重要产品追溯体系的组成、建立原则、系统与平台设计、评价、改进等通用要求。适用于食用农产品、食品、药品、农业生产资料、特种设备、危险品、稀土产品等重要产品追溯体系建设。

《重要产品追溯　追溯术语》(GB/T 38155—2019)：界定追溯活动中的基础术语、技术术语、管理与服务术语及其定义。适用于食用农产品、食品、药品、农业生产资料、特种设备、危险品、稀土产品等重要产品追溯相关的管理、研究、开发、应用及服务。

《跨境电子商务　产品追溯信息共享指南》(GB/T 40843—2021)：提供了跨境电子商务产品追溯信息共享所遵循的基本原则，给出了追溯的一般流程及参与方、共享内容等方面的指导，适用于跨境电子商务产品追溯各参与方之间及参与方内部的信息共享。

《电子商务交易产品可追溯性通用规范》(GB/T 36061—2018)：规定了电子商务交易产品可追溯性的原则，一般追溯流程，对追溯参与方、追溯信息的要求以及实施追溯和召回等。适用于对电子商务交易产品的追溯和管理。

《重要产品追溯　产品追溯系统基本要求》(GB/T 38158—2019)：规定了产品追溯系统的总体要求、追溯系统建设要求、追溯数据管理要求、追溯系统运维要求以及追溯系统安全的内容。适用于食用农产品、食品、药品、农业生产资料、特种设备、危险品、稀土产品等重要产品追溯系统建设。

《重要产品追溯　追溯管理平台建设规范》(GB/T 38157—2019)：规定了重要产品管理平台的总体要求、总体架构，以及平台功能、性能、数据接口、部署环境、安全性、运行维护等方面的要求。适用于食用农产品、食品、药品、农业生产资料、特种设备、危险品、稀土产品等重要产品追溯管理平台的建设。

《重要产品追溯　交易记录总体要求》(GB/T 38156—2019)：规定了追溯参与方在供应链上下游产品交易的交易记录总体要求，包括交易记录内容、数据描述、采集、存储、传输和共享、信息安全等。适用于食用农产品、食品、药品、农业生产资料、特种设备、危险品、稀土产品等重要产品追溯过程中交易记录的采集、存储、管理和交换。

《重要产品追溯　核心元数据》(GB/T 38154—2019)：规定了重要产品追溯核心元数据的描述方法、元数据模型、重要产品追溯核心元数据描述及核心元数据扩展原则和方法。适用于食用农产品、食品、药品、农业生产资料、特种设备、危险品、稀土产品等重要产品追溯基本信息的分类编目、采集处理以及检索查询等活动。

《电子商务交易平台追溯数据接口技术要求》(GB/T 39322—2020)：规定了电子商务交易平台与相关系统交换追溯数据的基本要求、格式定义与数据类型、数据结构及数据安全。适用于电子商务交易平台追溯数据服务接口的设计、开发和应用。

《追溯二维码技术通则》(GB/T 40204—2021)：规定了追溯二维码的基本要求、数据结构、信息处理、符号和符号质量要求。适用于采用二维码作为信息载体的追溯系统的建立、管理和应用。

《物流追溯信息管理要求》(GB/T 40480—2021)：规定了物流追溯活动中信息管理的基本要求、可追溯信息、追溯标识、信息采集、信息应用和追溯实施。适用于产品从生产结束到交付客户之前的运输、仓储、装卸及流通加工等物流环节。逆向物流环节的追溯信息管理可参照执行。

《消费品追溯　追溯体系通则》(GB/T 39017—2020)：规定了消费品追溯体系的原则、要求、流程、构成要素和实施。适用于消费品领域供应链中全过程及任一阶段的追溯体系的设计和实施。

《国际贸易业务数据规范　货物跟踪与追溯》(GB/T 39454—2020)：规定了国际贸易业务数据规范货物跟踪与追溯的概念模型、信息跟踪、业务信息实体参考、关联文档和信息实体定义等。适用于行政服务、进出口集装箱货物运输、装卸和存储等整个物流过程中业务实体之间的信息交换。

《进口冷链食品追溯　追溯体系通则》(GB/T 43268—2023)：适用于进口食品追溯体系的建立和实施，规定了进口冷链食品追溯体系建立的总体要求、追溯流程、关键要素、体系实施及体系管理。

《进口冷链食品追溯　追溯信息管理要求》(GB/T 43260—2023)：适用于进口冷链食品供应链环境中全过程或必要环节的追溯体系的管理，规定了进口冷链食品追溯信息管理的总体要求、信息内容、信息记录、信息储存和信息安全。

《进口冷链食品追溯　追溯系统数据元》(GB/T 43265—2023)：适用于进口食品冷链系统中的信息的处理、交换和共享，规定了进口冷链食品追溯系统的数据元表示、追溯系统数据逻辑关系、数据元目录、数据元的使用和扩展的要求。

《进口冷链食品追溯　追溯系统开发指南》(GB/T 43195—2023)：适用于进口冷链食品追溯系统的建设，提供了进口冷链食品追溯系统总体原则、系统构成、系统数据上传方式、系统安全及运维的建议。

《国际贸易业务流程规范　货物跟踪与追溯》(GB/T 43792—2024)：给出了国际贸易业

务过程中和货物跟踪与追溯相关业务范围与语境的概述，确定了业务需求中的业务术语说明、业务需求视图和业务编排视图。适用于与跨境贸易运输业务相关的行政服务、业务实体之间的信息交换，及货物跟踪与追溯数字化服务平台的建设、开发和运营活动。

国家标准化管理委员会发布的技术标准与规范为食品可追溯系统的构建提供了系统化、规范化的指导。这些标准不仅提升了食品安全管理的科学性和有效性，还增强了消费者的信任，推动了食品行业的可持续发展。在未来，随着技术的不断进步和市场需求的变化，这些标准将继续为食品追溯体系的优化与完善提供重要支持。

二、企业需求

在食品安全管理中，企业既是追溯系统的核心使用者，也是系统功能的直接需求方。追溯系统的构建需紧密贴合企业实际运营场景，既能满足合规性要求，又能支撑企业提质增效与风险防控。

1. 全链条覆盖与数据完整性要求

企业需通过追溯系统实现食品“从农田到餐桌”全流程的信息贯通，确保每个环节的数据可记录、可追溯。

① 采购环节：系统需支持原材料信息录入，包括供应商资质（营业执照、检测报告）、原料批次号、进货日期、检验结果等，实现“来源可溯”。例如，肉类加工企业需记录生猪的检疫证明编号、养殖基地信息，确保原料合规。

② 生产环节：需实时采集关键生产参数，如加工温度、时长、操作人员、设备编号、质量抽检数据等，形成“生产可查”的完整记录。例如，乳制品企业在杀菌环节需自动关联巴氏杀菌温度曲线，一旦出现异常可快速定位批次。

③ 物流环节：需对接仓储与运输数据，包括仓储环境（温度、湿度）、运输车辆信息、配送路线、到货时间等，尤其对冷链食品需全程记录温控数据，确保“流转可追”。

④ 销售环节：需记录产品流向（零售商、终端门店）、销售日期、消费者反馈等，实现“去向可踪”。

数据完整性要求所有环节信息需实时同步至系统，且不可篡改（如采用区块链技术），为反向溯源提供可靠依据。

2. 高效追溯与风险响应要求

系统须具备快速追溯能力，在食品安全事件发生时支撑企业高效定位问题源头、控制风险扩散。

① 正向追踪：通过产品批次号可一键查询该批次的原料来源、生产记录、物流信息及销售终端，明确影响范围。

② 反向溯源：若终端发现问题产品，输入产品编码即可反向追溯至原料批次、生产环节及责任人员，定位风险节点（如某批次蔬菜农残超标时，可追溯至具体种植基地的农药使用记录）。

③ 风险预警：系统需对异常数据（如原料抽检不合格、物流温控超标）自动触发预警，提示企业暂停生产或召回产品，降低损失。

3. 合规性与灵活性要求

① 合规适配：系统需内置法律法规模块，自动匹配《食品安全法》等法规对追溯的要求（如记录保存期限、必填字段），确保数据满足监管部门核查标准。例如，系统需支持按

批次导出完整追溯记录，符合监管部门的合规审查要求。

② 柔性适配：需兼容不同品类食品的特殊需求，如生鲜食品需强化温控数据记录，保健食品需关联原料功效成分检测报告。同时，系统应支持企业根据业务规模灵活扩展功能（如新增生产线时无需重构系统）。

4. 数据安全与管理效能要求

① 数据安全：需建立分级权限管理机制（如操作人员仅可录入数据，管理员可审批修改），对敏感信息（如供应商商业机密）加密存储，并定期备份以防数据丢失。

② 管理赋能：系统须具备数据分析功能，通过追溯数据生成供应链效率报告（如原料周转周期）、质量波动趋势（如某生产线合格率变化），辅助企业优化采购策略、改进生产工艺，降低运营成本。例如，通过分析原料抽检数据，识别高风险供应商并调整合作方案。

5. 用户友好与协同性要求

① 操作便捷性：界面设计需简洁直观，一线员工（如车间操作员、仓储员）可快速上手，支持移动端录入（如扫码记录），减少人工操作误差。

② 协同性：需支持供应链上下游数据对接，如与供应商系统联动获取原料信息，与零售商系统共享产品追溯数据，实现跨企业协同追溯。同时，系统应向消费者开放查询入口（如扫码查看产品溯源信息），增强品牌信任度。

企业在构建系统时，需分阶段推进（图 5-1）。

① 需求调研：明确自身产业链特点（如长链条的乳制品和短链条的生鲜），确定核心追溯节点；

② 技术选型：根据成本与效率选择标识技术（如二维码适用于终端查询，RFID 适用于物流批量追踪）；

③ 员工培训：强化数据录入规范与风险意识培训，确保数据真实性；

④ 持续优化：定期审计系统运行效果，结合消费者反馈迭代功能（如增加多语言查询支持）。

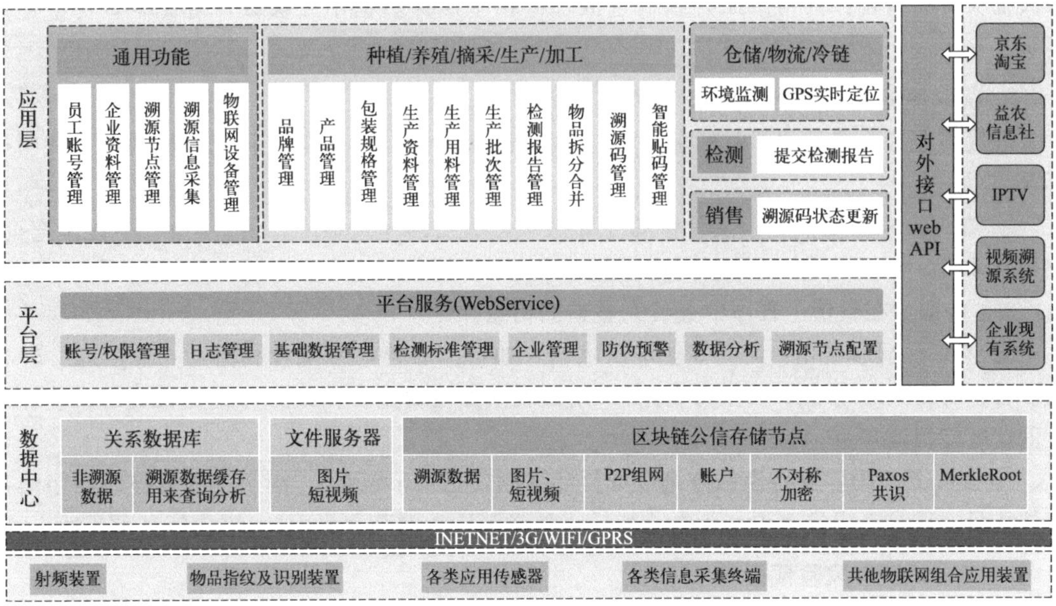

图 5-1 企业食品追溯系统构架

IPTV—交互式网络电视

食品可追溯系统不仅是保障食品安全的重要手段，也是企业提升市场竞争力的有效工具。企业在这一系统中扮演着关键角色，通过完善的信息记录与管理，能够有效应对食品安全挑战，赢得消费者的信任与支持。建立健全的食品可追溯系统，对于确保食品安全、提升企业形象和推动行业发展具有重要意义。

三、消费者需求

消费者作为食品供应链的终端，其对食品安全的需求直接推动着追溯系统的功能优化。消费者需求本质是风险规避与知情权实现的双重驱动，随着公众健康意识的提升和信息获取能力的增强，消费者需求已从基础安全诉求升级为全过程知情、实时验证、深度参与的新型信任体系构建，从“能否查询”升级为“信息是否可信、获取是否便捷、能否参与互动”，具体体现在以下方面。

1. 信息透明度与完整性要求

消费者核心需求是通过追溯系统全面了解食品“从源头到餐桌”的全流程信息，消除信息不对称带来的顾虑。

① 基础信息可查：需明确呈现食品的核心追溯要素，包括原料来源（如蔬菜的种植基地、畜禽的养殖农场）、生产加工环节（生产日期、批次号、关键工艺参数）、流通环节（运输方式、温控记录、存储时间）及质量认证（检验报告、合格证明）。例如，消费者扫描牛奶包装上的二维码，应能直观看到奶牛养殖场的检疫信息、巴氏杀菌的温度曲线及配送过程的冷链监控数据。

② 特殊需求适配：针对过敏体质、素食者等群体，系统需突出标注食品成分（如含麸质、坚果）、生产过程是否存在交叉污染（如“本产品与含花生的食品共线生产”），帮助特殊人群规避健康风险。

③ 信息真实性保障：消费者要求追溯信息“可验证”，例如通过对接政府监管平台，显示该批次产品的官方抽检结果，或通过区块链技术确保数据不可篡改，避免企业伪造追溯记录。

2. 获取便捷性与可读性要求

现代消费者习惯于“即时信息获取”，对追溯系统的操作复杂度和信息呈现形式有明确要求。

① 查询方式简便：支持主流移动终端操作，如扫码（二维码、条形码）、小程序查询、APP 关联等，无需复杂注册或付费。例如，消费者在超市选购猪肉时，扫描包装上的二维码，3 秒内即可在微信小程序中查看完整追溯信息。

② 信息呈现通俗化：避免专业术语堆砌，如将“农兽药残留检测值 0.02mg/kg”转化为“符合 GB 2763 标准，安全可食用”，用图表（如运输温控曲线）替代冗长文字，使非专业消费者能快速理解。

③ 多场景适配：支持离线查询（如打印追溯信息贴于包装），满足老年群体或网络信号不佳场景的需求；提供多语言版本（如针对外籍消费者的英文界面），增强信息可及性。

3. 安全认证与风险预警需求

消费者希望通过追溯系统确认食品的安全资质，并在风险发生时及时获得提示。

① 权威认证可视化：系统需清晰展示食品所获认证（如有机认证、绿色食品认证），并

链接至发证机构官网供验证。例如，有机蔬菜的追溯页面应显示认证机构名称、认证编号及有效期，消除"伪有机"疑虑。

② 问题响应及时化：当食品存在安全风险（如批次召回）时，系统需主动推送预警信息（如扫码时弹出"该批次产品因微生物超标已召回"），并告知消费者维权途径（退货渠道、健康咨询方式）。

4. 互动参与与反馈需求

消费者不再满足于"被动接收信息"，而是希望通过追溯系统参与食品安全监督，表达诉求。

① 反馈渠道畅通：系统需内置便捷的反馈入口，允许消费者针对产品质量（如变质、异物）、追溯信息问题（如信息缺失、与实际不符）提交投诉或建议，企业需在48小时内响应处理结果。例如，消费者发现购买的水果追溯信息与产地不符，可通过追溯页面的"信息纠错"功能上传证据，企业核实后需公开更正并致歉。

② 消费行为影响：支持消费者对追溯信息的完整性、真实性进行评分，评分结果纳入企业信用体系，形成"消费者监督-企业改进"的良性循环。

5. 隐私保护需求

在获取追溯信息过程中，消费者要求个人信息不被滥用。例如，扫码查询时无需强制授权手机号、地理位置等敏感信息；企业不得将消费者的查询记录用于商业推销（如定向发送广告），确保"信息透明"与"隐私安全"的平衡。

消费者对追溯系统的需求本质是"安全感＋知情权＋参与感"。企业在构建系统时，需以"消费者友好"为核心，通过简化操作、通俗呈现、强化互动，将追溯系统从"合规工具"转化为"信任纽带"，这不仅能提升消费者对品牌的忠诚度，更能倒逼企业规范全链条管理，实现"消费者满意-企业发展-食品安全"的共赢。

四、其他要求

构建食品可追溯系统，除满足消费者、企业与法律法规要求外，还需从技术、数据、用户体验、运营等多维度综合考量，以确保系统的长效性与适应性。

1. 技术架构的灵活性与扩展性设计

① 模块化与微服务架构：采用微服务架构，将系统拆分为独立、可复用的功能模块（如追溯信息录入、查询、统计分析），各模块可独立开发、部署与升级，互不干扰。例如，当企业新增产品线需调整追溯节点时，仅升级对应模块即可，无需重构整个系统。

② 开放标准与接口：遵循行业通用数据标准（如GS1编码体系）与接口规范，支持与第三方系统（如供应商管理系统、物流跟踪平台）无缝对接。例如，可通过开放API接口，实时获取物流企业的运输轨迹与温控数据，丰富追溯信息维度。

高并发与分布式部署：系统需具备应对高并发查询的能力，通过负载均衡、缓存技术，确保在销售旺季或食品安全事件引发大量查询时，系统响应速度不受影响。同时，采用分布式存储与计算架构，支持跨区域、多节点部署，满足企业业务扩张需求。

2. 数据管理与安全保障

① 高效数据架构设计：构建支持多源异构数据集成的数据架构，兼容结构化（如数据库表单）、半结构化（如XML文件）及非结构化数据（如图片、文档），确保从原料采购

单、生产监控视频到检测报告等各类信息均可整合。例如，运用ETL工具定期抽取、转换与加载不同格式的追溯数据至数据仓库，保障数据完整性与一致性。

② 多层级安全防护体系：

数据加密，对敏感信息（如供应商商业机密、消费者隐私）进行加密存储（如采用AES加密算法）与传输（如SSL/TLS协议），防止数据在存储与传输过程中被窃取。

访问控制，建立基于角色的访问控制（RBAC）机制，明确不同用户（如企业管理员、一线员工、监管人员）对系统功能与数据的访问权限，如一线员工仅能查看、录入本岗位相关追溯信息，管理员可进行系统配置与数据审计。

身份认证，采用多重身份认证方式（如用户名+密码+验证码、指纹识别、人脸识别），确保用户身份真实有效，防止非法登录。

日志审计，系统自动记录所有用户操作日志，定期审计，及时发现潜在的数据篡改、滥用风险，如发现异常操作（大量删除追溯记录）可追溯至具体人员与时间。

3. 用户体验优化

① 界面友好性设计：遵循简洁直观的设计原则，采用图形化界面、导航菜单清晰引导用户操作。例如，追溯信息录入界面采用表单式设计，必填字段醒目提示；查询结果以列表、图表形式呈现，便于用户快速定位关键信息。

② 多语言功能支持：对于跨国企业或面向国际市场的追溯系统，需内置多语言包，支持中文、英文、法文等常用语言切换，满足不同地区用户需求，提升系统国际化水平。

③ 易用性测试与优化：在系统上线前开展多轮易用性测试，邀请不同岗位、不同年龄段用户模拟操作，收集反馈意见，持续优化界面布局、操作流程，降低用户学习成本。

4. 实时监控与反馈机制建立

① 性能监控体系部署：运用专业监控工具（如New Relic、Prometheus）实时监测系统运行状态，包括服务器负载、响应时间、数据吞吐量等关键指标。一旦指标超出正常阈值，立即触发预警（如短信、邮件通知），技术人员可迅速排查、解决问题，保障系统稳定运行。

② 用户反馈渠道畅通：在系统显著位置设置反馈入口（如在线客服、意见箱），鼓励用户反馈系统使用问题（如卡顿、信息错误）、功能改进建议。定期梳理反馈数据，形成优化需求清单，推动系统持续迭代升级。

5. 培训与技术支持保障

针对性培训课程开发：根据不同用户群体（企业管理层、一线员工、监管人员）设计培训课程。例如，为一线员工制定操作手册与视频教程，重点讲解追溯信息录入规范、常见问题解决；为管理层提供系统功能介绍与数据分析应用培训，助力决策制定。

专业技术支持团队组建：成立7d×24h运维服务团队，通过电话、在线客服、远程协助等方式及时响应系统故障与用户咨询。定期对系统进行巡检、维护，提前预防潜在问题，确保系统始终处于最佳运行状态。

第二节　食品可追溯系统的设计

一、系统架构的总体方案设计

食品可追溯系统的架构设计以“透明化、实时化、安全化、共享化”为核心原则，旨在实现食品从生产源头到消费终端全流程的可追踪、可管理、可监控。系统需兼顾不同食品供应链的特性差异，确保架构具备灵活性与可扩展性，以适应市场需求变化与技术迭代，同时满足生产者、加工者、消费者、监管者等多主体的协同需求，实现信息的实时流转与透明共享。

1. 系统架构设计的关键要素

在设计可追溯系统架构时，首先需明确各类食品的供应链特性。例如，鸡肉、鸡蛋、猪肉等食品的生产加工环节、流通渠道及存储条件各不相同，系统需针对这些差异进行定制化设计，提供相应的追溯信息和动态监控功能，确保数据的准确性和可靠性。消费者作为系统的终端用户，可通过多种渠道（如手机、电话、网站、超市触摸屏等）便捷访问追溯信息，了解食品的来源、生产过程及质量安全状况。这种透明化设计不仅增强了消费者对品牌的信任，还提升了对食品安全事件的应急响应能力。监管者则可通过系统实时追踪问题食品的流向与责任链，借助多层次数据可视化和实时更新功能，快速定位问题环节并采取相应措施，保障公众健康。

2. 系统功能模块与服务接口

系统采用“模块化设计＋标准化接口”架构，确保功能独立与跨平台兼容。系统需集成多种服务接口和功能模块，支持信息的输入、输出、数据分析及报告生成，便于用户决策。系统设计应兼顾不同用户的技术水平和使用习惯，确保所有参与方都能顺畅访问和使用系统。同时，系统架构需具备高度灵活性，以支持未来的功能扩展和技术升级。例如，当新的食品安全标准或检测方法出台时，系统可快速更新相关模块和数据接口，实现持续优化。

3. 食品供应链全流程覆盖

架构设计以“全链条贯通”为目标，覆盖从原料生产到终端消费的每个环节。通过对供应链各环节业务流程的分析，结合 HACCP 原理及方法，识别关键控制点及质量安全要素，采用国家及行业相关编码标准，设计食品安全追溯链编码体系。利用信息采集、数据交换等技术，获取供应链各环节的质量安全信息，构建涵盖生产、加工、储运、消费全过程的信息管理系统，并在此基础上搭建食品安全可追溯平台。该平台不仅满足企业内部管理及追溯需求，还通过网站、短信、电话等服务接口及移动溯源终端，为消费者和监管部门提供便捷的信息查询服务。

4. 系统架构的层次化设计

食品安全可追溯系统可从信息采集、信息处理和信息服务三个层次进行架构设计。

信息采集层（数据入口）：基于 HACCP 原理及方法，确定食品供应链各环节的质量安全要素，采用生产环境信息实时在线采集技术、生产履历信息现场快速采集技术、冷链设施环境实时采集技术等，实现对食品生产、加工、储运及消费环节的质量安全信息获取，为追溯提供数据支持。

信息处理层（数据中枢）：通过信息编码技术、数据交换技术及数字化技术，构建覆盖食品生产、加工、储运、消费环节的质量安全信息管理系统，实现食品安全信息从产地到销售的有序化、规范化管理。

信息服务层（价值输出）：通过构建食品安全可追溯平台，结合短信、电话、网络平台及移动溯源终端等多种方式，为消费者和监管者提供质量安全信息查询服务。

5. 系统总体架构特征

该架构以“数据驱动、协同共享”为核心，具备三大特征：

兼容性，通过模块化设计与标准化接口，适配不同品类食品、不同规模企业的需求；

扩展性，支持功能模块升级（如新增区块链存证模块）与用户规模扩展（从区域到全国）；

安全性，采用数据加密、权限管理、操作日志审计等技术，保障数据不被篡改或泄露。

通过该架构，系统可实现食品全生命周期信息的“可追溯、可查询、可监管”，为食品安全管理提供技术支撑，同时增强消费者信任与行业透明度。

二、食品安全多平台追溯结构设计

在食品安全可追溯系统中，各参与方（包括生产者、加工者、消费者和监管者）均需频繁使用系统。生产者与加工者通过系统实时查看生产、加工动态信息及食品流向；消费者通过系统查询所购食品的质量安全信息；监管者则在食品安全事件发生时，利用系统快速定位问题环节并分析原因。为满足不同用户的需求，系统需开发多种服务接口，支持手机短信、电话、网站、超市触摸屏及移动追溯终端等多种访问方式。其中，手机短信、电话、网站和超市触摸屏主要为消费者提供便捷的信息查询服务，而监管部门则可通过网站、超市触摸屏和移动追溯终端实现对食品安全的实时监管。这种多平台追溯结构设计，确保了系统的广泛适用性和高效性。

1. 系统架构设计

食品安全可追溯系统的总体方案设计是一项复杂的系统工程，需综合考虑供应链特性、各参与方需求及技术可行性。通过构建高效、透明且灵活的系统，可显著提升食品安全管理水平，增强消费者信任，推动食品行业的可持续发展。

① 架构设计：系统总体架构包括数据库、用户接口和服务接口。数据库用于存储食品生产、加工、流通和销售等全流程信息；用户接口为不同参与方提供友好的操作界面；服务接口则支持多平台访问和数据交互。系统设计需注重模块化和可扩展性，以便未来根据需求进行功能扩展和技术升级。

② 数据模型：定义清晰的数据结构是系统设计的核心。数据模型需涵盖食品类型、生产信息、加工信息、流通信息和销售信息等关键字段，确保信息的准确记录与高效追踪。通过标准化数据格式和编码体系，实现数据的规范化管理与共享。

③ 技术选型：选择合适的技术平台和工具是系统成功实施的关键。包括数据库管理系统（如 MySQL、MongoDB）、开发框架（如 Spring Boot、Django）、通信协议（如 HTTP、MQTT）等。技术选型需兼顾系统的性能、安全性和可维护性，确保系统能够稳定运行并支持大规模数据处理。

2. 多平台追溯结构

多平台追溯结构是食品安全可追溯系统的重要组成部分，旨在为不同用户提供多样化的访问方式和服务支持。

① 消费者端：通过手机短信、电话、网站和超市触摸屏，消费者可便捷查询食品的生产、加工、流通及销售信息，了解食品的质量安全状况，增强消费信心。

② 监管端：监管部门可通过网站、超市触摸屏和移动追溯终端实时监控食品安全状况，快速定位问题环节并采取相应措施，提升监管效率。

③ 生产与加工端：生产者和加工者通过系统实时查看生产加工动态及食品流向信息，优化生产流程，提升管理效率。

三、食品安全可追溯系统实施原则和步骤

（一）食品安全可追溯系统实施的原则

通常来说，要建立良好、有效的食品安全可追溯系统需遵循以下基本原则。

1. 科学性原则

在建立食品安全可追溯系统过程中，应将先进的信息技术和信息管理方法以及食品安全管理理论、食品安全可追溯方法技术融入其中，使食品安全生产加工过程可控，提升食品质量安全水平。

任何系统的建立必须在科学理论的指导下进行，利用可行的方法，遵循合理的程序，进行科学决策。

2. 系统性原则

食品安全可追溯系统本质上是质量安全信息管理系统，因此，既要遵循食品安全管理的一般规律，从信息收集、加工、传递等信息流管理角度出发，周密地进行系统设计，实现信息的无缝衔接；同时，还应该充分考虑系统的参与者的信息需求、系统边界等问题。

系统性原则是指把所有需要进行决策的对象看成是一个既要实现系统的整体最优，又要充分考虑不同的子系统。建立食品安全可追溯系统要站在整个供应链的角度上，平衡整体目标和用户需求，使供应链所有环节信息都公开透明和无缝衔接，充分发挥子系统的效用，满足所有参与者的合理需求，实现两者利益的最大化。

3. 经济实用原则

建立食品安全可追溯系统，需要花费一定的人力、财力和物力，企业或公共组织在实施可追溯系统时，应充分考虑自身经济承受能力，努力做到以较小的投资实现可追溯系统的功能，不能单纯追求技术与设备的先进性，不顾自身的经济实力，最后反倒得不偿失。

供应链所有环节都包含有需要进行追溯的信息，且非常烦琐，因此建立一个完整的食品安全可追溯系统需要较多的资金投入，这就要求企业在建立食品安全可追溯系统时，应当在保证产品质量的前提下进行，充分考虑自身的经济实力争取以最小的经济成本获取最大的经济效益，对资源进行充分利用。

4. 通用性原则

在实施可追溯系统过程中，应选择符合国际化的通用原则与标准，利用已有的国际标准和国家标准，例如，EAN · UCC 编码系统。并尽可能采用成熟、通用的技术方案，这样构建的可追溯系统具有复用性，从而降低成本投入实现经济利益最大化。

5. 预防性原则

食品安全事件的发生，很大程度上是由于在食品生产、加工过程中不参照规范的操作流程，或没有严格遵循国家标准及行业标准。因此，在构建食品安全可追溯系统时，应将GAP、GMP、SSOP 等思想融入系统中，引导食品生产、加工者规范其过程，预防食品安全事故的发生。

食品安全事件关系到每一个人的生命与健康，一旦出现问题必然造成不可挽回的后果，

因此需要事先做好预案，规范企业生产行为，严格遵循国家相关标准，防止此类事件的发生。

(二) 食品安全可追溯系统实施步骤

食品安全可追溯系统实施需分步推进。首先通过传感器、条码等技术实时采集全链条数据，涵盖原料采购、生产批次、加工工艺、物流环境及销售流向。随后建立集中式数据库进行多源数据整合，统一标准化数据格式，支持生产端记录原料来源与工艺参数，物流端更新储运状态。系统核心数据库需满足高效存储检索能力（支持百万级数据查询）并建立动态更新机制，确保信息时效性。为增强透明度，需开发消费者交互接口（APP/网站），支持扫码获取原料追溯、检测报告、有效期等全流程信息，界面设计需符合 WCAG 2.1 无障碍规范。安全防护层面实施双重保障：采用 TLS/AES-256 加密技术保护数据传输存储，通过 RBAC 权限模型控制敏感数据访问。同步建立应急响应模块，实现问题产品分钟级源头定位、自动化召回流程及监管机构实时联动，技术架构需兼容 GS1 EPCIS 国际标准，数据库响应时间严格遵循 ISO/IEC 25010 标准（≤2s）。

通常来说，构建基于食品链的食品安全可追溯系统，需经过如下步骤（图 5-2）。

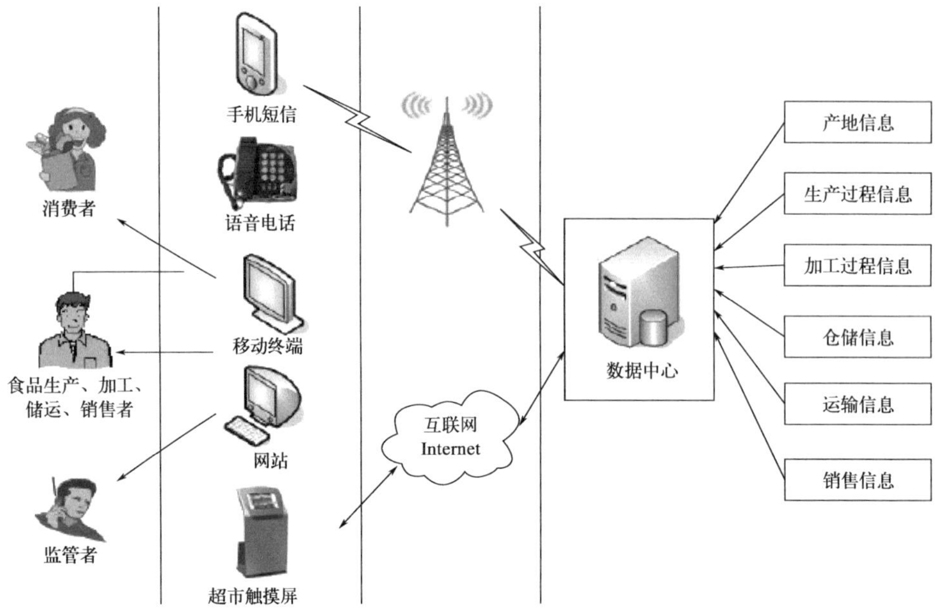

图 5-2 食品安全可追溯系统实施步骤

1. 选择可追溯系统的实施对象

首先要明确系统将适用于哪些食品类型，例如肉类、乳制品和蔬菜等。在选择这些食品类型时，市场需求是一个关键因素。通过分析消费者对不同食品的关注度和偏好，可以帮助确定最具潜力的产品类别。例如，近年来消费者对有机蔬菜和优质肉类的需求显著上升，这些品类因其对健康的直接影响而受到高度重视。其次，食品的风险等级也是在选择实施对象时必须考虑的因素。某些食品在生产和加工过程中面临较高的安全风险，尤其是生鲜肉类和海鲜，因其易受到微生物污染。因此，针对这些高风险食品，建立严格的追溯系统显得尤为必要，这能够确保在出现安全问题时，快速定位源头并采取有效的召回和处理措施。此外，产品特性也是选择对象时需纳入考量的重要方面。不同食品的生命周期和流通方式存在显著差异，例如肉类和乳制品通常需要冷链运输和存储，而干货或加工食品对温度要求相对较低。这种特性直接影响追溯系统的设计复杂性及所需记录的信息类型。因此，在选择对象时，企业必须评估自身的资源与能力，确保能够满足所选食品类别的追溯需求。企业需要具备足够的技术支持和人力资源，以有效实施和管理追溯系统。通过综合考虑市场需求、食品风险等级、产品特性以及企业的经营能力，能够为后续的追溯系统建设奠定坚实的基础，确保食品安全管理的有效性和可靠性。这一过程不仅有助于提升消费者的信任，也能增强企业的竞争力，从而实现可持续发展。因此，选择对象时需考虑市场需求、风险等级、产品特性及企业的经营能力，以确保系统的有效实施。

2. 业务流程整体分析

对食品自原材料生产至最终消费者的整个业务流程进行分析的目的是明确食品在整个供应链中的各个环节，形成食品追溯链的完整视图。通过详细审查食品的生产、加工、储存、运输和销售等环节，可以清晰地梳理出每个环节的操作顺序和具体流程，为追溯系统的建立奠定坚实的基础。在分析过程中，首先要识别食品生产环节，包括原材料的采购和检验。这一环节需要记录原材料的来源、供应商信息、检验结果等关键数据。接下来是加工环节，在这一阶段，完整的加工工艺流程和每一步的操作记录至关重要，比如加工时间、温度控制、添加剂使用等信息。储存环节同样重要，应详细记录存储条件、库存管理及出入库记录，以确保食品在储存过程中始终符合安全标准。运输环节的分析需要关注物流方式和运输条件，确保食品在运输过程中保持适宜的温度和湿度，并记录运输时间、运输公司及车辆信息。最后，在销售环节，需明确销售渠道及销售记录，确保消费者能够追溯到食品的来源。业务流程分析有助于识别食品追溯链的关键环节，确定在每个环节中需要记录的数据和信息，从而为后续系统的构建奠定基础，也同时提升了食品安全管理的透明度和有效性。

3. 食品质量安全要素及关键控制点的分析和确定

分析并确定食品质量安全要素及关键控制点是确保食品安全的核心环节，这一过程始于对食品潜在危害源的识别，需从生物、化学和物理三个维度进行详尽分析。在生物方面，需关注微生物污染的来源，如大肠埃希菌、沙门菌等，评估它们在生产和加工环节的潜在风险；在化学方面，需识别可能存在的有害物质，包括农药残留、重金属污染及添加剂超标等；在物理方面，则要排查可能导致的物理伤害因素，如异物混入。在识别潜在危害后，应用 HACCP 方法，确定关键控制点（CCP）。关键控制点是指在生产过程中能够有效控制食品安全风险的重要环节，例如在肉类加工中，需要控制温度和时间以抑制致病菌生长。对于每个关键控制点，依据国际、国家及行业标准设定具体的限值，如温度应保持在 0℃至 4℃之间，以确保食品在储存和运输过程中处于安全状态。同时，对每个关键要素的监控措施和记录要求也要明确，以便及时发现并纠正偏差。这一环节是确保食品安全的核心，能够有效识别和控制可能的风险。

4. 建立食品安全追溯指标体系

建立食品安全追溯指标体系是确保食品安全管理有效性的关键环节，该体系应全面涵盖与食品安全相关的各项指标，包括生产过程中的温度、湿度、时间等关键参数，确保在整个生产和加工过程中始终符合安全标准。此外，还需纳入检测结果、审核记录、原材料来源、加工流程及存储条件等信息。这些指标不仅能够帮助企业实时监控食品安全状况，还为后续的数据管理提供了坚实的基础。通过构建一套科学合理的指标体系，企业可以系统化地记录和分析数据，从而及时发现潜在风险、提升食品安全追溯能力，并在出现问题时迅速采取相应措施，保障消费者的健康与安全。

5. 确定追溯单元

确定追溯单元是构建食品追溯系统中至关重要的一步。对于那些价值较高、个体差异明显且有特殊需求的产品，采用单品追溯方式尤为重要，这表明每一个产品个体都能被独立追溯，确保其来源和处理过程的透明性，如高端肉类、海鲜等价格昂贵的食品。而对于以批次为单位进行管理的产品，如大宗农产品、饮料等，适用于选择批次作为追溯单元。这种方法允许企业在生产原料、生产条件和工艺一致的情况下，对一批产品进行有效追溯，提升了管理的效率和可操作性。选择合适的追溯单元直接关系到后续的数据记录、管理和查询效率，影响到企业在出现食品安全问题时的响应速度和处理能力。因此，企业在设计追溯系统时，必须结合产品特性和市场需求，精准确定追溯单元，以实现最佳的食品安全管理效果。

6. 建立食品追溯链编码体系

这一体系涵盖编码标识和载体两个方面，针对追溯单元及其所需信息进行系统编码，优先采用国际或国内通用的编码标准，确保兼容性和唯一性。每个追溯单元需要有独特的标识代码，这些编码应与相关信息如产地、生产过程、加工场所、运输工具、储存条件、销售渠道及最终产品等一一对应记录，以便在需要时能够迅速追溯到每个环节的具体信息。与编码标识相对应的是载体的选择，选用合适的载体对于有效实施追溯系统至关重要。根据技术条件、追溯单元的特性和实施成本等因素，企业可以选择不同类型的标识载体。常见的载体包括纸质文件、条码、二维码以及 RFID 标签等。其中，条码和二维码便于快速扫描和信息读取，而 RFID 标签则提供了更高效的自动识别和数据更新能力。合理的编码体系和载体能够快速高效构建完整的食品追溯链，确保在出现食品安全问题时能够迅速获取信息。

7. 建立质量安全信息管理系统

应参照行业标准，如良好农业规范（GAP）、良好操作规范（GMP）、良好养殖规范（GVP）和卫生标准操作程序（SSOP），对食品的生产、加工、储存、运输和销售等各个环节的信息进行系统化管理。通过整合各项标准，企业能够实现对食品安全的全程监控，确保每一个环节都符合规定要求，从而有效降低食品安全风险。此外，管理系统还应具备信息实时记录、追溯查询和数据分析等功能，以便及时发现问题并采取相应措施。同时，通过系统化的管理，企业可以提升内部操作效率，增强对外监管的透明度，为消费者提供更安全、更高质量的食品。

8. 构建食品安全可追溯系统平台

该平台应通过多种渠道向消费者和监管者提供全面、透明的食品安全信息服务。如，开发移动应用程序和网站，使消费者能够随时随地查询食品的追溯信息，涵盖生产来源、加工过程、质量检测报告等重要内容，从而增强消费者的信任感和选择权。同时，为了满足监管机构的需求，系统应提供实时数据访问和报告功能，使其能够高效地进行监督和管理。多元化的信息服务不仅提高了食品安全管理的透明度，也促进了消费者与企业之间的互动，最终实现了食品安全全链条的有效监管和持续改进。

四、信息采集存储与安全

食品可追溯系统的信息存储与安全是确保食品安全管理有效性的核心要素。数据存储方式可以分为电子存储和纸质存储。电子存储方式因其高效性、易于管理和查询而受到广泛应用，通常采用数据库系统、云存储等形式，能够支持大规模数据的实时更新与访问。纸质存储尽管在某些场合仍有应用，但其管理和检索效率相对较低，且易受损坏和遗失。

1. 信息存储

数据存储方式主要包括电子存储和纸质存储，各自具有不同的特点和适用场景。电子存储方式因其高效性和便捷性而被广泛采用，通常包括数据库系统、云存储和本地存储等形式。数据库系统允许用户快速存取和管理大量数据，通过结构化查询语言（SQL）等工具，用户可以轻松进行复杂的数据检索和分析。此外，云存储技术的崛起使得数据的存储和访问变得更加灵活，用户可以在任何时间、任何地点访问存储在云端的信息，且云服务提供商通常具备强大的数据备份和安全机制，进一步保障了数据的安全性和可用性。

相比之下，纸质存储虽然在某些行业和特定情况下仍然存在，但它的管理和检索效率相对较低。纸质记录不仅占用物理空间，且在需要查找或分析数据时耗时较长。此外，纸质文件易受到损坏、遗失或因时间推移而褪色，这使得信息的长期保存和可追溯性受到威胁。在某些情况下，纸质存储可能难以满足现代化管理的要求，尤其是在需要快速响应和实时更新的食品安全管理领域。因此，虽然纸质存储在某些特定场景下仍有其价值，但电子存储方式因其高效、可靠和灵活性，正逐渐成为信息存储的主流选择。通过合理利用电子存储方式，企业能够更好地管理和利用数据，提升整体运营效率和决策能力。

国家相关法规和标准对食品信息存储有明确的要求，强调数据的完整性、可追溯性以及安全性。企业需要遵循这些规定，确保信息存储符合国家标准，同时在存储方式的选择上，应该综合考虑数据的类型、访问频率和安全需求。在当前信息技术迅速发展的背景下，电子存储方式因其便捷和高效性逐渐成为主流，而企业在选择存储方式时，更应注重数据安全措施的实施，以建立一个安全可靠的食品追溯体系，提高消费者信任度，保障食品安全。

《信息技术　云数据存储和管理　基于对象的云存储应用接口测试方法》（GB/T 43431—2023）：给出了基于对象的云存储应用接口的通用测试环境，描述了基于对象的云存储应用通用要求测试方法和接口测试方法。适用于基于对象的云存储应用接口的测试和研究应用。

《信息技术　大数据　面向分析的数据存储与检索技术要求》（GB/T 41818—2022）：规定了支撑多应用融合分析的大数据列式存储与检索技术要求，适用于面向分析的数据存储与检索的系统或子系统的设计、开发和使用。

《信息技术　大数据　存储与处理系统功能测试要求》（GB/T 38676—2020）：规定了大数据存储与处理系统的基本功能、分布式文件存储、分布式结构化数据存储、分布式列式数据存储、分布式图数据存储、批处理框架、流处理框架、图计算框架、内存计算框架和批流融合计算框架的测试要求，适用于大数据存储与处理系统的测试。

《信息技术　大数据存储与处理系统功能要求》（GB/T 37722—2019）：规定了大数据存储与处理系统的分布式文件存储、分布式结构化数据存储、分布式列式数据存储、分布式图数据存储、批处理框架、流处理框架、图计算框架、内存计算框架和批流融合计算框架的功能要求，适用于大数据存储与处理系统的数据、开发和应用部署。

《信息技术　云数据存储和管理　第3部分：分布式文件存储应用接口》（GB/T 31916.3—2018）：给出分布式文件存储的体系结构，规定了分布式文件存储的应用接口通用要求和应用接口，适用于分布式文件存储的设计、开发、测试和使用。

《信息安全技术　移动智能终端数据存储安全技术要求与测试评价方法》(GB/T 34977—2017)：规定了移动智能终端数据存储的安全技术要求、测试评价方法及安全等级划分，适用于移动智能终端厂商、移动操作系统提供商以及应用开发商开展移动智能终端数据存储安全设计、开发与测试。

《信息技术　云数据存储和管理　第1部分：总则》(GB/T 31916.1—2015)：给出了云数据存储和管理框架，规定了云数据存储和管理应用接口通用要求，适用于云存储和管理应用接口的规范。

《信息技术　云数据存储和管理　第2部分：基于对象的云存储应用接口》(GB/T 31916.2—2015)：给出了基于对象的云数据存储体系结构，规定了基于对象的云存储的应用接口通用要求和应用接口定义，适用于基于对象的云存储的设计、开发和使用。

《信息技术　云数据存储和管理　第5部分：基于键值（Key-Value）的云数据管理应用接口》(GB/T 31916.5—2015)：给出了键值数据模型，规定了键值的云数据管理应用接口通用要求和接口定义，适用于基于键值的云数据管理系统的设计、开发和使用。

2. 数据安全

关于数据存储的相关法律及标准主要涉及数据的安全性、完整性、可用性和合规性。以下是一些重要的法律及标准。

《中华人民共和国网络安全法》：自2017年6月1日起实施，旨在加强网络安全管理，保护个人信息和重要数据，要求网络运营者对数据存储和处理进行安全管理。

《中华人民共和国个人信息保护法》：2021年11月1日生效，在个人信息的收集、存储、使用、转移和删除等方面进行了详细规定，强调了对个人信息的保护和数据主体的权利。

《中华人民共和国数据安全法》(2021年6月10日第十三届全国人民代表大会常务委员会第二十九次会议通过)：自2021年9月1日起实施，旨在保护数据安全，明确数据的分类分级管理要求，并规定了数据存储的安全责任和义务。

《非经营性互联网信息服务备案管理办法》：该文件规定了企业在信息系统安全管理中的责任，包括数据存储、备份、恢复等方面的要求。

《信息安全技术　个人信息安全规范》(GB/T 35273—2020)：针对个人信息的保护提出了具体要求，包括信息存储的安全管理和技术措施。规定了开展收集、存储、使用、共享、转让、公开披露、删除等个人信息处理活动应遵循的原则和安全要求。适用于规范各类组织的个人信息处理活动，也适用于主管监管部门、第三方评估机构等组织对个人信息处理活动进行监督、管理和评估。

《数据安全技术　大数据服务安全能力要求》(GB/T 35274—2023)：规定了大数据服务提供者的大数据服务安全能力要求，包括大数据组织管理安全能力、大数据处理安全能力和大数据服务安全风险管理能力的要求。适用于指导大数据服务提供者的大数据服务安全能力建设，及第三方机构对大数据服务提供者的大数据服务安全能力的评估。

《信息安全技术　大数据安全管理指南》(GB/T 37973—2019)：提出大数据安全管理的基本原则，规定了大数据安全需求、数据分类分级、大数据活动的安全要求，评估大数据安全风险。适用于各类组织进行数据安全管理，及供第三方评估机构参考。

《信息安全技术　数据安全能力成熟度模型》(GB/T 37988—2019)：给出了组织数据安全能力的成熟度模型架构，规定了数据采集安全、数据传输安全、数据存储安全、数据处理安全、数据交换安全、数据销毁安全、通用安全的成熟度等级要求。适用于对组织数据能力进行评估，及作为组织开展数据安全能力建设时的依据。

《信息安全技术　云计算服务安全技术要求》(GB/T 31168—2023)：描述了云服务商应具备的安全技术能力，适用于对党政机关和关键信息基础设施运营者使用的云计算服务进行安全管理，指导云服务商建设安全的云计算平台和提供安全的云计算服务。

《信息安全技术　网络安全等级保护基本要求》(GB/T 22239—2019)：该标准规定了网络安全等级保护的基本要求，其中包括数据存储的安全性和访问控制。

《数据安全技术　数据分类分级规则》(GB/T 43697—2024)：规定了数据分类分级的原则、框架、方法和流程，给出了重要数据识别指南，适用于行业领域主管（监管）部门参考本行业本领域的数据分类分级标准规范，及各地区、各部门开展数据分类分级工作，同时也给数据处理者进行数据分类分级提供参考。

ISO/IEC 27001：信息安全管理体系标准，涉及信息安全风险管理，包括数据存储的安全控制和管理要求。

ISO/IEC 27002：信息安全管理实践规范，提供了信息安全控制最佳实践，包括数据存储和保护措施。

ISO 22301：业务连续性管理标准，涉及数据备份和恢复策略，确保在发生突发事件时数据的可用性和完整性。

在数据安全方面，必须采取一系列措施以确保信息的完整性和保密性。首先，定期备份数据是防止因系统故障或自然灾害导致信息丢失的重要手段，备份数据应存放在不同地点，以确保灾难发生时依然可以恢复。其次，访问权限控制是确保数据安全的关键，只有经过授权的人员才能访问敏感信息，从而降低泄露风险。此外，数据加密技术的应用也是确保信息安全的重要手段，能够有效保护存储和传输中的数据不被非法访问。

第三节　食品可追溯系统的应用

一、基于条码技术的食品可追溯系统

条码技术因其成本低、效率高、易于实施，成为构建食品可追溯系统的理想选择。

条码技术在食品追溯领域应用广泛，其低成本（单标签≤0.1元）、高兼容性（适配现有产线）及国际标准化（符合GS1规范）特性成为行业基础解决方案。沃尔玛中国在生鲜供应链中部署GS1-128条码系统，要求4000余家供应商嵌入养殖基地编码，冷链车每15分钟扫描上传温湿度数据至区块链（2023年监测超2.1亿条）。消费者扫描价签二维码可实时查看动物检疫证明（直连农业农村部数据库）及运输轨迹地图，使问题产品召回时效从72小时压缩至4.5小时，扫码查询率提升37%。

卡夫亨氏智能工厂则通过DataMatrix码实现生产全流程控制：原料袋条码使投料错误率下降99.8%，激光喷码机以每秒60瓶速度标记批次（关联准确率100%），PDA（个人数字助理）扫描质检报告实现3秒内数据上传。仓库应用ISO 18000-6C标签超高频RFID技术，库位盘点效率提升40倍（人工8小时→机器12分钟）。据GS1统计，条码系统使信息采集速度加快15倍，人工记录错误率从4.2%降至0.05%，建设成本比RFID方案低62%。

技术实施需严格遵循国际规范：零售单元采用 EAN-13（ISO/IEC 15420），物流周转箱使用 GS1-128（ISO/IEC 15417），微小包装适配 QR 码（ISO/IEC 18004）。扫描设备读取率需达 99.9%（测试标准 ISO/IEC 29158），系统必须兼容 GS1 EPCIS 2.0 数据标准。需注意高价值商品（如和牛）应结合 RFID 防伪，海鲜加工等潮湿环境需选用 PET 覆膜耐腐蚀标签，数据元设计需满足 GB/T 38158—2019 要求。

二、基于 RFID 技术的食品可追溯系统

基于 RFID 技术的食品可追溯系统在许多食品企业中得到了广泛应用，帮助生鲜肉类、牛奶、物流和库存管理方面提高供应链的透明度和效率（图 5-3）。

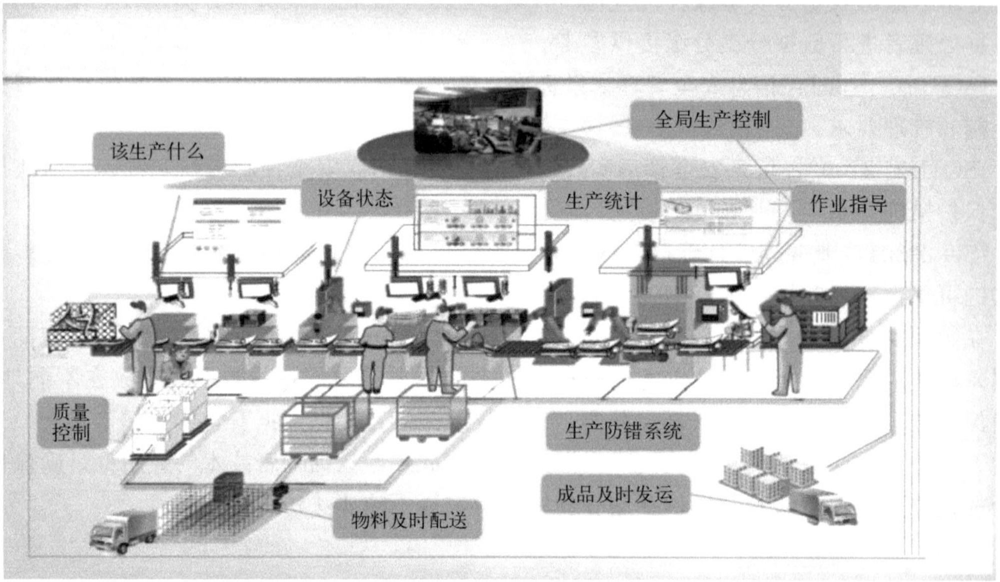

图 5-3 RFID 技术的食品可追溯系统

1. 史密斯菲尔德食品公司：肉类全链路温控追溯

史密斯菲尔德食品公司（Smithfield Foods）在其运营中采用了先进的实时监控系统，特别是通过无线射频识别（RFID）技术，来有效监控肉类产品的运输和存储条件。

RFID 技术在肉类产品的运输和存储中起到了关键作用。首先，在运输过程中，RFID 标签被贴在每一批肉类产品上，这些标签可以存储关于产品的详细信息，包括生产日期、批次、存储温度和运输路线等。运输车辆上配备的 RFID 读写器可以实时扫描这些标签，确保每一批次产品的状态和位置被准确记录。通过实时监控系统，史密斯菲尔德能够跟踪运输过程中的环境条件。例如，RFID 传感器可以监测运输车辆内的温度和湿度，确保肉类在运输过程中保持在安全的温度范围内。如果温度超出设定范围，系统会自动发出警报，提醒相关人员采取措施，防止产品质量下降。这种实时数据的获取和监控，帮助公司减少食品安全风险，确保消费者获得安全、新鲜的产品。在存储环节，RFID 技术同样发挥着重要作用。肉类产品在仓库中存储时，RFID 标签提供了详细的库存管理信息。仓库管理系统能够实时更新每一批次产品的存储状况，确保产品按照先进先出（FIFO）原则进行管理。这不仅优化了库存周转，还减少了浪费，降低了运营成本。此外，RFID 的使用还提升了供应链的透明度。通过整合 RFID 数据，公司能够追踪肉类产品的整个运输流程，从生产到消费者手中，

每一步都可以被记录和监控。这种透明度不仅增强了消费者对品牌的信任，也帮助公司在发生质量问题时迅速定位问题源头，进行有效的召回。

史密斯菲尔德食品公司通过实时监控系统和RFID技术的应用，极大地提升了肉类产品在运输和存储过程中的监控能力，不仅确保了产品的安全和质量，还优化了供应链管理，增强了企业的市场竞争力。

2. 阿联酋阿布扎比农业和食品安全局（ADAFSA）：政府级监管平台

阿联酋阿布扎比农业和食品安全局（ADAFSA）通过RFID技术在食品流通和存储管理中发挥着重要作用，以确保食品安全和质量，提升食品监管的效率。随着食品供应链的复杂性增加，传统的监控手段已无法满足现代食品安全的需求，因此ADAFSA积极引入RFID技术来实现更高效的食品追踪和监管。在应用方面，ADAFSA为食品供应链中的每一个环节引入了RFID标签。这些标签被附加在食品包装上，能够存储关于产品的详细信息，包括生产日期、保质期、原产地、运输条件等。通过RFID技术，ADAFSA可以实时追踪食品在流通过程中的状态，确保每一批产品都符合安全标准。RFID系统的核心在于其实时数据捕捉能力。ADAFSA在各个关键节点（如生产、加工、储存和运输）配置了RFID读写器，能够自动扫描经过的产品，立即将数据上传至中央管理系统。这种自动化的数据采集减少了人工干预的可能性，从而减少了人为错误，提高了数据的准确性和实时性。此外，ADAFSA还利用RFID技术实施温度监控。在食品存储和运输过程中，保持适宜的温度对于确保食品的新鲜度和安全性至关重要。RFID标签可与温度传感器结合使用，实现对食品存储环境的实时监测。一旦温度超过设定的安全范围，系统会自动发出警报，并通知相关人员采取必要措施，从而有效防止食品变质和安全隐患。ADAFSA的RFID系统还增强了政策执行和食品召回的效率。在发生食品安全事件时，该系统能够迅速定位受影响的产品，追溯其流通路径，确保快速而有效的召回。这不仅最大限度地降低了对消费者的风险，也提高了公众对政府监管机构的信任。总的来说，ADAFSA通过RFID技术实现了食品流通和存储的全方位监控，不仅提高了食品安全和质量管理的效率，也为整个阿联酋的食品监管体系提供了强有力的支持，并为全球其他地区的食品监管提供了借鉴经验。

3. Arla Foods乳业：奶牛个体级追溯

Arla Foods在其供应链管理中广泛应用RFID技术，以确保产品的质量和追溯性。Arla Foods通过在生产、运输和仓储等各个环节引入RFID标签，构建了一个高效的智能供应链。

在生产环节，Arla Foods为其20万头奶牛佩戴耐冲击RFID耳标，每日自动采集数据。这使得在生产过程中，相关人员能够实时监控每个批次的质量指标，如温度和湿度。这些数据通过RFID系统自动上传到中央数据库，确保信息的实时更新和准确性。

在运输阶段，RFID技术用于追踪乳制品的物流状况。每个运输容器都配备了RFID标签，能够实时记录运输路线、温度变化和运输时间等信息。这一过程不仅提高了运输效率，还确保了在运输过程中产品始终处于适宜的温控环境，防止因温度波动导致的质量问题。

在仓储环节，Arla Foods利用RFID技术进行库存管理，系统可以自动识别和记录每个产品的入库和出库情况，减少人工操作带来的错误。通过RFID读写器，仓库管理人员可以快速盘点库存，及时发现过期或即将过期的产品，确保产品的新鲜度和安全性。

Arla Foods还利用RFID标签实现了完整的追溯系统，消费者可以通过扫描产品上的

RFID标签，获取从乳源到成品的全程信息。这种透明的追溯机制不仅增强了消费者的信任，也提高了公司对产品质量的管理能力。通过RFID技术的综合应用，Arla Foods在确保乳制品质量和追溯性方面取得了显著成效，提升了供应链的整体效率和可靠性。

三、基于物联网的食品可追溯系统

基于物联网（IoT）的食品可追溯系统是一种利用先进的传感器、RFID技术、云计算和大数据分析等技术手段，实时追踪和记录食品从生产到消费全过程的系统。

1. 新疆沙湾大盘鸡养殖链区块链溯源

沙湾市创新性实施“物联网脚环＋区块链”双技术融合方案，为8000羽天山散养土鸡佩戴耐冲击型物联网脚环（工作温度－40～85℃），实时采集个体级数据：包括每日运动步数（健康阈值≥800步）、体温波动曲线（精度±0.1℃）、玉米-苜蓿混合饲喂配比（每羽误差≤5g）及疫苗接种记录（附兽医电子签名视频）。脚环数据通过LoRaWAN网关每15分钟同步至区块链平台，养殖场氨气浓度超标时自动触发通风系统，实现环境风险秒级响应。消费者在6家加盟餐厅扫描餐盘二维码，可查看：鸡只生前120天散养牧场直播画面（延时≤3s）、伊斯兰清真屠宰认证编号、冷链物流时效（屠宰至餐厅耗时≤6h目标值）。系统日均产生2.3万条可信数据链，使养殖合作社疫病损失率下降45％，消费者投诉率下降90％。该项目推动餐饮店采购成本降低12％，并计划于2027年将辣椒、面粉等辅料纳入全链管理。

2. 合肥智能周转筐蔬菜追溯工程

合肥市构建以RFID智能筐为核心的蔬菜数字化流通网络，在全市部署11.13万个植入无源RFID芯片（符合EPC C1G2标准）的耐腐蚀周转筐。每个筐体集成三类传感模块：

田间端，土壤墒情仪实时监测pH值、重金属含量，联动气象局降雨数据验证农药喷洒记录；

物流端，多频段温湿度记录仪（－25～70℃耐受）每30秒采集冷链数据，GPS轨迹与冷库开关门次数自动上链；

销售端，AI智能秤自动打印含追溯码小票，消费者扫码可查看AI识别的霉变叶片剔除影像及农残速检报告。

项目累计生成3147万条追溯链，夏季蔬菜损耗率因精准温控从15％降至6％。创新推出的“可追溯优选菜”专柜，实现8小时内从田头到餐桌的极速配送，22个认证品种在80家门店溢价率达25％，上半年销量突破660吨。政府同步出台《食用农产品追溯筐流转管理规范》，以数据共享机制推动商超库存周转效率提升40％。

3. 浙江玉环带鱼海上物联追溯系统

针对带鱼流通中“身份断层”痛点，玉环市设计海上捕捞即赋码方案：

源头锁定，渔船使用防水物联鱼筐（内置北斗定位模块），记录起网海域坐标、作业船号及捕捞深度，生成唯一“海洋身份证”；

分包关联，加工车间扫描鱼框二维码，AI视觉系统自动分割带鱼图像并绑定分包信息，成品粘贴三重防伪标签（含微缩文字、荧光隐纹及区块链哈希值）；

全程温控，超宽温域记录仪（－30～50℃）每2分钟回传数据，AI基于振动频率与温变历史计算“鲜损指数”预测货架期。

消费者扫码可调取捕捞视频、重金属检测报告及保险理赔通道。系统上线后假冒产品投诉率下降 90%，渔民溢价收益提高 35%，带动冷链物流企业故障响应速度提升 4 倍。

4. 顺丰云南蓝莓端到端温控体系

顺丰在蓝莓供应链中部署多层级物联网架构：

种植层，土壤电导率传感器联动灌溉系统，依据糖度预测模型精准调度采摘时段；

运输层，冷藏车配备双备份记录仪（±0.3℃精度），每 5 分钟上传温湿度至云端区块链；

消费层，生成动态“新鲜度指数”（融合呼吸熵与冷链中断时长算法），消费者扫码可获取果品成熟度建议。

项目实现损耗率从 15%降至 6%，配送时效压缩 30%，推动种植基地溢价订单增长 50%。

四、基于区块链的食品可追溯系统

区块链技术因其不可篡改和可追溯的特性，尤其适用于食品安全追溯，能够显著提高食品透明度，增强消费者对食品的可信度和真实性。业内人士指出，区块链数据的不可篡改性与交易可追溯性的结合，有助于根除供应链中产品流转过程中的假冒伪劣问题，有效解决传统追溯中存在的信任缺失，从而更好地保障消费者权益。

1. 都乐食品（Dole）沙拉召回事件中的区块链实践

2018 年，都乐因沙拉产品沙门菌污染启动召回，首次大规模应用 IBM Food Trust 区块链系统。该系统记录每包沙拉从农场到货架的全链条数据：农场坐标、采收时间、加工厂消毒记录、冷链运输温湿度（精度±0.3℃）。当消费者病例报告触发预警时，都乐通过区块链在 2.2 秒内锁定污染批次为 4 月 11 日加利福尼亚州 A 厂生产线，精准召回范围从传统追溯的 300 万包缩减至 18 万包，召回效率提升 94%。消费者扫描包装二维码可实时查看污染批次的隔离处置视频，并自动推送补偿方案。此次事件推动都乐宣布 2025 年前将区块链整合至所有部门，目前其蔬菜供应链调查时效从数周缩短至 10 秒内。

2. 沃尔玛 Food Trust 全球生鲜追溯网

沃尔玛联合 IBM 构建的 Food Trust 联盟链覆盖 6 大洲 30 国，日均处理 200 万条追溯数据。在中国市场，其猪肉溯源系统要求供应商上传 22 类关键字段：养殖场兽药记录（链接农业农村部数据库）、屠宰场检疫编号、冷链车 GPS 轨迹及车厢温控曲线（每 15 分钟记录）。消费者扫描商品二维码可调取：

养殖阶段，猪只个体耳标号、饲料配方（如玉米占比 62%）；

加工阶段，屠宰车间温湿度及刀具消毒记录；

物流阶段，中转仓开关门时间戳（超时自动报警）。

2024 年该系统拦截 7 起冷链中断风险，召回响应速度达分钟级。沃尔玛中国区因溯源透明度提升，生鲜复购率增长 23%（图 5-4）。

3. 铜仁“农数一码通”助农溯源平台

铜仁“农数一码通”助农溯源平台是贵州铜仁市为破解农产品“出村难”问题而构建的数字化产销一体化系统，由贵州山久长青科技集团有限公司主导开发。该平台采用“基地端＋服务站端＋商场端”三层技术架构，以“公司＋基地＋农户＋服务站”模式整合生产、收购与销售全链条，实现从田间到餐桌的闭环管理。

在基地端，平台通过物联网设备实时采集土壤墒情、气象数据及农事操作记录，并引入

图 5-4 沃尔玛食品可追溯系统

区块链技术对种植、采收、检测等环节信息进行存证，确保数据不可篡改。例如，德江县核桃园区部署的“一品一码”系统可 24 小时监控种植过程，消费者扫码即可查看实时视频与检测报告。服务站端在全市设立 235 个村级站点，负责收集农户产品并协调农技专家现场指导，如针对土壤属性定制施肥方案，优化种植结构。商场端则对接线上商城与线下渠道，依托大数据分析市场供需，动态调整产销计划。平台已上架商品超 11.3 万件，涵盖蔬菜、水果、深加工产品等类别，日均交易额超 300 万元。

如今，区块链技术正逐渐成为业内巨头争夺“食品安全”新高地的标配工具。除了传统零售业巨头外，阿里、京东、苏宁等电商平台也积极入局，推动区块链在食品安全追溯领域的发展，目前已进入应用实践阶段。

基于区块链的食品安全可追溯系统在多个知名食品企业中得到了实际应用，展现了其在提升食品透明度和保障消费者权益方面的巨大潜力。这一技术不仅加快了产品的追溯和召回速度，降低了产品质量风险和消费者感染食源性疾病的风险，还为解决传统食品供应链中的信任问题提供了创新解决方案。提升食品体系的透明度关系到整个食品行业生态系统的建设，需要行业各方的通力协作，共同努力构建一个更透明、高效且安全的食品体系。

问答题

1. 结合本章“系统架构层次化设计”（信息采集层、信息处理层、信息服务层），绘制某乳制品企业从奶牛养殖到终端销售的追溯系统数据流图。

2. 消费者通过扫码查询食品追溯信息时，哪些信息是“必备要素”？请结合“消费者需求”中的“信息透明度”要求，设计一份包含5项核心信息的查询页面框架，并说明理由。

3. 区块链技术被认为是“解决追溯信息篡改”的理想方案，但在实际应用中仍存在“节点参与度低”“数据上链成本高”等问题。请分析区块链在中小食品企业追溯系统中的适用性，并提出2项优化建议。

·第六章·

食品安全风险监测要素和技术

第一节 监测要素

食品安全风险监测是通过系统收集、分析食品产业链中潜在危害因素的相关数据，识别风险源头、评估风险程度并制定防控策略的过程。其核心监测要素包括食源性疾病、食品污染及食品安全危害，三者相互关联，共同构成食品安全风险的“全链条防控网络”。

一、食源性疾病

食品是人类获取营养和能量的核心载体，但由于其成分复杂性、环境影响及生产加工环节的不确定性，可能含有致病因素。这些因素的存在直接决定了食品安全风险的高低，而食源性疾病正是这类因素通过食品进入人体引发的健康损害。据《食品安全法》定义，食源性疾病指食品中致病因素进入人体引起的感染性、中毒性等疾病，包括食物中毒，其核心特征是“通过食品摄入致病因素”，临床表现以急性感染或中毒为主，严重时可危及生命。

1. 特征与分类

食源性疾病的传播依赖两个关键要素：食品媒介和病原物质（即食品中的致病因子）。根据致病因子类型和临床特征，可分为以下类别。

① 食物中毒：摄入含有生物毒素（如黄曲霉毒素、河鲀毒素）或致病性微生物（如沙门菌、金黄色葡萄球菌）的食品引起的急性中毒，具有发病集中、潜伏期短的特点。

② 食源性肠道传染病：由细菌（如霍乱弧菌）、病毒（如诺如病毒）、寄生虫（如贾第虫）等通过食品传播引发的肠道感染，可通过粪-口途径扩散。

③ 食源性寄生虫病：生食或半生食含寄生虫幼虫的食品（如未煮熟的淡水鱼虾含华支睾吸虫囊蚴）导致的感染，病程多为慢性。

④ 人畜共患病：动物源性疾病通过食品传播给人类，如布鲁氏菌病（通过未经巴氏消毒的乳制品传播）、禽流感（通过禽肉传播）。

⑤ 食物过敏：特定人群对食品中过敏原，如花生、牛奶、海鲜的免疫反应，症状从皮

肤瘙痒到过敏性休克不等。

⑥ 营养不平衡导致的慢性非传染性疾病：某些慢性疾病可能与不当的饮食结构有关。

⑦ 暴饮暴食引起的急性胃肠炎：食入过量食物导致的急性反应。

2. 食源性疾病的预防

预防食源性疾病需贯穿食品生产、加工、消费全链条，世界卫生组织（WHO）提出的“食品安全五要点”是国际通用的核心策略。

① 保持清洁：勤洗手、定期消毒食品接触表面（如砧板、刀具），避免微生物污染。

② 生熟分开：生食（如肉类、海鲜）与熟食（如即食凉拌菜）使用专用工具和容器，防止交叉污染。

③ 做熟：食物中心温度达到70℃以上，杀灭致病菌，如肉类彻底煮熟可杀灭沙门菌。

④ 在安全的温度下保存食物：食物应在安全温度下储存和烹饪，熟食存放需冷藏（≤5℃）或热藏（≥60℃），避免在20～40℃的“危险温度区”存放超过2h。

⑤ 使用安全的水和原材料：选择经检验合格的食品原料，饮用水需符合卫生标准，避免使用受污染的水源或变质原料。

3. 政策与标准

近年来，我国在食源性疾病的防控方面出台了一系列政策和标准。2017年，国务院食品安全办等14部门联合发布了《关于提升餐饮业质量安全水平的意见》，强调加强农村集体用餐管理，以防止误采误食野果、野生毒蘑菇、误用亚硝酸盐及误饮甲醇等事件。2018年，国家市场监督管理总局发布了《餐饮服务食品安全操作规范》，并在附录G中列出了预防食物中毒的注意事项，包括常见原因和基本预防方法。同年，国家市场监督管理总局明确禁止餐饮服务提供者采购、贮存和使用亚硝酸盐，以防止误用。2019年，国家卫生健康委员会发布了《食源性疾病监测报告工作规范（试行）》，列出了包括细菌性、病毒性、寄生虫性、化学性、有毒动植物性、真菌性和其他的食源性疾病类别。此外，相关国家标准如《食品安全国家标准　食品中致病菌限量》（GB 29921—2021）、《肉毒梭菌食物中毒诊断标准及处理原则》（WS/T 83—1996）等，为食源性疾病的监测与处理提供了依据。

食源性疾病是全球突出的公共卫生问题之一，严重威胁人类健康，并阻碍社会发展。随着预防医学的快速发展，国内外对食源性疾病的防控研究不断深入。目前，食源性疾病的防控工作主要集中在流行现状的描述性研究、基于病原传播的风险因素研究和食源性疾病的防控研究与监测。

4. 风险识别与评估

食源性疾病的风险识别与评估是防控的核心环节，通过科学方法量化风险，为预警和干预提供依据。风险识别是指识别出可能对食品安全构成威胁的微生物、化学物质及其他病原体，并分析其在食品链中的传播途径。风险评估则包括对不同食品中致病因素的定量分析，评估其对人类健康的影响。

① 监测网络建设：依托全国食源性疾病哨点医院和疾控中心，实时收集病例信息（症状、发病时间、暴露史）和实验室检测数据（致病因子类型），形成全国性监测数据库。

② 流行病学调查：对聚集性病例开展溯源调查，通过病例对照研究识别可疑食品，如某学校食物中毒事件中，通过比对发病学生与健康学生的饮食史，锁定受污染的早餐豆浆。

③ 风险模型的建立：利用统计学模型（如时空扫描统计、传播动力学模型）预测疫情

趋势，例如通过分析气温、降雨量与霍乱发病率的关联，预测高发季节和区域。

二、食品污染

食品污染是指食品在生产、加工、运输、储存、销售等环节中，因外部因素混入或产生有害物质，导致其安全性、营养性或感官品质下降的现象。根据污染源性质，可分为生物污染、化学污染和物理污染三类。

1. 生物污染

生物污染是指生物本身及其代谢过程或代谢产物对食品原料、加工过程和成品的污染。主要污染源包括以下几种。

① 微生物，细菌（弯曲菌、沙门菌、大肠菌群、单核细胞增生李斯特菌等）、真菌（黄曲霉、赭曲霉、杂色曲霉等）及其产生的毒素；

② 寄生虫，如囊尾蚴、华支睾吸虫等；

③ 卫生害虫，如苍蝇、蟑螂等；

④ 病毒，如口蹄疫病毒、牛海绵状脑病病毒、甲型肝炎病毒、诺如病毒等；

⑤ 天然毒素，如河鲀毒素、生物碱、生物苷等。

生物污染的危害具有即时性，短期内可引发呕吐、腹泻等急性症状，长期暴露（如黄曲霉毒素）可能增加癌症风险。

2. 化学污染

化学污染是指有毒化学物质进入食品并超过安全限量，主要来源如下。

① 农药和兽药：过量使用农药（如蔬菜中的有机磷农药）、兽药（如畜禽肉中的抗生素），通过食物链累积进入人体。

② 工业废物：含铅、汞、镉等重金属的工业废水污染农田或水体，导致农作物、水产品中重金属超标。

③ 食品添加剂：超范围、超限量使用添加剂（如腌菜中过量使用亚硝酸盐、蜜饯中过量使用着色剂），可能引发慢性毒性。

④ 包装材料：不合格塑料包装中的邻苯二甲酸酯（增塑剂）、纸质包装中的荧光增白剂，在接触食品过程中迁移到食品中。

化学污染覆盖了从食品种养、收获、加工到销售和消费的全过程，其危害具有累积性，长期摄入可能损伤肝、肾等器官，甚至影响生殖发育。

3. 物理污染

物理污染相对简单，主要是指食品在收获、加工、储存等过程中，可能混入的异物，其主要来源于：

① 生产加工环节，收割机械脱落的金属碎片、加工设备磨损产生的玻璃渣；

② 储存运输环节，包装破损混入的泥沙、昆虫尸体；

③ 人为因素，恶意投放的异物（如针、石子等）。

三、食品安全危害

食品安全危害是指潜在的损害或威胁食品安全和质量的因素，包括生物、化学和物理性危害。食品污染是这些危害（特别是生物和化学危害）进入食品的主要途径或状态描述（生物污染、化学污染）。食品安全危害与食品污染的区别在于：“污染”强调过程，“危害”强调结果。

根据 HACCP（危害分析与关键控制点）体系，食品安全危害可分为五类。

① 生物性危害：即生物污染导致的危害，如致病性微生物、寄生虫、病毒、生物毒素、过敏原等，是引发食源性疾病的主要原因。

② 化学性危害：包括天然毒素、农药残留、兽药残留、重金属、食品添加剂滥用、环境污染物、加工产生的有害物等，具有慢性毒性和蓄积性。

③ 物理性危害：主要是异物混入导致的机械性伤害，如食品中的石子、金属丝。

④ 放射性危害：指食品受到放射性核素污染，通过放射性衰变释放的射线（如 α 射线、β 射线、γ 射线）对人体组织造成的潜在损伤风险。

⑤ 其他危害：指除上述四类外、需要特别关注的潜在风险，例如转基因食品可能带来的危害。这类危害涉及安全性争议，包括新过敏原产生的风险、基因水平转移的生态影响等，目前主要通过严格的安全性评估和强制性标识管理进行风险控制。

第二节　生物性危害

生物性危害是指由微生物（细菌、病毒、真菌）、寄生虫、生物毒素及过敏原等生物因素污染食品，导致食品安全性下降或引发食源性疾病的风险因素。致病性微生物是引发食源性疾病的首要原因，占全球食源性疾病事件的 60％以上。根据致病机制，生物性危害可分为感染型（通过病原体增殖致病）和毒素型（通过产生毒素致病）两大类，此外还包括生物毒素、病毒、过敏原、抗营养因子及寄生虫等特殊类型。

一、感染型食源性致病菌——沙门菌

沙门菌（*Salmonella*）是全球分布最广、致病性最强的食源性致病菌之一，属于肠杆菌科革兰氏阴性菌，目前已发现超过 2600 个血清型，其中对人类致病的主要有伤寒沙门菌、甲型副伤寒沙门菌及多种非伤寒沙门菌（如鼠伤寒沙门菌、肠炎沙门菌）。

1. 致病性与临床特征

沙门菌通过污染食品进入人体后，在肠道内大量增殖并侵入肠黏膜细胞，引发急性胃肠炎，典型症状如下。

消化系统症状：恶心、呕吐、腹痛、腹泻（多为水样便）。

全身症状：发热（38～40℃）、头痛、乏力、肌肉酸痛。

严重并发症：对于婴幼儿、老年人及免疫低下人群，细菌可进入血液引发菌血症，进而导致脑膜炎、骨髓炎等，致死率约为 4.1％。

症状通常在摄入污染食品后 6～72h 出现，持续 2～3d，预后良好，但免疫力低下者可能病程迁延。

2. 污染来源与生长特性

沙门菌广泛存在于畜禽肠道、土壤、水源中，主要通过以下途径污染食品。

动物源性食品：肉类（尤其是猪肉、鸡肉）、蛋类、乳制品在生产加工过程中被粪便

污染。

交叉污染：生食与熟食共用砧板、刀具，导致沙门菌扩散。

环境传播：采用被污染的水源灌溉蔬菜，或苍蝇等媒介携带细菌污染食品。

沙门菌的最适生长温度为37℃（与人体体温一致），在20～42℃范围内均可快速繁殖，在低温（0～4℃）下可存活数周，因此低温储存（≤4℃）是重要的预防措施。

3. 限量标准与监测要求

根据《食品安全国家标准 预包装食品中致病菌限量》（GB 29921—2021），沙门菌在即食食品中属于“不得检出”项目，涉及11类产品，包括肉制品、水产制品、即食蛋制品、粮食制品、饮料、冷冻饮品等。

二、毒素型食源性致病菌——金黄色葡萄球菌

金黄色葡萄球菌（*Staphylococcus aureus*）是一种革兰氏阳性球菌，广泛存在于自然界及人和动物的皮肤、鼻腔、咽喉中，其致病性主要源于产生的肠毒素，而非细菌本身的增殖。

1. 致病性与临床特征

金黄色葡萄球菌在食品中生长繁殖时（如肉类、乳制品、糕点），可产生多种耐热性肠毒素（如A型、B型毒素），这些毒素在100℃加热30min仍能保持活性。人摄入含毒素的食品后，通常在1～6h内出现急性中毒症状：

剧烈呕吐、腹痛、腹泻；

少数伴有头晕、乏力，一般无发热；

病程较短（1～2d），预后良好，极少致死。

近年来，金黄色葡萄球菌引发的食物中毒占我国微生物性食物中毒事件的25%左右，仅次于沙门菌和副溶血性弧菌，是餐饮行业和食品加工企业需重点防控的致病菌。

2. 生长特性与污染途径

最适生长条件：温度37℃、pH 7.4，耐高盐（可在10%氯化钠环境中生长）。

污染来源：食品加工人员手部皮肤破损处携带的细菌污染食品，或食品在室温（20～40℃）下存放时间过长（超过2h），导致细菌大量繁殖并产毒。

3. 限量标准与监测要求

GB 29921—2021《食品安全国家标准 预包装食品中致病菌限量》规定了严格的金黄色葡萄球菌限量标准。其中，特殊膳食食品（如婴幼儿配方食品）的标准更严格，以保护敏感人群。

三、生物毒素

生物毒素是由微生物、植物或动物产生的天然有毒物质，具有毒性强、隐蔽性高的特点，被世界卫生组织（WHO）列为“最危险的食品污染物”。食品中的生物毒素主要包括以下两大类：真菌毒素、细菌毒素。

1. 真菌毒素

真菌毒素（霉菌毒素）是丝状真菌（如曲霉、青霉、镰刀菌）产生的次级代谢产物，目前已发现近400种，具有强毒性、致癌性、致畸性，且耐热性强（普通烹饪无法破坏）。常

见类型如下。

黄曲霉毒素：主要由黄曲霉污染花生、玉米产生，其中 B_1 型毒性最强，对肝脏有强致癌作用，我国规定花生及其制品中黄曲霉毒素 B_1 限量≤20μg/kg。

赭曲霉毒素 A：污染谷物、咖啡豆，可损伤肾脏，国际癌症研究机构（IARC）将其列为 2B 类致癌物。

伏马菌素：由镰刀菌污染玉米产生，与神经管缺陷、肝癌等疾病相关。

真菌毒素的监测需结合产地环境（如潮湿地区易滋生霉菌）和储存条件（如通风不良导致谷物霉变），采用高效液相色谱（HPLC）等精准检测技术。

2. 细菌毒素

细菌毒素是细菌代谢产生的有毒物质，按释放方式分为内毒素和外毒素。

内毒素：革兰氏阴性菌（如大肠埃希菌、沙门菌）细胞壁外膜的主要成分，化学本质为脂多糖与蛋白质的复合体。这些内毒素仅在细菌死亡后释放，能够诱导中性粒细胞产生内源性致热原，从而导致人体发热、休克等全身炎症反应。

外毒素：细菌在生长代谢过程中分泌到细胞外的毒性蛋白，通常由革兰氏阳性菌（如金黄色葡萄球菌、肉毒梭菌）产生，少数革兰氏阴性菌也能产生外毒素。这类毒素具有较强的抗原性，并可能引发多种疾病。

四、食源性病毒

食源性病毒是指以食品为传播载体的病毒，其特点是无需在食品中繁殖，仅需少量病毒（10～100 个病毒粒子）即可引发感染，据统计，美国每年发生的食源性疾病案例中，超过一半由病毒引起。根据来源，食源性病毒可分为肠道食源性病毒和人畜共患食源性病毒两大类。常见的食源性病毒如下。

1. 肠道食源性病毒

诺如病毒：污染生冷食品（如沙拉、牡蛎），引发急性胃肠炎（呕吐、腹泻），传染性极强，是集体单位（学校、游轮）暴发的主要病原体。

甲型肝炎病毒：通过污染贝类、蔬果传播，导致肝功能损伤，病程较长（1～2 个月）。

2. 人畜共患食源性病毒

禽流感病毒（H_5N_1、H_7N_9）：通过生食禽肉或接触污染环境传播，可引发重症肺炎。

猪圆环病毒、牛海绵状脑病病毒：通过食用感染动物的肉或内脏传播，导致慢性神经系统疾病。

食源性病毒对热敏感，但耐低温和干燥。监测需采用实时荧光 PCR 等分子生物学技术，快速检测食品中的病毒核酸。预防措施有彻底加热食品，尤其是肉类、贝类，勤洗手，避免交叉污染，接种甲肝疫苗等特异性预防手段。

五、食物过敏原

食物过敏原是食品中能诱发部分人群产生免疫球蛋白 E（IgE）介导的免疫反应的蛋白质。这些过敏原对人体健康的影响因个体差异和地域差异而异。食物过敏反应通常发生迅速，且缓解较快，是引发皮肤、呼吸系统及肠道等疾病的重要诱因，但较少导致严重后果或死亡。

随着食品工业的发展，成品中原料和添加物的种类日益繁多，极有可能包含未知的过敏原。常见的食物过敏原如下。

牛奶：β-乳球蛋白、α-乳清蛋白，是婴幼儿最常见的过敏原。

鸡蛋：卵清蛋白、卵黏蛋白，加热可降低部分致敏性。

水产品：鱼类的小清蛋白、虾蟹的原肌球蛋白，致敏性强且终身持续。

坚果与豆类：花生的伴花生球蛋白、大豆的β-伴大豆球蛋白，可引发严重过敏反应（如过敏性休克）。

过敏反应症状包括皮肤瘙痒、荨麻疹、哮喘、胃肠痉挛，少数可危及生命。我国《食品安全国家标准 预包装食品标签通则》（现行的 GB 7718—2011 和即将实施的 GB 7718—2025）要求强制标注 8 类常见过敏原，如“含有麸质的谷物及其制品”“甲壳纲类动物及其制品”。

六、抗营养因子

抗营养因子是指存在于植物性食品原料中的防御性物质，是植物在长期进化过程中形成的。这些物质可能对人体的营养吸收产生拮抗作用，降低食品中营养物质的利用效率，甚至引发健康问题。根据其抗营养作用，抗营养因子可大致分为以下三类。

① 干扰蛋白质或氨基酸吸收：包括多种蛋白抑制剂，如胰蛋白酶抑制剂、胃蛋白酶抑制剂和糜蛋白酶抑制剂等。此外，豆类籽实中常见的植物凝集素和皂苷也属于此类物质。

② 干扰矿物质元素吸收：如植酸及其盐类主要存在于豆类、禾谷类及油料作物中。草酸及其盐类广泛存在于植物的新鲜叶片中，能降低锌、钙、铜、铁、镁等矿物质元素的吸收和利用效率。

③ 抗维生素因子：如单宁能够与维生素 B_{12} 形成配合物，从而降低其生物利用度，主要存在于谷类、豆类、棉籽和菜籽等籽实中。抗坏血酸氧化酶存在于新鲜果蔬中，破坏维生素 C。

抗营养因子多可通过加工手段去除：①加热处理，破坏豆类中的蛋白酶抑制剂和凝集素；②浸泡、发芽，降低谷物中的植酸含量；③发酵，通过微生物作用分解草酸、单宁等物质。

七、食源性寄生虫

食源性寄生虫是指通过水或食物传播，能够导致人类患病的寄生虫。这些寄生虫在食品中无法繁殖，只有在终宿主中发育为成虫或达到性成熟时才能进行繁殖。其幼虫或虫卵通过粪便排出体外，可能污染水体或土壤，进一步污染牲畜、鱼类和贝类等食品原料，导致循环污染。根据寄生虫的来源，可以划分为以下几类。

① 鱼源性寄生虫：

华支睾吸虫（肝吸虫），寄生在淡水鱼虾体内，人食用生鱼片后感染，损害肝脏；

异尖线虫，存在于海鱼（如三文鱼、鳕鱼），幼虫侵入胃肠壁引发剧烈腹痛。

② 畜源寄生虫：

猪带绦虫，通过生食猪肉中的囊尾蚴感染，成虫可长达数米，引发消化不良；

弓形虫，污染生肉、未消毒乳制品，孕妇感染可能导致胎儿畸形。

③ 水源性与植物源寄生虫：

隐孢子虫，通过污染的水或蔬菜传播，引发腹泻，对免疫低下者致命；

姜片虫，附着在水生植物（如菱角、荸荠）表面，人生食后感染肠道。

对于食源性寄生虫的预防，可采用烹饪手段，加热至食品中心温度≥70℃，杀死寄生虫幼虫；避免生食，不食生鱼片、醉虾、未煮熟的肉类。采用显微镜检查或 PCR 方法，检测食品中的寄生虫卵或幼虫。

第三节 化学性危害

化学性危害是指食品中含有的有毒有害化学物质对人体健康造成的潜在风险，其特点是毒性强、隐蔽性高，可通过食物链长期累积，对人体造成急性或慢性损害。常见的化学性危害包括天然毒素、农药残留、兽药残留、食品添加剂及重金属等，其污染途径贯穿食品生产、加工、储存全链条，是食品安全风险监测的重点对象。

一、天然毒素

天然毒素是生物自身合成或代谢产生的有毒成分，广泛存在于植物、动物及微生物中，其毒性往往强于人工合成化学物质，且加工过程中难以破坏。常见类型如下。

1. 动物源性天然毒素

① 河鲀毒素（TTX）：存在于河鲀的肝脏、卵巢及血液中，是一种强效神经毒素，能阻断钠离子通道，导致呼吸肌麻痹。该毒素对热稳定，煮沸、盐腌等加工方式无法去除，中毒后死亡率高达 60%。我国规定禁止河鲀（养殖暗纹东方鲀等除外）进入食品市场，养殖河鲀需经专业加工去除毒素后才可销售。

② 组胺：组胺是由组氨酸分解而成，其含量与鱼类中组氨酸的含量密切相关，食用含有过量组胺的鱼类可能导致食物中毒。当青皮红肉鱼如鲐鱼、金枪鱼腐败时，组氨酸在细菌作用下转化为组胺，食用后引发过敏性中毒（头晕、皮疹、呕吐）。我国标准规定高组胺鱼类组胺含量≤40mg/100g，其他海水鱼类≤20mg/100g。

2. 植物与微生物源性天然毒素

① 雪卡毒素：由海藻产生，经食物链在珊瑚鱼（如石斑鱼、鲷鱼）体内蓄积，是一种脂溶性神经毒素，可导致长期神经损伤（如冷热感觉颠倒）。其毒性与海水中膝沟藻的丰度正相关，夏季赤潮期风险最高。

② 其他天然毒素：如毒蘑菇中的鹅膏毒素（肝毒性）、发芽马铃薯中的龙葵素（胃肠毒性）等，多因误食引发中毒，预防需加强食材鉴别。

二、农药残留

农药残留指在使用农药后，残留在生物体、食品、农副产品及环境中的微量农药原体、有毒的代谢物、降解物和杂质。当农药残留量超过最大残留限量（MRL）时，将对人体和生态系统造成不良影响，包括急性和慢性毒性反应。农药残留的污染途径主要如下。

① 直接污染：农药可通过表面附着或渗透进入植物体内，具体与农药的种类、性质、使用方法（包括浓度、施药次数和施药方式）以及植物的种类有关。

② 环境传播：空气、水源和土壤作为传播媒介，可能导致农药在动植物体内的残留，如水稻吸收土壤中的“六六六”。

③ 食物链富集：在食物链中，农药通过生物富集作用在动物体内积累，导致高浓度的残留，如鸟类摄入农药污染的昆虫，其体内残留量是昆虫的 10 倍。

④ 运输与贮存污染：运输时与农药混装，或仓库中农药泄漏污染食品。

我国通过《食品安全国家标准　食品中农药最大残留限量》（GB 2763—2021）规定了 548 种农药残留限量，监测采用气相色谱-质谱（GC-MS）、液相色谱-质谱（LC-MS）等技术，精准检测微量残留。

三、兽药残留

兽药残留是指动物产品中任何可食用部分所含的兽药母体化合物或其代谢产物，以及与兽药有关的杂质。兽药残留主要通过以下途径污染食品。

① 动物疾病的预防与治疗：在治疗动物疾病的过程中，兽药可能残留于动物体内，从而污染其肉、奶等产品。

② 饲料添加剂：长期使用饲料添加剂（如某些药物）可能导致药物在动物体内的残留，从而影响食品安全。

③ 保鲜过程中药物的引入：在食品保鲜过程中，若加入抗生素等药物以抑制微生物生长，可能会导致食品污染。

造成兽药残留的主要原因包括：

① 不遵守休药期规定，未能按照规定的休药期使用兽药，导致药物在屠宰前未完全代谢；

② 不当使用和滥用兽药，不合理的用药剂量、给药途径、用药部位以及动物种类可能导致药物残留；

③ 饲料加工和运输过程中的污染，饲料在加工或运输过程中可能受到未批准药物的污染；

④ 错误的用药或屠宰前用药，不当的用药方法或屠宰前用药可能导致食品中的药物残留。

《食品安全国家标准　食品中兽药最大残留限量》（GB 31650—2019）规定了 104 种（类）兽药在动物产品中的最大残留限量，其监测技术通常采用酶联免疫吸附测定（ELISA）快速筛查，液相色谱-串联质谱（LC-MS/MS）确证，重点监测畜禽肉、水产品中的禁用兽药（如氯霉素、己烯雌酚）。

四、食品添加剂

食品添加剂的危害主要源于天然食品添加剂在生产过程中引入的风险以及人工合成食品添加剂中可能残留的有毒有害物质。近年来，毒理学研究的发展进一步证实，一些食品添加剂可能导致慢性中毒、致畸、致突变及致癌等严重危害。因此，必须对食品添加剂的使用进行严格管理，加强其评价和限制其使用。

为减少食品添加剂的潜在危害，需遵循以下基本原则和措施。

① 安全评价：所有食品添加剂必须经过规定的食品毒理学安全评价，以确保其使用的安全性。

② 保留感官特性：食品添加剂的使用不应影响食品的感官特性，同时也不应导致食品营养成分的流失。

③ 质量标准：食品添加剂必须符合严格的质量标准，其有害杂质的含量不得超过国家强制性标准。

④ 操作规范：在使用食品添加剂时，必须遵循良好的操作规范和卫生要求，确保不降低食品的安全性。

⑤ 不掩盖缺陷：不得使用添加剂来掩盖食品本身的缺陷或伪造食品的真实品质。

⑥ 特别人群限制：未经卫生部门批准，婴儿及儿童食品不得添加任何食品添加剂，以保障儿童的健康和安全。

我国《食品安全国家标准　食品添加剂使用标准》（GB 2760—2024）规定了食品添加剂的使用原则、允许使用的食品添加剂品种、使用范围及最大使用量或残留量。

五、重金属

食品中重金属污染是一个严峻的公共卫生问题。重金属是指相对密度≥$5g/cm^3$ 的金属元素，食品中常见的有害重金属包括铅、汞、镉、砷（类金属）等，其毒性具有累积性和不可逆性。常见重金属及其危害如下。

铅（Pb）：主要来源于工业废水污染的土壤、含铅包装材料，长期摄入损害神经系统（儿童智力下降）、造血系统。

汞（Hg）：工业排放的汞在水体中转化为甲基汞，经鱼类富集，如金枪鱼中甲基汞含量是海水的 1000 倍，摄入后损害中枢神经系统，如日本“水俣病”。

镉（Cd）：磷肥中的镉通过土壤被作物吸收（如大米富集镉），长期摄入导致肾脏损伤，如“痛痛病”。我国规定大米中镉限量≤0.2mg/kg。

砷（As）：砷可分为无机砷和有机砷。无机砷主要来源于农业（如农药）和工业（如玻璃制造）。某些土壤和水源也可能天然含有砷。

铬（Cr）：铬的六价态是有毒的，主要来源于工业排放、焚烧和某些金属加工过程。

铜（Cu）和锌（Zn）：这两种金属在适量时对人体是必需的，但过量则会造成中毒。其来源主要包括农业施肥（如铜和锌肥料）和工业排放。

食品中重金属的来源途径如下。

① 环境污染：重金属往往通过污染的空气、水和土壤进入食物链。工业排放、汽车尾气、矿业活动及农业施肥等都是主要的污染源。

② 农业活动：农药、化肥和污水灌溉等农业实践可能导致土壤和作物中重金属的积累。例如，某些化肥中含有重金属成分，长期施用可能导致土壤重金属含量增加。

③ 水源污染：受工业废水、城市污水和农业径流影响，水体中可能含有重金属，进而通过灌溉和水源饮用进入人类食物链。

④ 食品加工和贮存：某些食品在加工和贮存过程中，接触到含有重金属的设备和材料（如铅焊接的罐头），也可能引入重金属污染。

⑤ 生物累积：一些生物在生长过程中，能够累积环境中的重金属，尤其是汞和砷等，这使得它们成为重金属污染的主要来源之一。

重金属在人体内与蛋白质及各种酶发生强烈的相互作用，可能导致其活性丧失。此外，重金属有可能在某些器官中富集，若其浓度超过人体的耐受限度，会引发急性中毒、亚急性中毒及慢性中毒等健康问题，具体如下。

神经系统损害：铅和汞等重金属对神经系统有显著的毒性，可能导致认知能力下降、记忆力减退和行为异常。

肾脏损害：镉和铅等重金属的积累会对肾脏造成损害，影响其排毒功能。

癌症风险：某些重金属（如砷和镉）被认为是致癌物，长期接触可能增加癌症的风险。

生殖和发育影响：重金属尤其对胎儿和儿童的发育有潜在的危害，可能导致生长迟缓、智力影响和生殖问题。

第四节 物理性及放射性危害

物理性及放射性危害虽不如生物性、化学性危害常见，但因其隐蔽性和潜在伤害性，仍是食品安全风险监测的重要组成部分。物理性危害主要源于食品中混入的异物，而放射性危害则与放射性核素的污染相关，两者均需通过系统化的识别与控制措施降低风险。

一、物理性危害

物理性危害是指食品中混入的外来异物或非正常成分，可能对人体造成机械性伤害（如划伤、窒息）或心理不适。这类危害多源于生产加工环节的操作不当，具有可预防性强、识别难度低的特点。

1. 常见异物的来源与类型

物理性危害的异物可分为四类，其来源与食品产业链各环节密切相关。

① 食物自身产生的异物：食材加工过程中未完全去除的天然杂质，如坚果的果壳、鱼类的细刺、谷物中的砂石等。这类异物与食品本身关联紧密，需通过精细化筛选设备（如坚果脱壳机、鱼刺剔除设备）降低风险。

② 加工过程引入的异物：设备与工具污染，金属探测器未检出的机械碎片，如刀片碎屑、钢丝球残渣；玻璃容器破碎后的碎片。人为操作失误，操作人员未佩戴发网导致的头发、脱落的首饰（如耳环、戒指）、破损的一次性手套碎片。包装材料混入，塑料包装袋的封口碎屑、标签粘贴时脱落的胶黏剂颗粒。

③ 食品储藏过程引入的异物：仓储环境防护不当导致的虫害（如蟑螂尸体、老鼠粪便）、潮湿环境滋生的霉菌菌丝体，或包装破损后混入的灰尘、纤维。

④ 其他来源：运输过程中混入的砂石、装卸工具磨损产生的橡胶颗粒等。

2. 物理危害的界定

物理性危害的界定需结合法律法规、产品用途及消费者认知，具体标准如下。

（1）法律法规角度　我国《食品安全国家标准　食品生产通用卫生规范》（GB 14881—2013）也明确要求食品生产者采取有效措施，防止玻璃、金属等异物污染食品。企业在建立HACCP体系或异物控制程序时，常参考国际指南（如FDA CPG 555.425）并结合产品特性和生产工艺，制定具体的、更严格的内部异物控制限值和检测要求：

7～25mm长的硬或锋利异物（如金属碎片、玻璃渣）被认为对公众有伤害；

小于7mm长的硬或锋利异物如果用于特殊高危人群可能出现危害，如婴儿、老人；

大于 25mm 长的硬或锋利异物，无论材质，均视为严重危害。

上述情况下将通过健康危害评估考虑各种因素，包括产品的预期用途、后续处理步骤，如果存在不可避免的自然缺陷，应有其他在消费者使用产品前可以消除、缓解的措施。

（2）使用者与消费者角度　从使用安全出发，坚硬、锋利、尺寸或形状导致消费者受到伤害的物品，包括但不限于：玻璃、金属、石头、塑料、木头，造成窒息或>5mm。

从消费者情感角度，任何不属于食品本身的物质，如头发、虫子、线绳等，即使无物理伤害，也会引发心理不适，需纳入管控。

3. 物理危害的识别与控制

虽然某些特定异物在产品中未必导致严重健康危害，但不当的加工、包装和贮藏条件可能会为严重健康风险打开通道。因此，食品生产者必须将物理危害纳入 HACCP 体系的控制之下。

物理危害的识别指在产品设计和开发阶段未将某些物质列入产品组成部分，实际却含有这些物质的情况，甚至包括生产所需原材料本身（如坚果壳）。控制物理危害的方法如下。

① 源头预防：制定原料验收标准，要求供应商提供异物检测报告；规范操作流程，如佩戴防护用品、定期检查设备完整性。

② 过程检测：采用金属探测器（检测铁、非铁金属）、X 射线检测仪（识别玻璃、塑料、骨头碎片）等设备，对生产线进行实时监控；人工筛选（如目视检查、手选）作为辅助手段，适用于高价值食材（如名贵药材）。

③ 追溯与改进：建立异物投诉记录系统，分析异物类型与来源（如某批次产品频繁出现玻璃碎片，需追溯包装环节的玻璃瓶质量），持续优化生产工艺。

在食品生产过程中，有效控制物理危害，需要及时清除异物，保持厂区和设备的卫生，深入了解运输、加工、包装、贮藏等环节的潜在物理危害来源。特别是包装材料的处理（例如玻璃包装）也需引起重视。

二、放射性危害

放射性危害通常被归类为物理危害。然而，放射性核素在食物链中的转移途径与环境污染物（化学危害）的进入方式相似，因此对食品的放射性危害在控制方面可参考化学性危害的管理。然而，控制方法的相似性并不意味着其分类归属相同。放射性是指某些元素的原子核能够自发衰变，并释放出射线，这种射线只能通过专用仪器探测到，肉眼无法观察到。物质的这一特性被称为放射性。放射性危害是指食品中含有过量放射性核素，通过放射性衰变释放射线（α 射线、β 射线、γ 射线），对人体组织造成损伤。其危害具有累积性，长期摄入可能导致细胞突变、癌症等慢性疾病。

食品放射性污染对人体的危害主要源于摄入被污染的食品后，放射性物质对体内各种组织、器官和细胞造成的长期低剂量照射效应。主要影响包括对免疫系统和生殖系统的损伤，以及致癌、致畸和致突变作用。

1. 放射性核素分类与来源

放射性核素可根据其来源分为两大类：天然放射性核素和人工放射性核素。

（1）天然放射性核素　自然界中的天然放射性核素主要包括铀和钍等元素，这些核素广泛存在于空气、土壤和水中，构成了自然界的天然辐射源。它们与稳定同位素一起参与生物体与环境之间的物质交换，因此在生物组织内普遍存在天然放射性核素（称为食品的天然放射性本底）。由于天然放射性核素的分布不均，不同地区食品中放射性核素的含量差异显著，同一地区不同食品的浓度也可能有较大差异。

（2）人工放射性核素　人工放射性核素的来源主要有以下三个方面。

① 核爆炸：核爆炸释放大量放射性物质，特别是空中核爆炸。在爆炸过程中，未参与反应的核材料和弹体材料会在中子流的作用下产生放射性尘埃。核试验产生的放射性尘埃（如铯-137、锶-90）通过大气扩散污染全球，沉积后被植物吸收进入食物链。

② 核工业：核工业的各个环节，包括采矿、冶炼、精制、浓缩、反应堆组件生产和核燃料再处理等，都会通过工业废物的排放污染环境，进而影响食品安全。此外，科研、生产和医疗单位在使用人工放射性同位素时排放的废水也可能含有放射性物质，从而导致水体和食品的放射性污染。

③ 意外事故：核泄漏事件通常导致局部污染，此类污染可使该地区的食品中含有高浓度的放射性核素。例如，在医疗、工业、科研及农业生产中，因运输、遗失、偷窃、误用及废物处理等环节的失控而产生的放射性污染。切尔诺贝利、福岛核泄漏事件，导致局部地区食品中铯-137浓度远超安全限值，需长期管控。

2. 放射性核素的转移途径

环境中的放射性核素通过食物链逐级转移，最终进入人体。

① 水生生物链：水体→浮游生物→鱼类/贝类。水体中的放射性物质（如碘-131）被浮游生物吸收，经鱼类、贝类富集，浓度可放大数千倍。

② 陆生生物链：土壤→植物→畜禽。土壤中的放射性核素（如锶-90）通过植物根系吸收，进入农作物（如水稻、蔬菜），再经畜禽食用积累于肉、蛋、奶中。

③ 大气沉降-植物吸收链：放射性尘埃→植物叶片→食草动物/人类。

第五节　转基因危害

随着基因工程技术的发展，转基因食品已成为全球农业与食品产业的重要组成部分。我国《农业转基因生物安全管理条例》将“农业转基因生物”定义为“利用基因工程技术改变基因组构成，用于农业生产或农产品加工的动植物、微生物及其产品”。尽管转基因技术在提高作物抗虫性、抗除草剂能力及产量方面展现出显著优势，但其安全性始终是公众关注的焦点，主要涉及毒性、过敏性、营养价值及长期影响等方面的潜在风险。

一、转基因食品的潜在毒性风险

转基因食品的毒性风险主要源于基因修饰过程中可能产生的非预期效应，具体如下。

① 基因表达异常：外源基因导入后，可能导致宿主基因组中原有基因的表达紊乱，例如启动子过度激活某些毒素相关基因，使植物体内天然毒素（如龙葵素、氰苷）的合成量超出安全范围。早期转基因技术中曾使用抗生素抗性基因作为标记基因，尽管其水平转移至人体肠道菌群的概率极低，但目前已被更安全的标记系统（如荧光标记、代谢标记）替代，以进一步降低潜在风险。

② 生态链毒性扩散：部分转基因作物通过导入特定基因获得抗性特性（如抗草甘膦大

豆），虽能减少田间杂草竞争，但长期种植可能导致抗性基因通过花粉漂移进入野生杂草，使其演化成“超级杂草”。为控制这类杂草，农户可能被迫使用毒性更强的除草剂，间接增加食品中的农药残留风险。

目前，科学界对转基因食品的急性毒性存在共识，经过严格审批的转基因食品与传统食品在短期毒性上无显著差异，但基因重组可能引发的长期非预期效应仍需持续监测。

二、转基因食品的过敏性风险

食品过敏是全球关注的公共卫生问题，而转基因技术可能通过引入新蛋白质增加过敏风险，具体机制如下。

① 新过敏原的产生：转基因过程中导入的外源基因，如从细菌或坚果中提取的基因，可能表达出新的蛋白质，这些蛋白质若与已知过敏原结构相似，如巴西栗中的2S清蛋白可能引发部分人群的免疫反应，如皮疹、呼吸困难。

② 跨物种过敏原转移：基因工程可能将高致敏性物种的基因转移到低致敏性食品中，例如将花生基因导入大豆，使对花生过敏的人群在食用转基因大豆时发生交叉过敏。

为降低此类风险，国际食品法典委员会（CAC）规定，转基因食品上市前必须进行过敏原性评估，包括与已知过敏原的序列同源性比对、热稳定性测试及血清学实验，确保新蛋白不具有致敏潜力。

三、转基因食品营养价值异常

转基因技术的核心目标之一是提高作物产量或抗性，但可能以改变营养成分为代价，具体表现如下。

① 营养成分失衡：外源基因的插入可能干扰宿主植物的代谢途径，导致某些营养素（如维生素、脂肪酸）的合成减少或增加。例如，某转基因水稻为增强抗虫性，其籽粒中赖氨酸含量较传统品种降低15%，长期食用可能影响人体氨基酸摄入平衡。

② 营养素利用效率下降：部分转基因食品可能改变营养素的化学形态，降低其生物利用率。例如，转基因玉米中锌元素与特定蛋白结合形成难以消化的复合物，导致人体对锌的吸收效率下降20%。

在我国，转基因食品的食用安全性评价严格遵循《农业转基因生物安全管理条例》及其配套的管理办法与技术标准体系。该体系明确要求，对转基因食品的营养价值评估需以“实质等同性”为核心原则，将其与对应的传统对照食品进行全面系统比对。评估过程中，会重点分析主要营养素（如蛋白质、脂肪、糖类）、微量营养素（如维生素、矿物质）及抗营养因子（如蛋白酶抑制剂、植酸）的含量，确保其与传统食品在营养上具有等效性，并且各成分含量在天然作物已知的变异范围内。对于以营养改良为目标的转基因产品（例如高植酸酶玉米、高虾青素玉米），除进行上述比对外，还需额外评价其营养改良的有效性（如目标营养素的实际提升幅度）和营养素的生物利用率，以确保其改良效果明确且安全。

四、转基因食品缺乏长期研究

转基因食品的商业化应用仅有数十年历史，其长期健康影响尚未得到充分验证。

① 代际累积效应未知：现有研究多为短期（数月至数年）动物实验，缺乏跨代际人群追踪数据，无法排除长期低剂量摄入可能导致的慢性疾病风险（如代谢紊乱、生殖毒性）。

② 生态与食品链连锁反应：转基因作物的长期种植可能通过花粉传播、根系分泌物等途径改变土壤微生物群落，进而影响后续作物的营养价值；进入食品链后，外源基因是否会通过肠道微生物整合到人体基因组，仍是科学界争议的焦点。

目前，各国普遍采用“个案评估、逐步推进”的管理原则，要求转基因食品上市后进行持续性监测，记录消费人群的健康数据，为长期安全性评价提供依据。

转基因食品的安全性风险并非源于技术本身，而是在于基因修饰过程中的非预期效应及长期影响的不确定性。通过严格的安全评价（如过敏原检测、营养成分分析）、动态监测及透明的信息披露，可最大限度降低潜在风险。对于食品专业学生而言，需理性认识转基因技术的利弊，既关注其在解决粮食安全问题中的潜力，也重视其安全性评估的科学方法，为未来参与食品安全监管或研究奠定基础。

第六节　检测技术

食品安全是公共健康的基石，其风险主要涉及重金属、生物毒素、农兽药残留、食品添加剂、有机污染物等多种危害因素。精准高效的检测技术是识别这些风险的核心手段，不仅为食品安全风险监测提供数据支撑，更直接影响监管决策的科学性和及时性。随着分析技术的发展，从传统光谱法到现代联用技术，检测方法的灵敏度、特异性和效率不断提升，为“从农田到餐桌”的全链条风险防控提供了有力保障。

一、金属元素检测技术

重金属（如铅、汞、镉、砷）因具有蓄积性和毒性，是食品污染中最受关注的化学危害之一。它们通过土壤、水源进入食物链，长期摄入会损伤神经系统、肾脏等器官，因此建立高灵敏度的检测方法至关重要。

目前金属元素检测能够应用的方法主要有原子吸收光谱法（AAS）、电感耦合等离子体质谱法（ICP-MS）、辉光放电质谱法（GD-MS）、电弧发射光谱法（ArcOES）和电感耦合等离子体原子发射光谱法（ICP-AES）等。

1. 原子吸收光谱法（AAS）

原子吸收光谱法是基于“基态原子对特定波长光的吸收”原理设计的分析方法：将样品消解为原子态后，通过测量其对特征谱线的吸收强度，实现定量分析。其优势如下。

① 高选择性：每种元素的特征谱线唯一，可有效排除基质干扰；

② 成熟稳定：仪器成本较低，操作简便，适用于单一元素的常规检测（如粮食中铅含量的筛查）；

③ 灵敏度高：检测限可达 μg/kg 级，满足国家标准对食品中重金属限量的要求（如 GB 2762—2022 规定大米中镉≤0.2mg/kg）。

局限性是一次只能检测一种元素，效率较低，适用于基层实验室的日常检测。

2. 电感耦合等离子体光谱法（ICP-OES）与质谱法（ICP-MS）

电感耦合等离子体技术是目前多元素同时检测的主流方法，其核心是通过高频等离子体（温度达 6000～10000K）将样品离子化，再结合光谱或质谱进行分析。

① ICP-OES：通过测量离子发射的特征光谱强度定量，可同时检测 30 种以上元素，适用于高浓度金属（如食品中锌、铁等常量元素）的分析，检测限达 mg/kg 至 μg/kg 级；

② ICP-MS：通过测量离子的质荷比（m/z）定性定量，灵敏度比 ICP-OES 高 1～3 个数量级（检测限达 ng/kg 级），可检测砷、汞等痕量重金属。

实际应用中，常采用微波消解-ICP-MS 联用技术，例如，检测动植物源食品中的铬、锌、砷等元素时，先用微波消解仪将样品转化为溶液，再通过 ICP-MS 分析，相对标准偏差（RSD）可控制在 0.94%～7.2%，回收率达 90.7%～103.5%，兼顾准确性和效率。

3. 分光光度法

利用金属离子与特定试剂反应生成有色化合物，通过光吸收测定金属离子的浓度。分光光度法基于“金属离子与显色剂反应生成有色化合物”的原理，通过测量溶液吸光度计算浓度。例如：砷与二乙基二硫代氨基甲酸银反应生成红色配合物，在 510nm 处测吸光度；铅与二硫腙反应生成红色螯合物，用氯仿萃取后在 510nm 处检测。该方法设备简单、成本低，但灵敏度较低（检测限多为 mg/kg 级），适用于初步筛查或基层实验室，目前逐渐被光谱/质谱法替代。

二、真菌毒素检测技术

真菌毒素（如黄曲霉毒素、伏马菌素、玉米赤霉烯酮）是真菌代谢产生的次级代谢产物，具有强致癌性、致畸性，广泛污染粮谷、坚果、乳制品等食品。我国 GB 2761—2017 对食品中真菌毒素的限量有严格规定，检测技术需满足高灵敏度和特异性要求。目前真菌毒素的检测方法主要可有色谱检测技术、免疫分析快速检测技术、生物传感器技术和光谱检测技术等。

1. 生物学分析技术

生物学分析技术是基于生物体或生物分子对目标物质的特异性响应进行检测的方法。该技术通过监测受试生物（包括实验动物、离体细胞或微生物等）对毒素的生理或生化反应，实现对样品中毒素种类和含量的定性或半定量分析。虽然这类方法在检测灵敏度、结果精确度及分析效率方面存在一定局限，但其在特殊应用场景中仍展现出显著优势。该方法具有操作简便、成本低廉以及结果直观等特点，特别适用于基层单位的初步筛查工作及资源受限条件下的检测需求。

2. 色谱分析技术

色谱分析技术作为现代分析化学的重要组成部分，在谷物真菌毒素检测领域发挥着关键作用。该方法通过物理分离手段实现对复杂混合物中各组分的定性与定量分析，其突出的检测灵敏度和组分选择性使其成为真菌毒素检测的重要手段。常用的色谱学检测方法包括高效液相色谱法（HPLC）、薄层色谱法（TLC）和气相色谱法（GC）。

HPLC 利用高压液相系统实现样品组分的精细分离，是当前真菌毒素检测领域的主流分析方法。作为我国食品安全标准体系中的基准检测方法，HPLC 的技术优势主要体现在：出色的分离效能、优异的检测灵敏度、良好的方法特异性以及可靠的定量能力。但需注意的是，该方法存在仪器购置成本较高、操作人员专业要求严格、前处理流程烦琐以及设备维护复杂等局限性。

TLC 作为一种经典的色谱分离技术，通过固定相载体实现样品组分的分离检测。该方法被纳入国家标准检测方法体系，具有操作流程简便、实验成本经济、对仪器设备要求较低等优点，特别适用于基础实验室的快速筛查工作。然而，该技术在分离效果、检测灵敏度等方面存在不足，定量分析精度有限，因此更适用于组分相对简单的样品分析。

GC 基于气态流动相中的分配差异实现组分分离，具有卓越的分离能力、灵敏的检测限以及可靠的定量准确性，尤其适用于挥发性毒素的检测分析。但需注意的是，高温汽化过程可能导致热敏性毒素的降解，且仪器设备投入较大，对操作人员技术要求较高，这些因素在一定程度上制约了该方法在基层检测机构的推广应用。

3. 超高效液相色谱-三重四极杆质谱串联法（UPLC-MS/MS）

UPLC-MS/MS 是真菌毒素检测的“金标准”，结合了超高效液相色谱（UPLC）的高效分离能力和三重四极杆质谱（MS/MS）的精准定性定量能力。该方法具有高灵敏度和高选择性，适用于粮谷中多种真菌毒素的检测。例如，UPLC-MS/MS 可以有效测定粮谷中的玉米赤霉烯酮、α-玉米赤霉烯醇和β-玉米赤霉烯醇等毒素。通过样品的前处理与分离，结合质谱技术的高精度分析，能够实现对真菌毒素的准确定量。严晓贤等（2025）建立了一种 QuEChERS 技术结合 UPLC-MS/MS 测定酥油中 17 种真菌毒素的检测方法，17 种真菌毒素在相应质量浓度范围内呈良好的线性关系，决定系数（R^2）均大于 0.9991，该方法的检出限（LOD）为 0.15～3.00μg/kg，定量限（LOQ）为 0.50～10.00μg/kg；在 1、2、10 倍 LOQ 加标水平下，17 种真菌毒素的回收率为 72.3%～112.2%，相对标准偏差（RSD）均不大于 8.0%。但是，LC-MS/MS 的购置成本高、维护要求严格。

4. 免疫分析技术

免疫分析技术是基于抗原-抗体的特异性识别原理，通过引入酶标记、荧光标记等信号放大系统，实现对目标毒素的定性和定量检测。这类方法将免疫学反应与生物化学技术相融合，具有以下显著特点：检测灵敏度优异、方法特异性突出、操作流程简便。

目前常用的免疫检测技术主要包括以下三类：酶联免疫吸附测定（ELISA）、免疫色谱试纸条（LFIA）和荧光免疫检测法（FIA）。ELISA 检测灵敏度高、分析速度快且操作流程相对简单，是我国食品安全标准体系中认可的真菌毒素检测方法。LFIA 是一种基于免疫识别原理建立的快速检测体系，适用于真菌毒素的现场快速筛查。相较于传统检测手段，LFIA 的检测时间短、设备轻便、操作流程简单。FIA 通过荧光素标记抗体与目标真菌毒素的特异性结合实现检测信号的输出，同样适用于农产品的现场快速筛查。

5. 其他新兴检测方法

真菌毒素的新兴检测方法主要包括光学检测技术和生物传感技术。光学检测技术主要依赖真菌毒素与特定波长光辐射的相互作用机制，包括光吸收、散射及发光等物理现象。根据检测原理的差异，该技术可分为表面增强拉曼光谱（SERS）、荧光光谱以及近红外光谱等不同方法。其中，SERS 技术因其检测速度快、操作便捷、经济实用且能实现无损分析等优势，在粮食仓储和加工环节的真菌毒素快速监测中具有重要应用价值。生物传感技术利用抗体、适配体或酶等生物识别元件与靶标物质的特异性相互作用，诱导产生可量化的电学、光学或其他物理信号变化，实现对目标物质的特异性检测。

三、农药以及兽药残留检测技术

农兽药残留是动物源食品和植物源食品的主要风险之一，滥用或超标使用会导致急性中毒、细菌耐药性等问题。检测技术需兼顾多组分同时分析和复杂基质中的痕量检测需求。

1. 拉曼光谱法

拉曼光谱法是一种借助光子与介质分子之间产生非弹性碰撞获取散射光谱，从而研究物质微观结构的光谱技术。相较于常规的光谱法，拉曼光谱法能够进一步实现信号的强化处理，切实解决以往光谱在表面痕量分析时存在的灵敏度不佳的问题。

顾振华等（2011）以拉曼光谱技术为应用基础，采用拉曼光谱仪对含孔雀石的水样及对应的水产养殖产品（如鱼虾等）实施检测，重点分析其中孔雀石的残留量，结果显示该方法的检测限可低至5.0μg/mL，且从样品制备到检测结果输出的全程耗时仅需3min，体现了该方法的高效性与实用性。

2. 红外光谱法

红外光谱法是以每种分子的组成与结构作为基础的独特红外吸收光谱，并将其作为分析依据，对分子结构实现鉴定的分析技术。该方法具有极高的特征性，可以利用与化合物红外光谱进行比对的方式进一步提高鉴定准确性，并将标准红外光谱存储在计算机中，利用系统程序增强对比与检索效率。同时，也可采用化学键特征来完成化合物类型的鉴定。

3. 荧光光谱法

荧光光谱法是借助部分物质被紫外线照射后形成反映物质特性的荧光，再对其进行分析、检测的仪器分析技术。荧光光谱法的灵敏度极强，一般情况下可以高出分光光度计灵敏度2个以上数量级。例如，战瑞雪等（2022）以此作为应用原理完成食品中苋菜红色素的检测，检出限在0.03mg/L左右，样品回收率为90%～105%。荧光光谱法的优势在于选择性强、操作简洁、信息量丰富，能够保持极高的精确性，但也存在一定的使用限制，在使用时需要保证物质分子具有可见光吸收结构。

4. 酶联免疫吸附测定

酶联免疫吸附测定（enzyme linked immunosorbent assay，ELISA）是采用可溶性抗体与聚苯乙烯进行结合，借助抗原特异性组合实现免疫反应的定性、定量检测方法。该方法的原理是利用抗原特异性组合的免疫活性，使其与某种酶形成酶标抗原，这样不仅可以保留抗原特异性组合的活性，也能保留酶的活性，之后加入酶反应底物，便会被酶催化形成有色产物，而产物的量又与被测物的量呈正比，因此可以根据颜色深浅判断食品中农药与兽药的实际残留量。ELISA是近年来使用范围最广的免疫分析方法，刘健晖等（2018）研发了以2,4-二氯苯氧乙酸为检测对象的ELISA分析技术，其线性范围在2～250 ng/mL，而检测极限可达0.6 ng/mL。李达在此基础上对ELISA的影响因素进行了深入探究，进一步实现了自动化分析，有效提升了检测的准确性与稳定性，但该方法对外界环境（如温度、湿度、试剂纯度等）的要求较高，因此更适合在规范化实验室内开展。

5. 胶体金免疫色谱法

胶体金免疫色谱法是指利用胶体金作为示踪物，借助免疫反应原理，将微孔滤膜作为载体，实现定量检测样本中待测物的分析。该方法的特点在于使用便捷、特异敏感，且稳定性极强，即便不使用特殊设备与试剂，也能保证结果准确，可以实现直观判断，因此适用于大批量检测以及大面积普查工作，具有巨大的发展潜力。

6. 免疫荧光法

免疫荧光法是指将抗原抗体实现特异结合，之后与荧光标记技术进行集合来完成特异蛋白抗原在细胞内分布状况的研究。荧光素能够在荧光显微镜下被检出，因此可以实现抗原的细胞定位，并进一步确定抗原的性质。高雪丹等（2021）以此为基础研发出了一种能够完成牛奶中泰乐菌素残留检测的荧光免疫色谱试纸条，利用该方法不仅可以准确检测牛奶中是否含有残留的泰乐菌素，还能确保极高的检测效率，其检测时间通常在25min以内，而检测限在25μg/L左右。免疫荧光法的特异性优良，无需实现样本的前处理工作，因此更适用于奶站与现场快速筛选工作。

7. 酶抑制法

酶抑制法是借助农药本身的可特异性，实现乙酰胆碱酯酶的活性抑制，具体的抑制效果主要与农药浓度有关，需要技术人员通过测定霉菌特定化合物反应信号的变化程度，进行农药兽药残留量的判断。在测试过程中若检测样品本身不含有机磷农药，则不会对酶的活性造成影响，若存在有机磷农药，则要依照酸碱值、荧光度与参数变量进一步评估有机磷农药的实际残留问题。如，技术人员在使用分光光度计检测吸光度时，需要结合标准曲线对有机磷农药具体残留状况进行判断，而在实际测试时还要充分考虑乙酰胆碱酯酶的活性，判断食品中是否存在有机磷，通过将其作为催化酶，进一步分析有机磷的实际含量。酶抑制法具有操作简单、检测效率高、对前处理要求较低等优点，即使检测人员技术水平有限，也能快速掌握操作技巧，并在30min内获取测试结果。但该方法也存在检测准确度不足、药品回收率不高的弊端。酶抑制法大多适用于有机磷、$C_2H_5NO_2$等类型的农药检测，容易受酸碱值、温度、样本基质等因素影响，因此需要从业人员在使用过程中充分结合实际情况，对该方法进行适当的优化处理。

四、食品添加剂检测技术

食品添加剂在食品加工过程中被广泛应用，其作用不仅限于改善食品的色、香、味，还包括保鲜和防腐等功能。食品添加剂（如防腐剂、着色剂、甜味剂）在规范使用时是安全的，但超范围、超限量使用会危害健康（如亚硝酸盐过量导致高铁血红蛋白血症）。检测技术需实现多组分同时定量，覆盖不同食品基质。

1. 紫外可见分光光度计

紫外可见分光光度计是一种传统的食品添加剂检测技术，该种技术的应用范围相对较广，在食品添加剂检测以及生物化学领域都得到了成功应用，随着计算机技术的发展，该种技术可以与计算机技术相结合，进而提升检测精度。同时，紫外可见分光光度计检测结果较为直观，不需要对检测结果进行处理即可以使用。

2. 高效液相色谱法（HPLC）

HPLC是主流检测方法，通过分离食品成分实现精准分析，适用于热稳定性差的添加剂，可检测饮料、乳制品中的防腐剂、甜味剂等，结合质谱（HPLC-MS/MS）能降低复杂基质干扰，提高灵敏度，检出限可达0.001mg/kg。

3. 气相色谱法/气相色谱-质谱法（GC/GC-MS）

适用于低沸点、小分子添加剂，如检测甜蜜素时，通过与亚硝酸盐反应生成衍生物，用氢火焰检测器定量，也可检测山梨酸、苯甲酸等，检出限低至0.01mg/kg。

4. 其他方法

离子色谱法抗干扰能力强，无需提纯可直接检测肉类中亚硝酸盐；毛细管电泳法以高压电场分离成分，适合多添加剂同时分析；紫外可见分光光度计可快速检测有荧光反应的添加剂（如亚硝酸盐），结合计算机技术能提升精度。

五、有机污染物检测技术

有机污染物的危害不容小觑，它们不仅可以通过食物链进行传播，还能在动物体内蓄积。有机污染物包括多环芳烃（PAHs）、有机氯农药和多氯联苯（PCBs）等，这些物质往往具有流动性强、难以降解、生物累积性等特性。一旦被摄入体内，即使浓度极小，也可能对人体内分泌系统造成严重影响。有机污染物对人体健康的潜在危害体现在内分泌干扰，影响荷尔蒙功能并可能导致生殖和代谢问题；某些污染物具有致癌性，长期暴露可增加癌症风险；此外，它们还可能损害免疫系统，降低身体抵抗力。

有机污染物检测技术的检测方法主要有：①新型快速前处理方法，例如 QuEChERS 方法高通量检测生鲜肉中有机磷农药残留、分子印迹固相萃取技术应用和自动净化前处理技术在检测牛奶中的二噁英中的应用；②新型分析仪器或技术的应用，例如多残留同时分析技术，GPC（凝胶渗透色谱）/GC/MS 高通量检测肉制品中的邻苯二甲酸酯类物质；③新技术原理、路线或方法，例如，可采用高通量 DR-CALUX（化学激活荧光素酶报告基因）法，对多溴代二苯并二噁英/呋喃（PBDD/Fs）与多氯代二苯并二噁英/呋喃（PCDD/Fs）等二噁英类污染物进行快速筛查与检测。徐美玲和韩晓杰（2023）采用气相色谱-质谱联用（GC-MS/MS）技术对检测方法进行改进，优化后的方法在 22min 内可同时分析 11 种持久性有机污染物（POPs），检测灵敏度提高了 2～3 倍，最低检测限为 0.01ng/g；在 0.1～100.0ng/mL，线性关系良好且相关系数均大于 0.999；优化后的 GC-MS/MS 方法具有良好的线性关系、低检出限和定量限，同时具备高精密度和准确度，适用于食品中持久性有机污染物的痕量检测。

六、食品接触材料有害物质检测技术

食品接触材料（如塑料、纸张、金属包装）中的有害物质（如短链氯化石蜡、多氯联苯）可能通过迁移进入食品，成为潜在风险。检测技术需模拟迁移过程，精准测定微量迁移物。食品接触用塑料包装材料中可能残留的物质主要为有机化合物和重金属，对于可能迁移的有机化合物的检测技术主要有分光光度法、气相色谱法、气相色谱-质谱法、液相色谱法、液相色谱-质谱法，对于金属离子，则主要有比色法、分光光度法、原子荧光光谱法、原子吸收光谱法、电感耦合等离子体发射光谱法、电感耦合等离子体质谱法等。

陈进等（2016）建立了气相色谱-质谱测定法测定塑料饮用吸管中塑化剂迁移量，方法为采用异辛烷在 60℃条件下浸泡吸管试样 1h，将浸泡液浓缩后，用正己烷定容。目标物在线性范围内具有良好的线性关系，加标回收率在 87.3%～98.9%，相对标准偏差为 3.3%～7.6%。王杰等（2018）利用气相色谱质谱和高效液相色谱三重四极杆质谱的检测方法考察了 4 种食品模拟物包括超纯水、3%（体积分数）乙酸水溶液、10%（体积分数）乙醇水溶液、95%（体积分数）乙醇水溶液的迁移水平，实现了对 10 种以上塑化剂和抗氧化剂的同时检测，大大提高了检测效率。毛丽莎等（2020）建立了高效液相色谱-串联质谱法同时测定食品接触材料中 11 种双酚类物质的检测方法，方法检出限为 0.01～0.78μg/L，加标回收率范围为 84.5%～99.2%，是一种快速可靠、准确简便，适用于食品接触材料中双酚类化合物检测的方法。

七、营养成分检测技术

食品的营养价值是食品安全的延伸，蛋白质、脂肪、维生素、矿物质等关键成分的检测，既是评估食品品质的依据，也是指导公众健康饮食的基础。

目前，营养物质检测技术已从传统化学分析发展为仪器联用与快速筛查相结合的多元化体系，主要包括以下几类核心方法。

1. 常规成分检测技术

① 蛋白质与氨基酸：凯氏定氮法是测定蛋白质的经典方法，通过测定样品中氮元素含量换算蛋白质总量（换算系数通常为 6.25），但无法区分真蛋白与非蛋白氮；氨基酸分析仪则通过离子交换色谱分离 18 种常见氨基酸，结合茚三酮衍生化检测，可精准定量必需氨基酸（如赖氨酸、蛋氨酸），检出限达 0.1μmol/L，适用于婴幼儿配方食品的营养评估。

② 脂肪与脂肪酸：索氏提取法利用乙醚或石油醚回流提取脂肪，操作简便但耗时；超临界流体萃取（SFE）以 CO_2 为溶剂，绿色环保且能保留不饱和脂肪酸活性，已广泛用于功能性油脂分析；气相色谱（GC）可分离检测脂肪酸组成，如通过甲酯化处理后，能区分饱和脂肪酸（如棕榈酸）与不饱和脂肪酸（如 DHA），为健康食品开发提供数据支撑。

③ 糖类：高效液相色谱（HPLC）配备示差折光检测器（RID）或蒸发光散射检测器（ELSD），可分离测定单糖（葡萄糖）、双糖（蔗糖）及低聚糖（低聚果糖），适用于饮料、乳制品的糖分分析；酶法（如葡萄糖氧化酶法）则通过特异性反应快速测定还原糖，是食品工业在线监控的常用手段。

2. 微量营养素检测技术

① 维生素：高效液相色谱（HPLC）结合紫外或荧光检测器，可同时测定脂溶性维生素（维生素 A、维生素 D、维生素 E）和水溶性维生素（B 族维生素、维生素 C）。例如，维生素 A 通过正相色谱分离，荧光检测限低至 0.01μg/mL；维生素 C 易氧化，需在酸性条件下提取，结合电化学检测器实现精准定量。

② 矿物质：原子吸收光谱（AAS）可测定钙、铁、锌等常量元素，石墨炉原子吸收光谱法（GFAAS）对铅、镉等微量元素的检出限达 ng/kg 级；电感耦合等离子体质谱（ICP-MS）则能同时分析 20 种以上矿物质，适用于功能性食品中硒、铬等特色元素的检测，相对标准偏差（RSD）≤5%。

3. 快速检测与现场筛查技术

近红外光谱（NIRS）技术通过分析物质对 780～2526nm 波段光的吸收，可在 1 分钟内完成样品中蛋白质、脂肪、水分的无损检测，已广泛用于粮食、肉类的在线品质监控；拉曼光谱则通过特征峰识别糖类构型（如直链淀粉与支链淀粉），为食品营养特性分析提供新工具。

食品中营养因子种类繁多、结构复杂、含量差异大，同一种营养素还存在同系物、顺反异构体、手性异构体，且不同的化学结构具有不同的生物活性，黄百芬等人承担了国家级项目《食品营养因子关键检测技术创新及标准研制与应用》，重点关注了食品中 64 个营养因子单体的检测关键技术。项目基于液液萃取、免疫亲和净化、固相萃取等样品前处理技术，利用亲水相互作用液相色谱法（HILIC）、多糖衍生物涂覆型手性分离柱（OD-5）、长链烷基柱（C_{30} 柱）等高性能色谱分离技术结合液相色谱串联质谱、二维液相色谱、液相色谱-检测器串联技术、气相色谱-质谱等技术，构建了维生素、功能蛋白、甾醇等 3 大类食品营养因子的定量检测技术平台，应用于我国食品营养因子质量检测、食物成分监测和营养评价、乳及乳制品的掺假鉴别和乳源追溯、母乳中功能蛋白的精准量化表征。

问答题

1. 比较食源性疾病中“食物中毒”与“食源性肠道传染病”的核心区别，并举例说明两者在防控策略上的差异。

2. 生物性危害中的“感染型致病菌”（如沙门菌）与“毒素型致病菌”（如金黄色葡萄球菌）在致病机制上存在显著差异，请分析这种差异对食品加工过程中防控措施的影响。

3. 化学性危害中的“农药残留”与“兽药残留”在污染途径和检测重点上有所不同，请列举 3 项关键差异，并说明这些差异对监测方案设计的指导意义。

4. 物理性危害的界定需结合法律法规、使用者及消费者视角，请以“食品中混入 5mm 玻璃碎片”为例，从三个视角分别分析其是否属于需管控的物理危害，并说明理由。

5. 在真菌毒素检测技术中，超高效液相色谱-三重四极杆质谱串联（UPLC-MS/MS）被称为“金标准”，请解释其相较于传统高效液相色谱（HPLC）在检测灵敏度和特异性上的优势，并分析该技术在基层实验室推广的限制因素。

·第七章·
食品安全风险监测数据综合分析

第一节　数据与信息

当今社会已全面迈入“信息化”时代。在这个时代，数据作为信息的主要载体，其重要性日益凸显，深刻影响着社会经济的各个领域。食品行业也不例外，从农田到餐桌的整个链条中，每时每刻都在产生海量的、看似杂乱的数据，这些数据如同埋藏的宝藏，蕴藏着揭示食品安全风险、优化生产工艺、提升监管效能的本质规律。科学地分析这些数据，从中提炼出有价值的信息，进而转化为知识和决策依据，是保障食品安全、推动行业发展的关键所在。

一、数据与信息定义和区别

数据是指对客观目标（如食品原料、加工过程、检测指标等）进行定性或定量描述的原始记录或符号表示，其形式丰富多样，涵盖数字、文字、符号、图形、图像、声音等，并可相互转换。数据的核心在于其客观性和原始性，它忠实地反映了事物的存在状态与运行轨迹，是信息赖以存在的物理载体和具体表现形式。例如，一份食品检测报告上的具体数值（如菌落总数＜100CFU/g）就是原始数据。

信息则是经过处理、解释和组织的数据所蕴含的意义和知识。它向人们（或机器）揭示了关于现实世界的新事实、新理解或有价值的内容。信息并非数据的简单堆砌，而是通过分析、归纳、关联、推理、综合等加工过程，从数据中提炼出的、能用于指导决策、消除不确定性、加深对世界认知的内容。例如，将大量检测报告中“菌落总数”的数据进行统计、比较，发现某种食品在特定季节或条件下微生物污染风险显著升高，这就是有价值的信息。

数据与信息既紧密关联又存在本质区别（表 7-1）。数据是信息的物质载体，信息是数据的逻辑内核；数据的价值在于客观记录，信息的价值在于支撑决策。数据可以脱离具体的使用场景存在，其形式会随存储设备变化（如纸质记录转为电子文档），但核心内容不变；信息则具有独立性，能够脱离原始载体传递，且必须具备知识性和有用性，没有经过处理的杂乱数据无法称为信息。从数据到信息的转化，需要通过解释、推论、综合等思维加工，这一过程是挖掘数据价值的关键。

表 7-1　数据和信息的区别

特征	数据(data)	信息(information)
本质	原始符号/记录(是什么)	被赋予意义的知识(意味着什么)
状态	未处理的“原材料”	处理后的“成品”
价值	潜在价值,需挖掘	具有实际使用价值
依赖性	依赖于物流载体	不随载体形式变化而改变,但需依赖载体传递
表现形式	数字、文字、符号、图像、声音等	报告、图表、结论、预警信号、知识条目
目标	记录客观事实	支持决策、理解世界、指导行动

数据处理（data processing）是连接数据与信息的桥梁，指对数据进行采集、存储、检索、清洗、转换、加工（计算）、分析、可视化、传输等一系列操作。数据分析（data analysis）是数据处理的核心环节，其最大特点是“让数据说话”，旨在从大量、可能杂乱无章、难以直接理解的数据中，揭示隐藏的内在规律、发掘有价值的信息，为特定决策者提供科学的理论依据。这个过程贯穿于社会生产生活的各个领域，深刻影响着人类社会发展。

在食品安全领域，数据与信息的管理及分析具有特殊而关键的意义。近年来，频发的食品安全事件严重冲击公众信任。有效应对挑战，离不开高质量的数据支撑和深入的信息挖掘。食品安全相关数据（如检测结果、生产环境监控、供应链记录、消费者投诉、舆情等）是构建有效预警体系和进行风险管理的基础。数据的质量（准确性、完整性、时效性、一致性）直接决定了后续分析结果的可信度和整个系统的有效性。因此，必须建立健全数据采集规范，严格执行质量控制，并及时更新、整理、修正数据。这些高质量数据不仅为制定和修订食品安全法规提供科学依据，也为“从农田到餐桌”全链条各环节的管理部门提供精准的技术支持。

数据库系统的建设是食品安全信息化管理的核心支撑。它能高效管理海量、复杂的食品安全信息数据，方便用户快速查询相关信息，实现安全可控的信息共享与服务，这极大地促进了监管部门、企业及研究机构对食品安全状况进行综合分析、科学判断和风险预测，从而能够在最短时间内识别潜在问题、追溯源头、制定并实施有效对策（如发布预警、召回产品、调整监管策略），最大限度减少或消除食品安全事件的影响，最终提升国家整体的食品安全水平。

二、食品安全风险监测数据分析方法和工具

高效的数据处理与分析是食品安全风险监测的核心环节，离不开专业软件工具的支持。这些工具包括编程语言及其环境、文件与数据库管理系统，以及针对特定分析任务的应用软件包。同时，保障数据安全与可靠性的技术也至关重要。

1. 数据处理方式分类

数据处理方式的选择需结合实际应用场景，主要依据以下四个维度进行分类。

① 处理设备结构方式

联机处理（online processing）：数据产生后立即输入并处理（如生产线传感器实时监控）。

脱机处理（offline processing）：数据积累到一定量或特定时间再集中处理（如批量导入

实验室检测报告）。

② 处理时间分配方式

批处理（batch processing）：将多个任务成批输入、集中处理（如每日生成风险汇总报告）。

分时处理（time-sharing processing）：多个用户共享系统资源，轮流服务（如多部门同时查询数据库）。

实时处理（real-time processing）：即时处理并快速响应，时效性要求高（如污染物超标自动报警）。

③ 处理空间分布方式

集中式处理（centralized processing）：所有数据集中在中心节点处理。

分布式处理（distributed processing）：数据和处理任务分布在网络多个节点协同完成（如云计算平台）。

④ 中央处理器工作方式

单道作业处理：CPU 一次处理一个任务。

多道作业处理：CPU 交替处理多个任务（利用 I/O 等待）。

交互式处理（interactive processing）：用户与系统“对话式”操作（如分析师探索性分析数据）。

2. 数据分析软件

在食品安全风险监测中，数据分析有多种软件工具可供使用，包括 R 软件、ArcGIS、GeoDa 和 SaTScan 等。

① R 软件：一款开源统计分析软件，具有良好的扩展性和灵活性，适合各种数据类型的处理，能够实现流程化和批量化分析。

② ArcGIS：一个地理信息系统（GIS）平台，由美国环境系统研究所开发，适用于空间数据的采集、编辑、管理和分析。ArcGIS 提供了丰富的空间分析模块，如 Moran's I 空间自相关分析和 Kriging 插值分析，便于进行综合分析。

③ GeoDa：专注于探索性空间数据分析（ESDA）的软件，由数据综合分析方法学家 Anselin 开发，提供友好的界面用于空间数据分析，支持空间自相关分析和异常值标示等功能。

④ SaTScan：专门用于时空扫描统计分析的软件，适用于地理疾病监测和时空集群检测，能够执行前瞻性预警和回顾性分析。

数据处理与分析在食品安全风险监测中扮演着不可或缺的角色。通过选用合适的分析方法和工具，能够从海量数据中有效提取揭示风险规律、预测潜在威胁的关键信息，为食品安全管理的科学决策（如精准监管、风险预警、应急响应）提供强有力的数据驱动支持。随着大数据、人工智能等技术的持续发展，数据处理能力的提升将进一步赋能食品安全监管，实现更高效、更智能的风险防控，为保障公众健康安全构筑更坚实的科技防线。

第二节　食品安全风险监测数据特点

我国食品安全风险监测体系涵盖两大核心领域：一是针对食品本身的风险监测，二是食源性疾病监测。两类监测通过系统化的数据采集与分析，共同构建起食品安全风险的“感知网络”。

一、食品风险监测

食品风险监测聚焦食品中可能存在的各类危害因素，主要包括以下三类监测内容。

① 化学污染物监测：针对食品中可能存在的化学性危害，涵盖农药残留（如有机磷、拟除虫菊酯类）、兽药残留（如抗生素、激素）、食品添加剂（如防腐剂、着色剂）、真菌毒素（如黄曲霉毒素、赭曲霉毒素）及有害元素（如铅、镉、汞）等。监测范围覆盖从原料到成品的全链条，旨在识别化学物质对食品的污染程度及潜在健康风险。

② 致病菌监测：监测食品中可能存在的致病菌，以评估食品安全风险。

③ 放射性污染物监测：主要针对受放射性污染影响的食品，监测天然或人工放射性物质（如铯-137、碘-131）的含量，防止放射性物质通过食物链进入人体，保障长期健康安全。

二、食源性疾病监测

食源性疾病监测以“人”为核心，追踪食品引发的健康异常事件，分为主动监测与事件监测两类，形成“个体-群体”“日常-应急”的全覆盖体系。

① 食源性疾病主动监测（疾病导向）：此类监测以疾病和个体健康为导向，由全国范围内的食源性疾病哨点医院（覆盖各级医疗机构）主动开展，重点监测对象包括疑似食源性异常病例（如不明原因呕吐、腹泻、中毒症状）和敏感人群（儿童尤其是婴幼儿、妊娠及哺乳期妇女、老年人等免疫力较弱群体）。监测流程包括病例信息采集（症状、发病时间、暴露史）、生物样本检测（粪便、血液等）、流行病学调查，旨在早期发现潜在的食品污染源。

② 食物中毒事件监测（事件导向）：以群体事件为导向，报告对象为所有处置完毕的发病人数在 2 人及以上或死亡人数在 1 人及以上的食源性疾病事件。此类监测聚焦事件的溯源分析（如可疑食品、致病因子）、波及范围及处置效果，为突发食品安全事件的应急响应提供依据。

三、食品风险监测数据特点

食品风险监测数据的生成场景、检测对象及应用目标存在显著差异，导致其数据特征呈现多元化、复杂化特点，具体可分为以下三类。

1. 食品化学污染物监测的数据特点

食品化学污染物监测覆盖 33 类、数百种日常食品（如水果及其制品、蔬菜及其制品、粮食、肉类、水产品、乳制品等），涉及数百种化合物指标（农兽药、添加剂、真菌毒素等），且指标随风险认知升级逐年调整（如新增新型污染物监测）。其数据字段包含监测单位、食品品类、采样地点、检测方法、污染物含量等信息，核心特点如下。

（1）呈现左截尾数据特征　化学污染物检测中，常出现“污染物含量低于检测方法或仪器的检出限（limit of detection，LOD）”或“低于定量限（limit of quantitation，LOQ）”的情况，此类数据在统计学中被称为“左截尾数据”。根据截尾数据的位置，可以将其分为右截尾数据和左截尾数据。右截尾数据常见于生存分析，而左截尾数据则常见于食品中化学污染物的监测，表现为“未检出”记录。

在实际监测中，只有一部分样品的检测值高于检出限或定量限，因此数据往往呈现偏态分布。当检测值小于 LOD 时，截尾数据可进一步分为简单截尾数据和复杂截尾数据。简单截尾数据的 LOD 通常为单一值，而复杂截尾数据则包含多个 LOD 值，未检测出的值处于最小和最大 LOD 之间。由于不同实验室使用不同的检测设备和仪器，食品中化学污染物的监测常常涉及多个 LOD 值，属于复杂截尾数据。

在传统处理中，我国常将“未检出”值记为“0”，但这一做法存在科学性缺陷。低浓度污染物（处于 0～LOD 之间）并非绝对“不存在”，记为“0”会扭曲数据分布（如无法进行对数转换等统计分析）。为应对这一问题，世界卫生组织（WHO）在其全球环境监测计划/食品污染监测与评估规划（GEMS/Food）第二次会议中提出了“食品中低水平污染物可信评价推荐”，该建议主要包括三类处理方法。

① 替换法：用 LOD/2 或 LOQ/2 替代未检出值，适用于初步分析；

② 参数法：通过对数-概率回归、最大似然估计等模型拟合数据分布，更精准地估算低浓度值；

③ 非参数法：如 Kaplan-Meier 法、贝叶斯法，无需假设数据分布类型，适用于复杂截尾场景。

（2）具有空间属性特征　针对食品中的化学污染物监测数据的分析，当前主要集中在检测值分布以及汇总后的检出率和超标率分析，往往忽视数据中空间属性特征。食品从“农田到餐桌”的全链条均与地理位置关联（如原料产地、加工企业位置、销售市场分布），导致化学污染物数据隐含空间特征。

① 空间相关性：距离较近的样本（如同一产区的蔬菜）污染物含量更可能相似（如某工业区周边农田的重金属污染呈聚集性）。

② 空间异质性：不同区域的污染物分布存在差异（如南方多雨地区的真菌毒素污染风险高于北方干旱地区）。

传统统计学假设数据独立，直接应用于空间数据会导致结论偏差（如高估某污染物的整体风险）。因此，需引入空间统计方法（如 Moran's I 指数、空间插值），才能准确识别污染热点区域及潜在来源（如某农药超标集中区可能与当地种植习惯相关）。

2. 食品微生物监测的数据特点

食品微生物监测覆盖熟肉制品、生食水产品、凉拌菜、婴幼儿食品等多品类，监测指标包括卫生指示菌、致病菌、病毒及寄生虫等，数据字段涵盖监测单位、食品类型、采样时间、检测结果等，其核心特点如下。

（1）数据类型多元化　微生物监测结果呈现“数值型”与“二值型”并存的特点：

① 数值型，卫生指示菌（如菌落总数、大肠菌群）的检测结果为具体数值（如“500CFU/g”），反映食品卫生控制水平；

② 二值型，致病菌、病毒及寄生虫的检测结果多为“检出（1）”或“未检出（0）”的二值数据，且“未检出”样本占比通常极高（反映多数食品的微生物控制有效）。

这 2 种数据类型差异要求采用针对性分析方法：数值型数据可通过均值、标准差等描述分布特征；二值数据则需聚焦“检出率”及影响因素（如季节、加工工艺对致病菌检出的影响）。

（2）空间属性与动态变化性　与化学污染物类似，微生物数据也具有空间相关性（如某地区气候潮湿，生食水产品的副溶血性弧菌检出率显著高于其他地区）。此外，微生物作为“活体生物”，其含量随时间动态变化（如冷链断裂会导致致病菌快速增殖），因此数据还需结合时间维度分析（如夏季微生物污染风险高于冬季）。

3. 食源性疾病监测的数据特点

食源性疾病是指食品中致病因素引起的感染性和中毒性疾病，涵盖常见的食物中毒、肠道传染病、人畜共患传染病、寄生虫病以及化学性有毒物质引起的疾病。食源性疾病监测数据围绕“病例-食品-健康效应”构建，涵盖疑似病例信息、实验室检测结果、流行病学调查记录等，是关联食品污染与人群健康的关键纽带。其核心特点如下。

（1）数据维度高度复杂　数据字段涵盖多类信息，呈现“多源异构”特征。

患者信息：年龄、性别、住址、症状（如腹泻、呕吐）、发病时间等；

暴露信息：近期食用的食品种类、进食场所（如家庭、餐馆、外卖）、食品来源（如超市、农贸市场）；

实验室信息：生物样本（粪便、呕吐物）的检测结果（如致病因子类型、浓度）；

医疗机构信息：接诊医院、科室、诊断结论等。

其中，大量信息以文本形式存在，如患者描述的“食用了隔夜剩菜”“在某小吃店就餐”等，需通过自然语言处理（NLP）等技术提取关键信息（如食品类别、场所类型）。

（2）信息收集存在局限性　数据质量受多种因素影响，易出现偏差。

漏报风险：基层医师对食源性疾病的识别与报告意识弱（如将轻微腹泻归因于“肠胃不适”而未上报）；

信息缺失：患者对暴露史的记忆模糊（如忘记具体食用的食品名称），或不愿配合详细调查，导致“可疑食品”“进食场所”等关键信息缺失；

标准化不足：食品名称缺乏统一规范（如“火锅”“涮锅”“打边炉”指同一类食品），进食场所名称与实际地址不符（如患者口述的“××路口餐馆”无确切定位），为后续统计分析（尤其是空间追溯）带来困难。

（3）与食品污染物数据存在关联性　食源性疾病数据可与食品污染物数据联动分析，实现“从健康效应追溯污染源”，例如，某地区集中出现沙门菌感染病例，结合同期该地区生鸡肉的沙门菌检出数据，可快速锁定可疑食品品类，为精准监管提供依据。

四、食品安全监测数据的处理挑战

海量食品安全监测数据的高效处理与深度分析，是实现精准监管与风险预警的关键环节，但在实践中面临以下核心挑战。

1. 数据量庞大且质量复杂

随着监测网络的完善，数据规模已达千万级甚至亿级，涵盖食品检测、食源性疾病、生产流通等多维度信息。在此规模下，数据异常（如格式错误、字段不一致、缺失值等）频发，例如，不同实验室的检测结果单位不统一（如“mg/kg”与“μg/kg”混用）、部分样本的采样时间缺失等。小规模数据可通过人工校验修正，但海量数据必须依赖自动化程序处理，而地区性标准差异（如部分指标的限量值不同）导致隐患类型多样，增加了程序设计的全面性难度。

2. 软硬件要求高

海量数据（通常超过 TB 级）的存储、计算需依托高性能基础设施。硬件层面需配置服务器集群或分布式存储设备；软件层面需采用 Hadoop、Spark 等分布式处理平台，实现数据的并行计算与高效调度。例如，对全国数年的农药残留数据进行趋势分析时，需通过分布式架构将任务分解至多个节点，避免单台设备的算力瓶颈。

3. 处理方法与策略的专业性强

基础操作（如数据查询、排序）可通过分布式平台实现，但复杂分析（如风险预测模型训练、多因素回归拟合）需设计精准的任务分解策略。例如，采用二进制编码压缩数据体积，通过并行计算加速模型训练，在降低系统资源消耗的同时提升效率。这要求开发者既掌握数据分析算法，又熟悉分布式系统的任务调度逻辑，确保复杂任务的有效执行。

第三节　风险监测数据预处理

随着信息化的发展，食品领域的数字化转型已成为我国食品行业发展的必然趋势，同时也是我国与国际接轨的重要步骤。然而，目前我国尚未制定统一的食品安全数据标准，各地域和部门所使用的数据规格存在差异，加之某些食品安全指标因实验成本高昂而导致数据缺失。这些因素造成了食品安全数据的不一致与不完整，进而影响了数据分析的效果。因此，为提升食品安全监测的有效性，数据预处理技术显得尤为重要。

食品安全监测数据的预处理是提升数据分析质量和效果的关键环节。通过有效的数据整合、转化与加载，可以有效解决数据的不一致性与不完整性问题，为食品安全风险监测提供更加可靠的基础数据。

一、食品风险监测数据特征和问题

食品安全风险监测数据的预处理是确保数据质量和可靠性的重要环节。由于食品安全风险监测业务系统收集的原始数据通常存在不完整性、不一致性和杂乱性等问题，因此无法直接进行有效的统计分析。

① 杂乱性：不同监测系统之间的数据缺乏统一的标准定义，数据结构存在明显差异，导致数据之间难以实现有效关联和整合。例如，食品污染物监测数据与微生物检测数据常采用不同的食品分类体系，污染物监测可能按“谷物及其制品”“畜禽肉及副产品”分类，而微生物检测则可能按“预包装食品”“散装食品”划分，这使得无法对同一种食品同时获取污染物和微生物的检测值，严重制约了综合风险分析的开展。

② 重复性：同一事物在数据库中可能存在多个不同的描述方式，造成信息重复和数据冗余。例如，对于相同的食品品类，可能被记录为“火锅”“涮锅”“暖锅”等不同名称，这通常源于数据采集过程中缺乏标准化的输入规范，导致后续数据合并和统计时出现误差。此外，同一批次食品的检测数据可能因录入人员不同、录入时间差异等原因被多次存储，进一步加剧了数据冗余。

③ 不完整性：因监测系统设计缺陷、数据采集流程不规范或人为操作失误等，部分信息可能丢失，导致大量模糊数据的出现。例如，在食源性疾病主动监测中，患者的进食场所信息常缺乏准确地址，仅记录为“某餐馆”“路边摊”等模糊描述，直接影响风险溯源的准确性，可能导致定位失败或分析结果严重偏离实际情况。此外，部分检测报告中关键指标（如采样时间、检测方法）的缺失，也会降低数据的可利用价值。

数据预处理作为食品安全风险监测统计分析的必要步骤，其核心任务包括识别和删除数据采集中的噪声数据，同时纠正不一致的数据，为后续分析奠定基础。预处理的主要内容包括三个方面。

① 缺失值处理：即对数据集中的缺失数据进行合理填补或选择性删除，确保数据集的完整性。

② 异常值处理：通过统计方法识别并处理数据中的异常值，以提高数据的准确性和可靠性。

③ 特殊数据处理：针对特定情况（如字符型数据被误输入为数值型、数值型数据中混入特殊符号等）进行相应的转换和规范化处理。

食品安全检测数据的初始录入多由人工完成，这一过程容易出现各种不规范情况。

① 数据冗余：数据表中可能存在对数据分析没有实际意义的字段（如与检测结果无关的行政编号）或重复记录，需要通过数据清洗予以移除。

② 空值：空值不等同于“0”或空字符串，在统计计算时会被自动忽略，可能导致均值、标准差等统计量的计算偏差。

③ 数据不规范：表现形式更为多样，例如数据值前的空格、特殊符号（如“＜”“＞”），以及字符型数据（如“未检出”“阴性”）等，都需要进行标准化处理，统一转换为可量化的数值或编码。

食品安全检测的数据来源广泛，包括生产企业自检数据、监管部门抽检数据、第三方检测机构报告等，数据种类繁杂，涵盖化学污染物、微生物、添加剂、感官指标等多个维度。其分析需考虑不同的属性层次，包括样品种类（如生鲜食品、加工食品）、项目类别（如农药残留、重金属）、国别地区（如进口食品来源国、国内产地）、检测结果（如合格、不合格）等。在时间维度上，需要从年度到季度再到月度和日度进行概念分层，以支持数据仓库的构建，并实现与限量标准专家知识库的有效关联，为风险评估提供标准依据。

二、缺失值

在食品安全风险监测数据中，属性值缺失的情况普遍存在，甚至在某些场景下是难以避免的。造成数据缺失的原因多种多样，例如在食源性疾病监测中，部分患者可能因隐私保护意识拒绝提供就餐信息，或因病情严重无法准确回忆进食细节，导致部分属性值出现空缺；在食品污染物检测中，可能因样品量不足、检测仪器故障等原因导致部分指标未完成检测。因此，针对缺失值的处理需要结合具体场景和数据特征进行分析，通过合理填充缺失值以保留信息的完整性，同时避免引入新的偏差。

通常，数据集中不含缺失值的变量被称为完全变量，而含有缺失值的变量则被称为不完全变量。数据缺失在许多研究领域都是一个复杂的问题，它不仅导致有用信息的丢失，还会增加统计分析结果的不确定性。这些包含空值的数据会使分析过程变得混乱，例如，在构建回归模型时，缺失值可能导致样本量减少，影响模型的稳定性和预测能力，从而输出不可靠的结论。因此，缺失值的处理是数据预处理的核心环节之一，常用的方法主要包括删除法和补齐法。

1. 删除法

删除法是处理缺失值的最基本方法，其原理是通过删除存在缺失值的个案（样本或记录）来实现数据的完整化，这种方法操作简单，易于实现。对于含有多个属性缺失值的对象，以及被删除的对象在初始数据集中占比非常小的情况，删除法是有效的。例如，在一个包含 10000 个样本的数据集里，若仅有 10 个样本存在缺失值，删除这些样本后对整体数据分布的影响可以忽略不计。

然而，这种方法也存在显著的局限性。删除数据虽然能够在形式上提高数据的完整性，但却可能丢失大量隐藏在被删除对象中的关键信息。在初始数据集中对象数量较少时，即使删除少量对象也可能严重影响结果的客观性和正确性。例如，在针对某种罕见食源性疾病的监测中，若总共仅收集到 50 个病例数据，其中 10 个病例存在关键信息缺失，删除这些病例后将导致样本量减少 20%，可能使疾病特征分析出现偏差。此外，当缺失数据占比较大，特别是当缺失数据呈现非随机分布时，删除法可能导致数据偏差，例如在检测某类进口食品时，若来自某一地区的样品普遍缺失“生产日期”信息，删除这些样本后将低估该地区进口食品的质量风险，从而引出错误的结论。

2. 补齐法

补齐法是通过一定的规则或算法为缺失值填充合理数值，以实现信息的完备化。通常，补齐法基于统计学原理或机器学习算法，根据初始数据集中其他对象的取值分布情况对缺失值进行填充。针对食品安全风险监测中的不同类型数据，如“低水平截尾数据”“空间位置数据”“诊疗数据”等，补齐方法会根据数据特征进行针对性设计。

(1) 低水平截尾数据处理　低水平截尾数据主要出现在食品中化学污染物（如农药残留、兽药残留、重金属）的监测中，由于某些污染物的含量低于检测方法的检出限（LOD）或定量限（LOQ），监测数据中会出现大量“未检出”的记录。此时，数据往往呈现偏态分布，并且由于不同实验室的检测能力存在差异，可能存在多个不同的 LOD 值，这使得此类数据的处理相对复杂。通常，针对低水平截尾数据的处理方法包括以下几种。

① 替换法：对于小于 LOD 的监测数据，可以根据小于 LOD 的数据比例用 0、LOD/2 或 LOD 替换这些数据。这一方法因其简便性而被广泛接受，许多环境工作者和政府组织（如 EPA）在实际工作中都采用这种方法。

全球环境监测规划（食品）推荐的替换法基本原则如下：

若＜LOD 的数据比例为 0，则全部用真实值；

若＜LOD 的数据比例≤60%，则用 LOD/2 替代所有＜LOD 的数据；

若 60%≪LOD 的数据比例≤80%且定量数据（＞LOD）≥25 个，则对所有＜LOD 的数据得出乐观和保守的两个估计值 0、LOD；

若＜LOD 的数据比例＞80%，则对所有＜LOD 的数据得出乐观和保守的两个估计值 0、LOD。

在采用替换法时，需要报告的量值包括分析的样品总数、提供检测数据的实验室数量、低于检出限的样品数量、数据组中检出限的范围、低于定量限但大于检出限的样品数量、数据组中定量限的范围、最低定量结果、最小和最大的报告值，以及均值、中位数等统计数值，以确保数据处理过程的透明性。

尽管替换法操作简单且应用广泛，但在进行统计分析时存在一定缺陷。该方法不考虑数据本身的变异性，忽略了检出限资料中蕴含的信息，同时不同的替代策略带有一定的主观性。更重要的是，这种简单替换可能导致有偏的参数估计和不稳定的分析结果，例如以 LOD 代替可能过度夸大污染问题，而以 0 代替则可能低估风险，两种情况都可能导致错误的管理决策。此外，替换法的数值可能受到检测仪器水平的影响，当实验室更新检测设备后，LOD 值降低，基于旧 LOD 的替换值可能与实际情况产生偏差。

② 最大似然估计法（MLE）：MLE 是一种更为复杂但也更为精确的处理低水平截尾数

据的方法。该方法通过利用观测数据的分布特性，基于已有的完整数据生成概率模型（如假设数据服从对数正态分布），并通过迭代算法估计缺失值的分布参数，进而得到缺失值的最优估计。MLE 能提供更加合理的替代值，特别是在数据量较大时，能够有效降低因简单替换带来的偏差。使用 MLE 时，通常需要假设数据的分布形式（如正态分布、对数正态分布等），并据此进行参数估计和推断。这种方法的优点在于能够充分利用可用信息，包括截尾数据和完整数据的分布特征，提高缺失值替代的合理性。

③ 多重插补法（multiple imputation）：多重插补法是一种利用多次插补来处理缺失数据的方法。通过构建多个完整数据集（每个数据集中的缺失值被不同的估计值替代），进行独立的分析，然后将这些分析结果进行汇总。这种方法的优势在于能够反映插补过程中的不确定性，通过多次插补的平均效应减少因单一插补带来的偏差。多重插补法特别适用于数据缺失较多且缺失机制不完全随机的情况，例如当某些污染物的未检出率较高且与食品的储存条件相关时，该方法可以通过引入辅助变量（如储存温度、储存时间）提高插补精度，提供更为稳健的结果。

（2）空间位置数据处理　在食品安全监测中，空间位置数据（如食品生产基地的地理坐标、销售网点的位置信息、食源性疾病暴发点的地址等）往往会出现缺失，影响对食品安全风险的空间分布分析和溯源追踪。针对空间数据的缺失，常用的方法如下。

① 空间插值法：利用已知位置的数据对缺失位置的数据进行估算，其核心原理是“空间自相关性”，即地理上相近的区域具有相似的属性值。常见的空间插值方法有克里金插值（Kriging）、反距离加权（IDW）等。克里金插值通过半变异函数分析数据的空间变异结构，能够给出插值的误差估计，适用于对精度要求较高的场景；反距离加权法则基于“距离越近的点影响越大”的原则，通过加权平均计算缺失值，操作简便，适用于快速估算。这些方法通过考虑邻近点的信息，利用空间相关性来填充缺失值，通常能够提供较高的估算精度。

② 地理信息系统（GIS）：使用 GIS 工具对缺失数据进行补充。GIS 不仅能够实现空间可视化，还具备强大的空间分析功能，可以结合环境因素（如土壤类型、气候条件）、人口分布、交通网络等多维度的相关数据，构建综合模型进行缺失值填充。例如，在填补某地区农产品的重金属含量监测数据时，可以结合该地区的土壤重金属背景值、灌溉水源质量等 GIS 数据，提高插补的合理性。此外，GIS 还可以通过地址匹配、空间叠加分析等功能，将模糊的位置描述转换为精确的地理坐标，解决地址信息不完整的问题。

（3）诊疗数据处理　在食品安全风险监测中，来自医疗机构的诊疗数据（如患者的症状表现、实验室检测结果、治疗方案等）也可能出现缺失，特别是在基层医疗机构或突发公共卫生事件中，患者就医记录不全的情况更为常见。针对这种类型的数据，常用的处理方法如下。

① 回归插补法：通过建立回归模型，利用其他相关变量（如患者年龄、性别、发病时间、既往病史、临床症状等）来预测缺失的诊疗数据。例如，当患者的“呕吐次数”数据缺失时，可以基于已有的数据构建以“年龄”“体温”“腹泻次数”为自变量的回归方程，预测缺失值。这种方法能够充分利用已有数据的信息，并且在数据量较大时，回归模型的预测能力较强。为提高精度，还可以采用逐步回归、岭回归等方法筛选最优自变量组合，避免多重共线性的影响。

② 机器学习方法：利用机器学习算法（如决策树、随机森林、神经网络等）来填补缺失数据。这些算法能够通过学习数据中的非线性模式和复杂关系，提供较为准确的缺失值预

测。例如，随机森林通过构建多棵决策树，利用多数投票或平均的方式确定缺失值，具有较强的抗干扰能力和泛化能力；神经网络则可以捕捉变量间的高阶交互效应，适用于处理高维、复杂的诊疗数据。尤其是在处理复杂和高维数据时，机器学习方法表现出色，能够有效利用文本型数据（如医生的诊断描述）和数值型数据的综合信息，提高插补精度。

三、异常值

在食品安全风险监测数据中，异常值的存在可能干扰数据分析结果的准确性，甚至导致错误的风险评估结论。因此，对异常值的识别与处理是数据预处理的重要环节。

1. 异常值产生原因

异常值的产生通常与数据本身的特性或采集过程相关，主要包括以下几类原因。

① 数据来源差异：某些数据对象可能因属于不同的类型或类别，而与其他数据呈现显著差异。根据 Hawkins 的定义，离群点是指一个观测值与其他观测值差异如此之大，以至于怀疑它是由不同的机制产生的。例如，同一批次食品中混入了其他品类的样本，其检测结果可能与该批次整体数据存在明显偏差。

② 自然变异：许多数据集可通过统计分布（如正态分布）建模，在这类分布中，数据对象的出现概率随其与分布中心（均值）的距离增加而迅速降低。因此，大部分数据集中在中心区域，而显著偏离中心的数据出现概率极低，这类数据属于自然变异产生的异常值。

③ 数据测量和收集误差：数据采集和测量过程中的失误是异常值的常见来源，例如检测仪器故障导致的读数偏差、人工录入时的笔误等。这类异常值并非数据本身的真实特征，需要在预处理中予以识别和处理，对这类异常值的剔除是数据预处理中的一个重要环节。

异常值的预处理通常分为两个步骤：首先通过特定方法检测数据中存在的异常值，其次根据异常值的性质和数据特征选择合适的处理方式。

2. 异常值检测

（1）基于图形的异常值检测　箱线图（箱形图）是一种直观且常用的异常值检测工具，它通过五个关键统计值对数据集进行概括，包括中位数、第一四分位数（Q_1）、第三四分位数（Q_3）、上限点和下限点。绘制箱线图的具体步骤如下。

① 画数轴：确保数轴的度量单位与数据一致，起点略小于数据最小值，长度略长于数据全距（最大值与最小值的差值）。

② 上下四分位数：绘制矩形盒，以 Q_1（25%分位数）和 Q_3（75%分位数）为两端绘制矩形盒，盒内的横线表示中位数（M，50%分位数）。

③ 计算四分位距 IQR：计算 $\mathrm{IQR}=Q_3-Q_1$，用于衡量数据的离散程度。

④ 确定上限和下限点：以内限（$Q_3+1.5\times\mathrm{IQR}$ 和 $Q_1-1.5\times\mathrm{IQR}$）和外限（$Q_3+3\times\mathrm{IQR}$ 和 $Q_1-3\times\mathrm{IQR}$）划分数据分布区间。内限以外的点视为异常值，其中内限与外限之间的为温和异常值，外限以外的为极端异常值。

⑤ 触须线：从矩形盒两端延伸至上下限点，代表数据的正常分布范围。

⑥ 标记异常值：使用“O”标记温和异常值，“*”标记极端异常值。

箱线图的优势在于无需假设数据分布类型，能够清晰展示数据的离散程度和异常值位置，适合批量数据的快速筛查。

（2）基于业务经验的异常值检测　结合食品安全监测的业务知识，可直接判断部分明显不合理的数据是否为异常值。例如：某污染物检测值超过仪器的最大检测量程，如检测限为0～10mg/kg的仪器出现100mg/kg的读数；微生物菌落总数检测值为负数，不符合计数逻辑；食品pH值超出该类食品的合理范围，纯水pH值记录为10，明显偏离7左右的正常范围。这类异常值无需依赖大量样本对比，仅凭单条数据的合理性即可判断，检测效率较高。

3. 异常值处理方法

针对检测出的异常值，需根据其产生原因和数据场景选择处理方法，常用方式包括以下几类。

（1）删除　直接删除包含异常值的记录，具体可分为“整条删除”（删除异常值所在的完整样本）和“成对删除”（仅删除异常值本身，保留样本其他字段）。该方法操作简单，但存在明显局限性：若样本量较小，删除可能导致数据量不足；同时，删除可能改变变量的原有分布特征，影响统计模型的稳定性和准确性。

（2）保留　在食品安全风险监测中，保留异常值是常见做法。通常，观测到的异常值往往是一些较大的检测值（例如化学污染物的检测值），需要结合业务进行整体分析。在初次检测值超标后，通常会要求进行复检。如果初检和复检值一致，则应保留这些异常值，因为它们可能提示分析人员某些地区存在严重污染。如果初检和复检值存在较大差异，则需进一步核实样本的可靠性。

（3）用均值或其他统计量取代　在某些特殊情况下，可以考虑用均值或其他统计量（如中位数、众数等）替代异常值。这是一种折中的方法，虽然可以克服丢失样本的问题，但也可能导致样本数据的失真，例如，替代均值可能会降低数据的方差，从而影响后续分析的结果。

① 均值替代：当异常值数量较少且对整体数据分布影响较小时，可用数据集的均值替换异常值。但均值对极端值敏感，可能因异常值的替代而降低数据方差。

② 中位数替代：中位数对异常值不敏感，当数据中存在较多异常值时，用中位数替代更能保持数据的集中趋势特征。

③ 众数替代：适用于分类数据（如食品类别、检测方法等），用最常见的类别值替换异常值，可维持数据的代表性。

（4）视为缺失值　将异常值标记为缺失值，后续采用缺失值处理方法（如插补、建模时忽略等）进行处理。这种方法的优势是保留了样本的其他有效信息，但可能因缺失值增多而影响模型性能。

（5）其他方法

① 分箱处理：将数据划分为多个连续区间（箱），统计每个箱内的异常值占比。通过分析异常值在箱中的分布，可发现数据的潜在规律，如某一浓度区间的异常值集中出现，可能与检测方法的系统误差相关。

② 聚类分析：使用K-means、DBSCAN等聚类算法将数据划分为多个自然分组，与大多数组差异显著的样本可标记为异常值。例如，在食品产地溯源分析中，某样本的元素含量聚类结果与所属产地的主流聚类偏离，可能为异常值。

③ 机器学习方法：利用随机森林、支持向量机（SVM）等分类器，或孤立森林、局部离群因子（LOF）等无监督学习算法，自动识别异常值。这类方法适用于高维、复杂的数据场景，能捕捉人工难以发现的异常模式。

四、特殊数据与处理

食品安全监测数据中包含多种特殊类型数据（如时间序列数据、文本数据、高维数据等），其预处理需结合数据特性采用针对性方法。

1. 时间序列数据

时间序列数据是按时间顺序采集的连续数据（如某地区每月的农药残留检测结果、季度性食源性疾病发病数等），其预处理需满足时序分析和建模的要求，主要包括以下步骤。

① 特征提取与数据变换：通过对数变换、标准化（将数据转换为均值为0、标准差为1的分布）、中心化（减去均值）、归一化（缩放到0～1区间）等方式，使数据符合模型假设（如消除异方差性、将偏态分布转为对称分布）。例如，对呈指数增长的污染物浓度数据进行对数变换，可使其更接近正态分布，提升后续回归模型的精度。这些处理有助于提升模型的计算精度，尤其是在数据量较大的情况下。

② 平稳化处理：大多数时间序列数据存在长期趋势（如逐年上升的某添加剂使用量）或周期性波动（如夏季高发的微生物污染），属于非平稳序列。平稳化处理是时序分析的关键，常用方法如下。

差分：通过计算相邻时间点的差值消除趋势（如一阶差分消除线性趋势，二阶差分消除二次趋势）；

对数差分：对数据取对数后再差分，适用于处理指数增长趋势；

季节性调整：使用移动平均、X-12-ARIMA等方法消除季节性波动（如剔除春节前后食品抽检量的周期性峰值）。

③ 非平稳性的表现：时间序列的非平稳性可能表现为均值、方差、自协方差随时间变化，需根据具体特征选择处理方式。例如，若数据方差随时间增大（异方差），可采用加权最小二乘法或方差稳定变换（如平方根变换）进行处理。

2. 文本数据

文本数据主要存在于食源性疾病监测报告、食品抽检不合格原因描述、消费者投诉记录等场景，其预处理是自然语言处理（NLP）和信息提取的基础，步骤如下。

① 文档切分：将一个文件中的多个文档分隔开，便于后续处理。切分通常依赖于特定的分隔符，如空行或特定符号。例如，将一份包含100条食源性疾病报告的文本文件，切分为100个独立的报告文档。

② 文本分词：将连续文本拆分为独立词语（如中文分词需处理“一词多义”“未登录词”等问题），需结合领域词典（如食品专业术语词典）选择正向最大匹配、反向最大匹配等算法。例如，将“食用过期乳制品导致腹泻”分词为“食用/过期/乳制品/导致/腹泻”。

③ 去停用词：去除文本中无实际意义的词汇（如“的”“是”“在”等虚词，以及标点、数字、单字），减少噪声干扰。例如，从“该食品的生产日期为2023年5月，已过期”中去除停用词后，保留“食品/生产日期/2023年5月/过期”。

④ 文本特征提取：通过卡方检验、信息增益、互信息等方法，筛选出最能代表文本主题的特征词。例如，在食源性疾病报告中，“呕吐”“腹痛”“剩菜”等词的信息增益较高，可作为区分疾病类型的关键特征。

⑤ 词频统计：统计每个词在文本中的出现频率（TF），频率高的词通常更能反映文本

核心内容。例如，某报告中“沙门菌”出现10次，“腹泻”出现8次，可判断该报告与沙门菌感染相关。

⑥ 文本向量化：将文本转换为可计算的多维向量，常用方法包括词袋模型（BOW）、TF-IDF（词频-逆文档频率）等。例如，用TF-IDF值表示“沙门菌”“腹泻”等词在向量中的权重，实现文本的数值化表达，为后续分类、聚类等分析奠定基础。

3. 高维数据

高维数据是指包含大量特征变量的数据（如食品的多元素含量检测数据、包含数十项指标的风险评估数据），其分析面临“维数灾难”（如数据稀疏、计算复杂度激增），预处理的核心是降维，常用方法如下。

① 降维：主成分分析（PCA）是一种常用的降维方法，通过线性变换将多个相关性强的变量转换为少数互不相关的主成分，在保留数据大部分信息（方差）的同时减少变量数量。例如，将食品的20项矿物质含量指标转换为3个主成分，累计方差贡献率达90%，既简化了数据，又保留了关键信息。PCA适用于数据探索、可视化及压缩等场景。

② 数据投影：PCA的本质是将高维数据投影到低维子空间。对于n维数据集，可选择前k个主成分（$k \ll n$）构建低维空间，使投影后的数据损失最小。例如，将100维的检测数据投影到5维空间，显著降低后续建模的计算成本。

③ 信息保留：降维的目标是在减少变量数量的同时，最大限度保留数据的变异性。通过选择主成分的数量（如根据碎石图、特征值大于1的原则），可平衡数据简化与信息保留的关系。例如，在风险评估中，保留累计方差贡献率≥85%的主成分，既保证分析精度，又提高了模型的可解释性。

除PCA外，高维数据处理还可采用因子分析、独立成分分析（ICA）、t-分布邻域嵌入（t-SNE）等方法，需根据数据类型（如线性/非线性）和分析目标选择合适的技术。

五、食品安全数据处理分析方法

数据分析的核心目标是从海量数据中提取有价值的信息，揭示数据背后的规律与趋势，为食品安全决策提供科学依据。其过程可分为以下五个步骤。

① 数据收集：首先需围绕分析目标收集相关数据，来源包括食品生产企业的自检数据、监管部门的抽检记录、食源性疾病监测报告、消费者投诉信息等，确保数据的全面性和针对性。

② 数据清洗：收集到的数据需经过严格清洗，包括检查数据完整性、处理缺失值与异常值、统一数据格式等，消除数据噪声，为后续分析奠定质量基础。

③ 数据探索：通过描述性统计（如均值、标准差、频率分布）和可视化手段（如直方图、折线图、热力图）对清洗后的数据进行探索，直观呈现数据的分布特征、趋势变化和潜在关联。

④ 模型构建：根据数据特点和分析目标选择合适的统计或算法模型，常见方法包括回归分析（探究变量间的因果关系）、聚类分析（实现数据的自然分组）、关联规则挖掘（发现指标间的隐藏关联）等，挖掘数据中的深层模式。

⑤ 结果解释：将模型输出的结果转化为易于理解的业务语言，结合食品安全领域的专业知识，阐释其对风险评估、监管策略制定的实际意义，为决策者提供清晰的行动建议。

为高效处理和分析海量食品安全数据，需从技术工具、处理策略等方面综合施策，具体如下。

① 选择专业数据分析工具：采用性能优越的数据库系统（如 Oracle、DB2、SQL Server）存储基础数据；配备专业的 ETL 工具（如 Informatica）实现数据的提取、转换与加载；结合 OLAP 工具（如 Essbase）和数据仓库技术，支持多维数据分析和快速查询，满足复杂场景下的分析需求。

② 编写高效的程序代码：高质量的程序代码在处理复杂数据时至关重要。开发具备优化算法、清晰流程和完善异常处理机制的程序代码，提升数据处理的准确性和效率，尤其在处理多源异构数据时，需确保代码的兼容性和稳定性。

③ 实施数据分区：通过数据分区可以有效简化任务，利于并行处理。按时间（如年度、季度）、地域（如省份、城市）或数据类型（如污染物检测、微生物检测）对数据进行分区，便于并行处理和定向查询，降低单表数据量过大带来的系统负荷。例如，SQL Server 支持将不同分区数据存储在独立文件组，提升数据读写效率。

④ 合理建立数据索引：针对频繁用于查询、分组和排序的字段（如检测时间、食品类别）建立索引，减少数据扫描范围，显著提升查询速度，但需避免过度索引导致的存储冗余和更新延迟。

⑤ 优化缓存与内存管理：配置合理的缓存机制，将高频访问数据暂存于内存，减少磁盘 I/O 操作；在系统资源有限时，通过增加虚拟内存缓解内存不足问题，保障大规模数据处理的连续性。

⑥ 采用分批处理模式：将海量数据按时间周期（如按日、按月）或数据量大小拆分为批次，分阶段处理后合并结果，降低单次处理的资源消耗，尤其适用于时序性强的监测数据。

⑦ 使用临时表与中间表：在复杂分析过程中，通过临时表存储中间计算结果，将大表逐步转化为小表，简化后续处理步骤，提高分析效率。

⑧ 优化 SQL 查询语句：编写高效的 SQL 脚本和存储过程，通过合理使用连接查询、避免全表扫描、简化子查询等方式提升执行效率，这是数据库管理员提升系统性能的关键工作。

⑨ 直接处理文本格式数据：对于超大规模的原始数据（如日志文件、批量检测报告），可直接在程序中处理文本格式数据，减少导入数据库的环节，降低转换成本，提升处理效率。

⑩ 定制清洗规则与错误处理机制：针对食品安全数据中常见的格式不一致、单位不统一等问题，制定标准化的清洗规则；建立错误预警机制，自动识别并标记异常数据，确保数据质量可控。

⑪ 构建视图与物化视图：通过视图将分散在多表中的关联数据按分析需求整合，简化查询逻辑；对高频访问的视图创建物化视图，预存计算结果，减少实时计算压力。

⑫ 保障操作系统稳定性：处理海量数据时，需确保操作系统的安全性和稳定性，合理分配缓存空间和临时存储资源，避免因系统故障导致的数据丢失或处理中断。

⑬ 使用数据仓库和多维数据集：OLAP（联机分析处理）处理海量数据效率高，建议建立数据仓库和多维数据集，以实现快速的数据分析和报表呈现。

⑭ 科学采用数据采样：在数据量过大且实时性要求不高的场景下，采用分层抽样或随机抽样方法选取代表性样本进行分析，在保证结果可靠性的前提下提高处理效率，需注意样本量与抽样方式的合理性，避免引入偏差。

第四节　经典统计分析方法

食品安全问题贯穿食品产业链的全环节，从原料种植养殖、加工生产、包装贮存，到运输销售乃至消费终端，每个环节都可能存在潜在风险。借助经典统计分析方法对各环节数据进行建模与分析，能够精准识别关键风险因素，建立风险因素与污染物暴露量之间的量化关联，进而科学评估食品污染物对消费者健康的潜在风险，为风险分级预警提供依据，最终降低食品安全事件（尤其是重大事件）的发生概率。

通过对海量监测数据的深度挖掘，可构建针对性的统计模型，其分析结果能为不同主体提供决策支持：对食品生产企业而言，识别风险因素及其变化规律有助于制定更科学的生产规范和质量管理体系；对监管部门而言，精准识别不同时期、地域、食品种类及企业的风险差异，可明确监管重点，优化监管资源配置；对消费者而言，清晰了解食品安全风险的来源与等级，能提升自我保护意识，减少因信息不对称导致的健康损害。

在食品安全领域，经典统计分析方法是数据解读的重要工具，主要包括差异显著性检验、相关性分析、方差分析、线性回归和主成分分析等。这些方法为挖掘数据规律、构建风险评估模型提供了系统化的分析框架，是实现食品安全科学管理与精准预警的基础。

一、差异显著性检验

差异显著性检验是判断两组或多组数据之间的差异是否由随机误差导致的统计方法，在食品安全分析中常用于比较不同场景下污染物含量、合格率等指标的差异，如不同产地食品的污染物含量差异、不同季节食源性疾病发病率差异等。常见的差异显著性检验方法包括 t 检验和卡方检验。

1. t 检验

t 检验亦称 student t 检验（student's t test），由英国统计学家 Gosset 提出，主要适用于样本量较小（通常 $n<30$）、总体标准差 σ 未知的正态分布数据。其核心原理是利用 t 分布理论推论差异发生的概率，从而判断两组数据的均值差异是否具有统计学意义。在食品安全领域，t 检验可用于以下场景：比较两类食品中相同污染物的含量均值差异（如肉类与蔬菜中铅含量的差异）、不同地区同种食品的污染物含量均值差异（如南北地区大米中镉含量的差异）、同一食品中两种不同污染物的含量均值差异（如奶粉中三聚氰胺与硝酸盐含量的差异）等。

（1）t 检验的前提条件　t 检验的有效性依赖于数据是否满足以下前提，实际应用中需结合数据特征进行判断。

① 正态性：样本来自的总体需符合或近似符合正态分布。若数据分布为单峰且近似对称（如轻度偏态），对结果影响较小，可直接进行 t 检验；若偏态较明显，可通过变量变换（如对数变换）改善分布后再分析。当样本量较大（$n>100$）时，可近似采用 z 检验（u 检验），因为大样本下 t 分布趋近于正态分布。

② 随机性：样本需为随机抽取，确保数据具有代表性，避免因抽样偏差导致结论失真。

③ 两样本方差齐性：从两研究总体中随机抽取样本，要对这两个样本进行 t 检验比较的时候，首先要判断两总体方差是否相同，即方差齐性。若两总体方差相等，则直接用 t 检

验，若不等，可采用检验或变量变换或秩和检验等方法。其中要判断两总体方差是否相等，就可以用方差齐性检验（F 检验）。对两组数据进行比较时，需先判断两总体方差是否相等(即方差齐性)。若方差齐性（$\sigma_1^2=\sigma_2^2$），采用普通 t 检验；若方差不齐（$\sigma_1^2\neq\sigma_2^2$），则需采用校正 t 检验（如 Welch t 检验）、变量变换或秩和检验等替代方法。方差齐性可通过 F 检验(方差齐性检验）判断，计算两组数据的方差比 $F=\sigma_1^2/\sigma_2^2$（σ_1^2 为较大方差），若 F 值小于临界值，则认为方差齐性。

（2）t 检验的步骤　t 检验的核心是通过计算统计量 t 值，与理论临界值比较，判断差异是否显著，具体步骤如下。

① 建立零假设 H_0：$\mu_1=\mu_2$，即假定两个总体平均数之间没有显著差异；

② 计算统计量 t 值：对于不同类型的问题选用不同的统计量计算方法；

③ 确定临界值与显著性水平：根据研究设计的不同，t 值计算公式分为以下两种。

单样本 t 检验（比较样本均值与已知总体均值的差异）：当判断一个小样本的均值与总体均值是否存在差异时，t 值计算公式如下。

$$t=\frac{\overline{X}-\mu}{\frac{S}{\sqrt{n}}}$$

式中，$\overline{X}$ 为样本均值；μ 为总体均值；S 为样本标准差；n 为样本量。

两独立样本 t 检验（比较两组独立样本的均值差异）：当比较两组样本的均值差异时，若方差齐性，t 值计算公式如下。

$$t=\frac{\overline{X_1}-\overline{X_2}}{\sqrt{\frac{\sum(X_1-\overline{X_1})^2+\sum(X_2-\overline{X_2})^2}{n_1+n_2-2}\left(\frac{1}{n_1}+\frac{1}{n_2}\right)}}$$

式中，X_1 为第 1 组样本；X_2 为第 2 组样本；$\overline{X_1}$ 为第一组样本均值；$\overline{X_2}$ 为第 2 组样本均值；n_1 为第 1 组样本总数；n_2 为第 2 组样本总数。

根据自由度 $df=n-1$，查 t 值表，找出规定的 t 理论值并进行比较。理论值差异的显著水平为 0.01 级或 0.05 级。双侧检验不同自由度的显著水平理论值记为 $t_{0.01/2(df)}$ 和 $t_{0.05/2(df)}$。

④ 比较计算得到的 t 值和理论 t 值，推断发生的概率，依据下述内容做出判断：

若 $|t|>t_{0.01/2(df)}$，则 $P<0.01$，拒绝 H_0，认为两组数据的均值差异极显著；

若 $t_{0.05/2(df)}<|t|\leqslant t_{0.01/2(df)}$，则 $0.01<P<0.05$，拒绝 H_0，认为差异显著；

若 $|t|\leqslant t_{0.05/2(df)}$，则 $P\geqslant 0.05$，不拒绝 H_0，认为差异不显著（即差异可能由随机误差导致）。

2. 卡方检验

卡方检验（χ^2 检验）是一种针对计数资料的假设检验方法，主要用于判断实际观测值与理论预期值之间的偏离程度是否由随机误差导致。在食品安全领域，卡方检验常用于比较不同组的率或构成比差异，如不同品牌食品的合格率差异、不同地区食源性疾病的发病率差异、不同年龄段消费者对食品安全问题的投诉率差异等。

卡方检验基于卡方分布，统计样本的实际观测值与理论推断值之间的偏离程度。实际观测值与理论推断值之间的偏离程度决定卡方值的大小，卡方值越大，越不符合；卡方值越小，偏差越小，越趋于符合，若两个值完全相等时，卡方值就为 0，表明理论值完全符合。

当要检验多个率（超标率、检出率等）的差异是否显著时，可使用卡方检验的方法。

卡方检验的应用需满足以下条件，尤其是四格表（2×2 列联表）资料。

① 随机性：样本需为随机抽取，确保数据的代表性；

② 独立性：各观测值之间相互独立，不存在关联（如同一对象不重复纳入多个组别）；

③ 理论频数要求：

当所有理论频数 $T \geqslant 5$ 且总样本量 $n \geqslant 40$ 时，采用 Pearson 卡方检验；

当存在 $1 \leqslant T < 5$ 且 $n \geqslant 40$ 时，采用连续性校正卡方检验；

当存在 $T < 1$ 或 $n < 40$ 时，需采用 Fisher 确切概率法，不宜使用卡方检验。

以“比较两组率的差异”为例，卡方检验的步骤如下：

① 建立零假设，即认为观测值与理论值的差异是由随机误差所致，备择率之间有显著差异假设；

② 求出卡方值，确定数据间的实际差异；

③ 如卡方值大于某特定概率标准（即显著性差异）下的理论值，则拒绝零假说，即实测值与理论值的差异在该显著性水平下是显著的。

二、相关性分析

1. 相关关系

当一个或多个相互关联的变量取特定数值时，与之对应的另一个变量的值虽不确定，但会遵循某种规律在一定范围内波动，这种变量间的不确定性关联称为相关关系。

在食品污染物监测中，常观察到某类食品中一种污染物含量升高时，另一种污染物含量也随之升高或降低，这提示两种污染物可能存在线性相关关系。若相关程度较高，可推测它们可能具有共同来源（如同一污染源头或相似迁移路径），为污染溯源提供重要线索。

需要注意的是，相关关系不等同于因果关系。因果关系必定是相关关系，而相关关系不一定是因果关系。相关关系可以同时存在于两者以上之间，其中每一个自变量的改变可能影响对应的唯一的函数。因果关系只存在于两者之间，其一为因其一为果。相关关系可以提供可能性并用于推测因果关系，但不能证明。

需特别注意的是，相关关系不等同于因果关系：

因果关系是确定性的（如“高温储存导致微生物超标”），必然伴随相关关系；

相关关系仅反映变量间的伴随变化趋势（如“某地区食品合格率与降雨量正相关”），未必存在直接因果；

相关关系可存在于多个变量之间，而因果关系通常局限于两个变量（因与果）；

相关关系可为探索因果关系提供方向，但需通过实验验证或逻辑推理才能确认因果。

2. Pearson 相关系数

Pearson 相关系数（积差相关系数）是衡量两个连续变量线性相关程度的统计指标，可定量描述食品中两种污染物（如 X 和 Y）的线性关联强度，其应用需满足以下前提条件：

两个变量间有线性关系；

变量是连续变量；

变量均符合正态分布；

两变量独立随机。

当满足前提条件时，样本相关系数 r 计算公式如下。

$$r=\frac{\Sigma(X-\overline{X})(Y-\overline{Y})}{\sqrt{\Sigma(X-\overline{X})\Sigma(Y-\overline{Y})^2}}$$

Pearson 相关系数 r 是按积差方法计算，同样以两变量（X，Y）与各自平均值的离差为基础，通过两个离差相乘来反映两变量之间相关程度。两个变量 X，Y 计算出的 Pearson 相关系数 r 的含义可以有如下理解：

① 当 $r=0$ 时，X 和 Y 无线性相关（但可能存在非线性关联）；

② 当 $0<r\leqslant1$ 时，表明当 X 的值增大时 Y 值也增大，X 的值减小时 Y 值也减小，两个变量为正相关，表明两种污染物中若有一者较高，则另一者也会较高；

③ 当 $-1\leqslant r<0$ 时，当 X 的值增大时 Y 值减小，X 的值减小时 Y 值增大，两个变量为负相关，表明两种元素（污染物）中若有一者较高，则另一者则会较低。

相关系数的绝对值越大，相关性越强，相关系数越接近于 1 或 −1，相关度越强，相关系数越接近于 0，相关度越弱（表 7-2）。

表 7-2　相关系数 r 的取值及判断标准

r 取值范围	相关强度
0.8～1.0	极强相关
0.6～0.8	强相关
0.4～0.6	中等程度相关
0.2～0.4	弱相关
0.0～0.2	极弱相关或无相关

3. Pearson 相关系数的检验

样本相关系数 r 是总体相关系数 ρ 的估计值，由于抽样误差的存在，即使 $\rho=0$，样本也可能出现 $r\neq0$ 的情况。因此需通过显著性检验判断 r 的非零值是否由随机误差导致，步骤如下。

首先假定 X 和 Y 均服从正态分布，r 的显著性可用 t 检验来进行。进行 t 检验步骤如下。

① 建立检验假设。H_0：$\rho=0$（总体中两变量无线性相关），H_1：$\rho\neq0$（总体中两变量存在线性相关）。

② 确定显著性水平 $\alpha=0.05$，分以下两种情况：如果从相关系数 $\rho=0$ 的总体中取得某 r 值的概率 $\rho>0.05$，我们就接受假设，认为此 r 值很可能是从此总体中取得的。因此判断两个变量之间无显著相关关系；如果取得 r 值的概率 $\rho\leqslant0.05$，我们就在 $\alpha=0.05$ 的水准上拒绝检验假设，认为该 r 值不是来自 $\rho=0$ 的总体，而是来自 $\rho\neq0$ 的另一个总体，因此就判断两个变量间有显著相关关系。

③ 计算相关系数的 t_r 值：

$$t_r=\frac{r-0}{S_r}$$

式中，$S_r=\sqrt{\frac{1-r^2}{n-2}}$ 为样本相关系数 r 的标准误；H_0 成立时，t_r 服从自由度为 df=

$n-2$ 的 t 分布。

④ 计算自由度 $df=n-2$。

⑤ 根据 t 和自由度 df 值，查 t 界值表确定 P 值，分以下两种情况：

$P\leqslant 0.05$，拒绝 H_0，接受 H_1，认为两个变量间有显著相关关系，r 有统计学意义；

$P>0.05$，不能拒绝 H_0，两个变量之间无显著相关关系。

三、方差分析

方差分析（又称“变异数分析”或“F 检验”）由 R. A. Fisher 提出，用于检验两个及以上样本均数的差异是否具有统计学意义。其核心思想是将数据的总变异分解为可控因素导致的变异和随机误差导致的变异，通过比较两者的大小判断可控因素是否对结果产生显著影响。

如果仅有一个因子或因素，称为单因素方差分析。以此类推，两个因子的方差分析称为双因素方差分析，三个及以上影响因素称为多因素方差分析。

1. 单因素方差分析方法

单因素方差分析用于判断单个因素的不同水平是否对观测指标产生显著影响，核心概念如下。

因素：影响研究对象的某一指标、变量。

水平：因素变化的各种状态或因素变化所分的等级或组别。

单因素试验：考虑因素只有一个的试验称为单因素试验。

单因素方差分析：对单因素试验中该因素的不同水平组均值的比较，推断该因素是否起作用。

单因素试验的表格如表 7-3 所示，设因素 A 有 t 个水平，在第 i 个水平下进行了 m 次相互独立的试验。

表 7-3 单因素试验的表格

因素 A	A_1	A_2	…	A_j	…	A_t
试验指标	X_{11} X_{i1} … $X_{n_1 1}$	X_{12} X_{i2} … $X_{n_2 2}$	…	X_{1j} X_{ij} … $X_{n_j j}$	…	X_{1t} X_{it} … $X_{n_t t}$

单因素方差分析基本思想是以组内变异（同一水平内数据的波动，反映随机误差）为基准，比较组间变异（不同水平间数据的波动，反映因素影响）。若组间变异显著大于组内变异，则认为因素的不同水平对观测指标有显著影响。

2. 单因素方差分析的前提条件

（1）独立随机性　样本中的各个样本之间必须相互独立，来自真正的随机抽样，这样才能保证所产生的差异可以分解，如果样本之间存在关联，那么会造成样本间的差异除了研究因素导致之外，还有其他原因混入，不利于差异分解。

（2）样本服从正态分布　当样本含量较小时，资料是否来自正态分布的总体难以进行直观判断和检验，常常需根据过去经验。当样本含量较大时，中心极限定理保证了样本均数的抽样分布仍然服从或接近服从正态分布。但如果总体极度偏离正态分布，需要做数据变换，改善其正态性。

（3）方差齐性　方差齐性要求各水平下的总体要有相同的方差，也就是说它们的分布是否一致。和要求独立性原因一样，如果方差齐性，那么差异原因必然来自研究因素，如果方差不齐，那么差异原因除了研究因素外，还有一部分要被归结为二者总体分布不同，这样就无法判断造成差异的具体原因是什么。对方差齐性的判断通常采用方差齐性检验，如 Bartlett 检验和 Levene 检验。

3. 单因素方差分析的步骤

① 建立假设：

$H_0, \mu_1=\mu_2=\cdots=\mu_c$（因素各水平下总体均值相等，因素无显著影响）；

$H_1, \mu_1, \mu_2, \cdots, \mu_c$ 不全相等（至少有两个水平的总体均值不等，因素有显著影响）。

② 计算样本均值和样本方差。

③ 计算组间方差（MSB）。

$$\mathrm{MSB}=\sum_{i=1}^{t} m(\overline{X_i}-\overline{X})^2$$

④ 组内方差的估计（MSE）：$\mathrm{MSE}=\dfrac{\mathrm{MSB}}{N-t}$（自由度 $\mathrm{df}_2=n-t$，n 为总样本量，$n=tm$）

⑤ 构造 F 统计量进行检验：$F=\dfrac{\text{组间方差}}{\text{组内方差}}=\dfrac{\mathrm{MSB}}{\mathrm{MSE}}$

得到以下方差分析表（表 7-4）：

表 7-4　方差分析表

方差来源	离差平方和	自由度 df	均方 MS	F 值	P 值	临界 F 值
组间	SSB	$c-1$	MSB		实际数值	$F_{0.05(\mathrm{df}_1,\mathrm{df}_2)}$
组内	SSE	$n-1$	MSE	MSB/MSE		
总方差	SST	$n-c$				

如果 c 个总体均值不相等，则组间方差（MSB）会大于组内方差（MSE）。当 F 值大到某一临界值 $F_{\alpha(c-1,n-c)}$ 时，就可以拒绝 H_0。临界值的大小由给定的 α 和自由度决定。

n 为样本总数，t 为水平个数，给定显著性水平为 $\alpha=0.05$，根据分子自由度 $\mathrm{df}_1=c-1$，分母自由度 $\mathrm{df}_2=n-c$，F 的拒绝域为 $F>F_{0.05(c-1,n-c)}$。

⑥ 查找 F 分布表临界值，接受或拒绝 H_0。

四、线性回归

在统计学中，线性回归（linear regression）是利用称为线性回归方程的最小平方函数对一个或多个自变量（$X_1, X_2, \cdots, X_p$）和因变量（Y）之间关系进行建模的一种回归分析，其核心是将因变量表示为回归系数与自变量的线性组合。回归分析中，只包括一个自变量和一个因变量，且二者的关系可用一条直线近似表示，这种回归分析称为一元线性回归分析。如果回归分析中包括两个或两个以上的自变量，且因变量和自变量之间是线性关系，则称为多元线性回归分析。

回归分析的基本思想是：利用一个或多个自变量的数据，预测或解释因变量的取值。其中，需预测或解释的变量称为因变量（或响应变量，记为 Y）；影响因变量的变量称为自变量（或解释变量、预测因子，记为 $X_1, X_2, \cdots, X_p$，其中 p 为自变量的个数）。

1. 模型

若变量 Y 与变量 $X_1, X_2, \cdots, X_p$ 之间有如下关系：

$$Y = \beta_0 + \beta_1 X_1 + \beta_2 X_2 + \cdots \beta_p X_p + e$$

式中，e 为随机误差，并且 $e \sim N(0, \sigma_2)$，$\beta_0, \beta_1, \beta_2, \cdots, \beta_p$ 是截距和系数，是待估参数。当 p 为 1 时，称为一元线性回归，当 $p \geqslant 2$ 时，称为多元线性回归。

误差项需要满足如下假设：

① 误差不相关，即 $\mathrm{cov}(\varepsilon_i, \varepsilon_j) = 0$，$i \neq j$，$i, j = 1, 2, \cdots, n$；

② 无系统误差，误差等方差且服从正态分布，即 $e \sim N(0, \sigma^2)$，$i, j = 1, 2, \cdots, n$。

2. 参数估计

通常，模型的参数（$\beta_0, \beta_1, \cdots, \beta_p$）可以通过普通最小二乘法或极大似然法进行估计。

普通最小二乘法（OLS）：通过最小化误差项的平方和（$\sum \varepsilon^2$）求解参数，是最常用的方法；

极大似然法（ML）：基于误差项的正态分布假设，寻找使观测数据出现概率最大的参数值。

3. 模型检验

（1）方程整体的显著性

原假设 H_0：$\beta_1 = \beta_2 = \cdots = \beta_p = 0$（所有自变量均无法解释因变量，方程无意义）；模型各解释变量的系数都是 0。

备择假设 H_1：至少有一个 $\beta_i = 0$（方程整体有统计学意义），模型各解释变量的系数不全为 0。

检验方法：F 检验。若 F 检验的 $P < 0.05$（通常显著性水平 $\alpha = 0.05$），则拒绝 H_0，认为方程整体显著。

拟合优度：用决定系数 R^2 或调整后的 R^2（R^2_{adj}）衡量。R^2 取值范围为 $[0,1]$，值越大表明自变量对因变量的解释能力越强（$R^2 = 1$ 表示完全拟合）。调整后的 R^2 可避免因自变量过多导致的虚假拟合（需扣除自由度影响）。

（2）参数显著性检验　对于模型任意一个解释变量：

原假设 H_0，$\beta_i = 0$（该自变量对因变量无显著影响），解释变量的系数为 0；

备择假设 H_1，$\beta_i = 0$（该自变量对因变量有显著影响），解释变量的系数不为 0。

回归系数的显著性可通过 t 检验 P 值判断，当系数的 t 检验 P 值小于 0.05 时，回归系数的显著性通过。

（3）多重共线性检验　多重共线性是指线性回归模型中的解释变量之间存在的精确相关关系或高度相关关系。多重共线性会导致模型参数无法被估计或参数估计值的方差过大。多重共线性可以通过方差膨胀因子（VIF）诊断，方差膨胀因子表达式为：

$$\mathrm{VIF}_i = 1/(1 - R_i^2)$$

式中，R_i^2 为该自变量对其他自变量回归的复决定系数。当 VIF_i 很大时（通常>10），表明自变量间存在多重共线性。多重共线可以通过逐步回归选择最优变量，它是以赤池信息量准则（AIC）为标准，通过选择最小的 AIC 信息统计量，来达到删除或增加变量的目的。

（4）异方差检验　异方差指误差项的方差不恒定（违反等方差假设），会导致参数估计效率降低。线性回归模型假定模型误差无系统误差，误差等方差且服从正态分布，若线性回归模型存在异方差性，则用传统的最小二乘法估计模型，得到的参数估计量有效性不足，参数显著性检验也会失效。通过 White 检验法可检验随机干扰项的异方差性，即通过构造辅助回归判断误差平方是否与自变量相关，若 $P<0.05$，则认为存在异方差。

(5) 序列相关性检验 序列相关性指误差项之间存在关联（违反独立性假设），会导致参数显著性检验失真。

在原假设中，假定模型误差不相关，序列相关会导致最小二乘法得到的参数估计量的方差被高估或低估，回归得到的参数估计量的显著性水平的检验不再可信等问题。序列相关性可以通过杜宾-瓦特森统计量（DW）检验，如果序列不相关，DW 值在 2 附近，如果存在正序列相关，DW 值将小于 2，如果存在负序列相关，DW 值将在 2～4 之间。

4. 逐步回归

变量选择是线性回归分析中需要解决的一个重点问题。回归变量的不同，对模型假设的成立与否、参数估计及模型预测的精确度都可能有很大的影响。逐步回归是解决变量选择问题的主要方法之一，也是避免多重共线的方法之一，步骤如下。

① 初始模型：以对因变量解释能力最强的自变量（单因素回归中 P 值最小者）构建基础模型；

② 逐个引入：逐个引入其他自变量，每次引入后通过 F 检验判断其是否显著，显著则保留；

③ 逐步剔除：新变量引入后，对已纳入模型的自变量重新检验，若因新变量引入导致原有变量变得不显著（$P \geqslant 0.05$），则将其剔除；

④ 终止条件：直至无显著变量可引入，且无不显著变量可剔除，最终得到“最优变量集”。

逐步回归的核心是通过“引入-剔除”的迭代过程，确保模型既包含重要自变量，又避免多重共线性干扰。

五、主成分分析

主成分分析法（principal components analysis，PCA），又称主分量分析法，是一种多变量统计降维方法，通过将多个相关变量转化为少数互不相关的综合指标（主成分），揭示数据的潜在结构。目前已广泛应用于食品质量评价、品种筛选等领域。

1. 基本原理

主成分分析的基本原理在于利用各个指标（对应报告中的各项元素含量）之间的相关性，根据各项指标在不同样本间的差异，生成少数几个综合指标（主成分）。这些生成的综合指标能够更有效地描述各地区的差异。

主成分分析的核心是利用变量间的相关性，将原有 p 个相关变量（$X_1, X_2, \cdots, X_p$）通过正交变换转化为 p 个新变量（$Y_1, Y_2, \cdots, Y_p$，即主成分），满足：

新变量互不相关（正交）；

第 1 主成分（Y_1）包含原始数据的最大变异信息，第 2 主成分（Y_2）包含次大变异信息，以此类推。

通常，方差较大的几个主成分能够很好地描述原始的 p 维总体，而方差较小的分量则可以忽略。一般通过选取前 k 个（$k \ll p$）累计贡献率（总变异占比）较高（通常$\geqslant 85\%$）

的主成分，可在保留关键信息的同时实现数据降维。

2. 数学过程

设原始变量为 $X=(X_1,X_2,\cdots,X_p)^{\mathrm{T}}$，通过正交变换 $Y=UX$（U 为 $p\times p$ 正交矩阵）得到主成分 $Y=(Y_1,Y_2,\cdots,Y_p)^{\mathrm{T}}$，其中：

正交矩阵 $\boldsymbol{U}$ 由原始变量协方差矩阵的特征向量构成；

第 k 主成分 Y_k 的方差等于协方差矩阵的第 k 大特征值，特征值越大，该主成分包含的信息越多。

核心问题是如何求得矩阵 $\boldsymbol{U}$。可以证明，原始变量的协方差矩阵的所有单位特征向量所成矩阵的转置是符合条件的 $\boldsymbol{U}$。特征值越大的特征向量，其对应的线性组合的方差也越大，因此只需选择特征值较大的几个特征向量来构造 $\boldsymbol{U}$。

3. 分析步骤

① 对原始数据标准化（消除量纲影响）；

② 计算标准化数据的协方差矩阵（或相关矩阵）；

③ 求解协方差矩阵的特征值和特征向量；

④ 按特征值从大到小排序，选取前 k 个特征向量构造主成分表达式；

⑤ 计算各样本的主成分得分，用于后续分析（如排序、聚类）。

主成分分析可将原有多个具有一定相关性的变量，重新组合成一组新的、相互无关的综合指标来代替原有变量。在评价指标较多且不便于做出合理评价时，可以采用主成分分析法。当主成分的累计贡献率达到较高比例时，可以利用这些主成分进行分析。然而，主成分分析法的劣势在于所需的数据量大、计算工作量大，并且要求原始数据必须具备一定的规律性，符合一定的理论分布。此外，主成分的解释性往往存在模糊性，无法像原始变量那样明确，当提取的主成分中存在无法解释的成分时，主成分分析的意义便会受到影响。

食品安全监测数据往往维度较高（如多污染物、多指标），直接分析难度大。例如，比较不同地区的重金属污染状况时，需考虑铅、镉、汞等多个指标，难以综合判断。主成分分析可将这些指标转化为 1～2 个综合指标（如重金属污染主成分），通过综合得分排序或二维可视化（如散点图），直观呈现地区间的差异。

第五节　时空统计和机器学习分析方法

在食品安全风险监测与管理中，单一维度的数据分析难以全面捕捉风险的动态特征。时空统计分析方法通过整合空间位置与时间序列信息，揭示风险的地理分布、聚集规律及演化趋势；机器学习分析方法则借助算法模型从海量数据中挖掘隐藏模式，实现风险的精准预测与分类。两类方法的结合为食品安全监管提供了多维度、智能化的分析工具，为跨区域监管、追溯和预警预测提供更全面的分析视角。

一、时空统计分析方法

1. 空间数据可视化

空间数据可视化是通过地图形式直观呈现自然要素或社会经济现象空间分布的技术，由专题内容和地理基础构成。专题内容是指突出展示的核心要素，如食源性疾病发病率、污染物浓度，地理基础是指空间位置与背景信息，如行政区划、地形构成。所有含空间属性的数据均可通过专题图展示，例如“全国食源性疾病发病率专题地图”可清晰呈现高风险区域的地理分布。

食品从“农田到餐桌”的整个生命周期的每个环节的数据都隐含着空间地理属性，与经典统计相比，空间统计能够有效挖掘时空属性下隐含的客观规律，实现食品安全跨界融合与关联分析，并具有多学科集成、启发专业人员深度思考更加贴近客观实际等优势。目前已逐步在食品产地环境污染空间抽样与地理格局分析、食源性疾病聚集性分析、早期暴发识别与预测预警、突发食品事件追溯与应急指挥、食品安全监管与科学决策等方面得到应用。随着大数据时代到来，空间统计将成为食品安全数据分析的一种重要工具。

空间数据可视化是空间统计的基础步骤，核心是将业务数据与地理信息关联。在数据预处理阶段，需通过地理编码转换补齐缺失的空间坐标：将文字地址（如污染物采样点“××市××区××路”、食源性疾病患者就餐地址）映射为经纬度坐标，建立与标准地址库的关联。基于经纬度信息，可将数据与电子地图叠加，生成专题图（“某省重金属污染浓度分布热力图”“食源性疾病暴发点空间分布图”），为后续分析提供直观的空间参考。

2. 最近邻分析

最近邻分析（nearest neighbor analysis，NNA）是衡量点空间分布模式的经典方法，以随机分布为基准，通过计算观测点间的最邻近距离特征判断其分布类型。通过统计采样地点间最邻近距离的平均值 $d(\mathrm{NN})$，并比较 $d(\mathrm{NN})$ 与空间随机模式下的最近距离的平均值 $d(\mathrm{ran})$，得到一个比值，这个比值通常称为最邻近距离系数（nearest neighbor index，NNI）。用 NNI 值判断点空间分布属于聚集、均匀还是随机模式。

$\mathrm{NNI}=d(\mathrm{NN})/d(\mathrm{ran})$，取值范围与分布模式的对应关系为：

$\mathrm{NNI}<1$，聚集分布（点群内部距离小，点群间距离大，存在明显空白区域）；

$\mathrm{NNI}=1$，随机分布（点的分布无规律，符合随机概率）；

$\mathrm{NNI}>1$，均匀分布（各点间距离大致相等，分布规则）。

在食品安全领域，NNA 可用于评估风险监测采样点的空间分布合理性。例如，分析某省食品抽检点的分布模式：若 NNI 显著小于 1，表明采样点存在异常聚集（如过度集中于城市中心，农村区域覆盖不足），需调整采样方案以保证数据的代表性；若 NNI 接近 1，则说明采样点分布均匀，数据科学性更高。应用 NNA，对食品安全风险监测采样地点空间分布模式进行分析，能够有效识别出采样地点不符合随机分布和存在异常聚集的城市，有助于监管部门提高采样质量控制水平，保证数据的科学性和合理性。

3. 空间自相关分析

空间自相关分析用于衡量邻近区域单元上某变量属性值的关联程度，核心是判断在空间区域上是否具有高高相邻、低低相邻或者高低间错分布，即有无聚集性。

空间正相关：相邻区域间同一属性值表现出相同或相似的相关程度，即属性值在空间区域上呈现高的地方邻近区域也高，呈现低的地方邻近区域也低（高高相邻或低低相邻）。例如某类污染物高浓度区域集中分布在工业园区周边，形成“高值聚集区”。

空间负相关：相邻区域间同一属性值表现出不同的相关程度，即属性值在空间区域上呈现高的地方邻近区域低，呈现低的地方邻近区域高（高低相邻）。例如城市中心食品合格率高，而周边郊区合格率低，呈现“高低交错”。

空间不相关：相邻区域间同一属性值不表现任何依赖关系，即呈随机分布。

空间自相关分析是指邻近空间区域单位上某变量的同一属性值之间的相关程度。

空间自相关分析分为全局与局部两类。

全局空间自相关：从整个研究区域层面判断变量是否存在空间聚集，如全国范围内食源性疾病发病率是否存在空间聚集，常用指标为 Moran's I（取值范围［−1,1］，＞0 为正相关，＜0 为负相关，≈0 为不相关）、Geary's C 等。

局部空间自相关：从特定局部区域内识别具体的聚集区域及类型，如某省哪个城市属于高-高聚集区，常用方法为 Local Moran's I、Getis-Ord Gi * 等，可定位“热点区域”（高值聚集）和“冷点区域”（低值聚集）。

4. 时空聚集性分析

时空聚集性分析是一种整合地理空间与时间维度的统计方法，用于识别食品系统中风险要素（如污染物超标、食源性疾病、供应链中断）在特定时段与区域的异常聚集现象。其核心价值在于突破传统单维度分析的局限，揭示风险演化的动态规律，为精准监管提供科学依据。

时空聚集性分析核心方法为移动窗口法（moving windows），其分析过程模拟为“三维扫描”。

① 构建“圆柱体”扫描窗口：底面代表地理区域（半径反映空间范围），高度代表时间间隔（如 1 周、1 个月），内部包含风险人口数据。

② 窗口动态调整：在地理空间上随机选取中心点，不断扩大底面半径（空间范围）和高度（时间间隔），直至达到预设上限。

③ 统计检验：对每个窗口，计算实际观测值（如发病数）与预期值（基于人口分布的理论值），通过对数似然比（log likelihood ratio，LLR）衡量窗口内风险是否异常，LLR 值越大，表明该窗口的聚集性越显著。

④ 确定高聚集区：选取 LLR 最大的窗口作为“高聚集窗口”，其对应的空间范围和时间间隔即为风险异常聚集的区域与时段。

在食品安全中，该方法可用于食源性疾病暴发的早期识别，例如，通过扫描发现 2023 年 9 月第 1 周，C 市××区餐馆周边的食源性疾病病例 LLR 值显著偏高，提示该区域可能存在共同暴露源（如某餐馆的不洁食品），需立即开展溯源调查。

5. 空间插值分析

空间插值常用于将食品安全风险监测的离散监测点数据，转换为连续的数据曲面，以便预测在某地区整体的监测值。它包括空间内插和空间外推两种算法。空间内插是一种通过已知点数据求同一区域其他未知点数据的计算方法，空间外推则是通过已知区域数据，推求其他区域数据的方法，两者都是 GIS（地理信息系统）数据处理的核心技术。

空间插值方法分为两类：一类是确定性插值方法，另一类是地质统计学插值方法。确定性插值方法是基于信息点之间的相似程度或者整个曲面的光滑性来创建一个拟合曲面，比如反距离加权插值法。地质统计学插值方法是利用样本点的统计规律，使样本点之间的空间自相关性定量化，从而在待预测的点周围构建样本点的空间结构模型，比如克里金（Kriging）插值法。

（1）反距离加权插值方法　反距离加权（inverse distance weighted，IDW）插值法是基于相近相似的原理，即两个物体离得近，它们的性质就越相似，反之，离得越远则相似性越小。IDW 的核心逻辑是：未知点的预测值由其周围已知点的加权平均计算得出，权重与距离成反比，即距离越近，权重越大。IDW 操作简便，适用于数据分布较均匀的场景，如城市范围内的食品抽检数据插值，但对离群点敏感，边缘区域预测精度较低。

（2）地质统计学插值方法　以区域化变量理论为基础，通过变异函数量化数据的空间自相关性，构建空间结构模型，核心方法为克里金插值。

与经典统计相比，克里金插值的优势在于：既考虑数据值大小，又重视样本的空间位置及距离，弥补了经典方法忽略空间关联的缺陷。其核心步骤如下。

① 计算变异函数：描述变量在不同空间距离上的变异程度（如“距离越近，变异越小”），拟合出理论模型（如球状模型、指数模型）；

② 构建半变异函数矩阵：量化已知点与未知点的空间关联；

③ 最优无偏估计：通过加权平均计算未知点预测值，权重由半变异函数矩阵确定，确保预测无偏且方差最小。

克里金插值适用于存在明显空间自相关的数据（如土壤中重金属含量、农田农药残留），预测精度较高，但计算复杂，需较多样本点支持。在食品安全中，空间插值可用于绘制“某区域食品污染物浓度空间分布图”：例如，通过 50 个监测点的铅含量数据，采用克里金插值生成连续曲面，直观展示“高浓度区集中在河流沿岸”，为污染溯源（如工业废水排放）提供依据。

6. 空间回归分析

经典回归分析假设观测值相互独立，但空间数据普遍存在自相关性（如相邻区域的污染物含量相似），直接应用经典方法会导致结果有偏差（如低估标准差、夸大显著性）。空间回归分析通过引入空间效应（如空间滞后项、空间误差项）改进模型，提高推断合理性。常见的空间回归模型如下。

空间滞后模型（SLM）：将自变量的空间滞后项（如周边区域的因变量平均值）纳入模型，反映“邻近区域的风险对本地的影响”（如 A 市的食源性疾病发病率受周边城市影响）；

空间误差模型（SEM）：假设误差项存在空间自相关（如相邻区域的未观测因素相似），通过引入空间误差项修正模型。

例如，分析“某省食品抽检合格率”的影响因素时，空间回归模型可纳入“周边省份合格率”作为空间滞后项，更准确识别“经济水平”“监管力度”等变量的实际效应，避免因忽略空间关联导致的结论偏差。

7. 时间序列分析

时间序列是将某种统计指标的数值按时间先后顺序排列所形成的数列。时间序列分析就是通过编制和分析时间序列，根据时间序列所反映出来的发展过程方向和趋势，进行类推或延伸，借以预测下一段时间或以后若干年内可能达到的水平。在食品安全领域，时间序列分析可用于预测食源性疾病的发病率，实现食源性疾病的暴发预警；用于预测食品抽检合格率，实现食品质量安全的预警。

（1）分析前提　时间序列分析的核心假设是“事物的过去趋势延续至未来”。这个假设前提包含两层含义：一是不会发生突然的跳跃变化，而是以相对小的步伐前进；二是过去和现在的现象可能表明现在和将来活动的发展变化趋向。这就决定了在一般情况下，时间序列分析法对于短、近期预测比较显著，但如延伸到更远的将来，就会出现很大的局限性，导致预测值偏离实际较大而使决策失误。

（2）时间序列类型 时间序列数据变动存在着规律性与不规律性。时间序列中的每个观察值大小是影响变化的各种不同因素在同一时刻发生作用的综合结果。从这些影响因素发生作用的大小和方向变化的时间特性来看，这些因素造成的时间序列数据的变动分为四种类型。

① 季节性：随自然季节或社会周期呈现周期性波动，如夏季微生物污染高发、春节前食品抽检量激增。

② 趋势性：某个变量随着时间进展或自变量变化，呈现一种比较缓慢而长期的持续上升、下降、停留的同性质变动趋向，但变动幅度可能不相等。如“限塑令”实施后，食品包装中微塑料含量逐年下降。

③ 随机性：个别为随机变动，整体呈统计规律，如某周因突发暴雨导致抽检量临时减少。

④ 综合性：实际变化情况是几种变动的叠加或组合。预测时设法过滤除去不规则变动，突出反映趋势性和周期性变动。如“某食品合格率长期上升（趋势），但每年夏季略有下降（季节），偶有突发召回导致短期骤降（随机）”。

（3）模型分类 根据序列是否平稳，时间序列模型分为两类。

① 平稳时间序列：平稳性是时间序列分析中很重要的一个概念。一般的时间序列若是平稳的，需要同时满足以下两个条件：a. 均值函数；b. 自协方差函数只与时滞有关，与时间点无关。常用模型如下。

AR 模型：自回归模型，用变量的过去值（如前 1 期、前 2 期）预测当前值。

MA 模型：用过去各个时期的随机干扰或预测误差的线性组合来表达当前预测值。

ARMA 模型：自回归移动平均混合模型，由 AR 和 MA 组成，同时纳入过去值与误差项，提高预测精度。

② 非平稳时间序列：时间序列分析往往针对平稳序列，对于非平稳时间序列模型常常是通过适当的变换（如差分、取对数）将非平稳序列变为平稳序列后再建立 ARMA 模型。若通过差分将序列平稳化后再进行 ARMA 建模，这类模型称为差分自回归滑动平均模型 ARIMA。

时空统计分析方法通过整合空间与时间维度，突破了经典统计的局限，能更全面地揭示食品安全风险的分布特征、聚集规律和动态趋势，为精准监管、溯源追踪和预警预测提供科学支撑，是大数据时代食品安全管理的重要工具。

二、机器学习分析方法

机器学习分析方法通过算法模型从海量数据中自主学习规律，实现对食品安全风险的精准识别、分类与预测。与传统统计方法相比，其无需预设变量关系，能自动捕捉数据中的隐藏模式，适用于处理高维、非线性的复杂数据，为食品安全监管提供智能化支持。

1. 关联规则挖掘

关联规则挖掘是指给定一个数据集 T，找出其中所有支持度大于等于最低阈值、置信度大于等于最低阈值的关联规则。

依据支持度和置信度的定义，要想找出满足条件的关联规则，首先必须找出这样的频繁项

集 $F=X\cup Y$（X、Y 为互不相交的非空项集，即 $X\cap Y=\emptyset$），它满足支持度[support(F)]=$|F|/|T|\geqslant$最低支持度阈值，其中 $|F|$ 是数据集 T 中包含项集 F 的事务个数，$|T|$ 是数据集 T 的总事务数；然后再从这些满足支持度条件的频繁项集 F 中，拆分出所有可能的蕴含表达式 $X\rightarrow Y$（其中 X 为 F 的非空真子集，$Y=F\setminus X$），并验证其置信度 [confidence($X\rightarrow Y$)]=支持度(F)/支持度(X)$\geqslant$最低置信度阈值。

最出名的关联规则挖掘算法是 Apriori 算法，它主要利用了向下封闭属性：如果一个项目集是频繁项目集，那么它的非空子集必定是频繁项目集。它先生成 1-频繁项目集（单个物品中支持度达标的集合），再利用 1-频繁项目集生成 2-频繁项目集，然后根据 2-频繁项目集生成 3-频繁项目集。以此类推，直至生成所有的频繁项目集，然后从频繁项目集中找出符合条件的关联规则。

在食品安全领域，关联规则可用于发现污染物共现模式（如"某类蔬菜→铅和镉同时超标"）、食源性疾病病因关联（如"食用刺身→诺如病毒感染"）等。例如，对 1000 份畜禽肉检测数据挖掘发现，规则"猪肉→瘦肉精（盐酸克伦特罗等）"的支持度为 8%、置信度为 75%，提示猪肉中瘦肉精检出风险较高，需重点监控。关联规则挖掘算法也有优缺点，它可以产生清晰有用的结果，支持间接数据挖掘，可以处理变长的数据；它的计算消耗量是可以预见的。但当问题变大时，计算量增长较大，难以确定正确的数据，容易忽略稀有的数据。

2. 数据挖掘

数据挖掘技术是从大规模数据集中发现隐藏的模式、趋势和关联。在食品抽样检验中，大量的数据通常需要被处理，包括样本的物理特性、化学成分、微生物数据等。数据挖掘技术可以用来识别潜在的异常情况和趋势，帮助鉴别异常样本或检测潜在的质量问题。

在食品安全领域，数据挖掘的应用主要如下。

① 异常识别：从抽检数据中识别异常样本（如"某批次食品的微生物含量远超同类产品"），常用方法有孤立森林、局部离群因子（LOF）。例如，通过聚类算法发现某品牌牛奶的酸度值与其他批次差异显著，追溯后发现其储存温度异常。

② 风险预测：基于历史数据构建预测模型，估算未来风险概率（如"根据原料农残、加工工艺预测终产品合格率"）。例如，利用回归算法对过去 3 年的夏季食品抽检数据建模，预测下一年 7～8 月的微生物污染超标率，为抽检计划制定提供依据。

③ 供应链监控：实时分析供应链数据（运输温度、仓储时间、物流路径等），识别潜在风险点。例如，通过挖掘发现"运输时间超过 48h 且温度>25℃"的生鲜食品腐败率是其他批次的 5 倍，据此建立预警机制，要求该类产品优先检测。

数据挖掘的优势在于能处理多源异构数据，如文本报告、传感器数据、图像信息，并通过迭代学习持续优化模型，提升风险识别的准确性和时效性。

3. 决策树计算法

决策树是一种基于树形结构的分类与回归模型，通过对输入变量的逐步逻辑判断实现样本的分类或预测，因其直观易懂、计算高效且无需复杂的数据预处理，在食品安全数据分析领域得到广泛应用。根据处理对象的不同，决策树可分为两类：分类树和回归树，分类树适用于离散型输出变量，如"合格/不合格""高/中/低风险"；回归树适用于连续型输出变量，如污染物浓度预测值、保质期。

决策树基本原理是：决策树类似于流程图的树结构，由一个根节点、一组内部节点和一组叶节点组成。每个内部节点（包括根节点）表示在一个属性上的测试，每个分枝表示一个测试输出，每个叶节点表示一个类，有时不同的叶节点可以表示相同的类。

生成决策树是采用自上而下的递归构造方法。决策树构造的结果是一棵二叉树或多叉树，它的输入是一组带有类别标记的训练数据。二叉树的内部结点（非叶结点）一般表示为一个逻辑判断，如形式为（$a-6$）的逻辑判断，其中 a 是属性，6 是该属性的某个属性值；树的边是逻辑判断的分支结果。多叉树的内部结点是属性：边是该属性的所有取值，有几个属性值，就有几条边。

决策树的显著优势在于可解释性强，其分裂逻辑可直接转化为"如果-那么"的规则，如"如果储存温度＞25℃且 pH＞6.5，则微生物超标风险高"，因此便于监管人员和企业理解与应用，是连接数据分析与实际决策的有效工具。在食品安全监管中，决策树常用于快速分类（如"判断某食品的风险等级"）和规则提取（如"总结导致不合格的关键因素排序"）。

4. 随机森林模型

随机森林是由多个决策树集成的分类器，通过"随机抽样＋随机选变量"降低单棵树的过拟合风险，提升模型稳定性和泛化能力。随机森林是一种统计学习理论，它利用 Bootstrap 重复抽样方法从原始样本中抽取多个样本，然后对每个 Bootstrap 样本进行决策树建模，然后组合成多棵决策树进行预测，并通过投票得出最终预测结果。

随机森林已经被广泛应用于医学、经济学、管理和遥感等领域。此外，近些年来，随机森林在姿势识别和人脸识别中也取得重大的突破。

5. 人工神经网络模型

人工神经网络（artificial neural network，ANN）是受生物神经系统启发，基于神经心理学和认知科学原理构建的智能计算模型。它通过模拟人脑神经元的连接方式，利用多层非线性变换处理复杂数据，能从海量未知模式的复杂信息中自主挖掘潜在规律，广泛应用于预测、分类、模式识别等领域。

神经网络的核心优势在于非线性建模能力，无需预设变量间的函数关系，可直接通过数据驱动学习输入与输出的映射规律。常见的神经网络类型包括 BP（反向传播）神经网络、径向基函数（RBF）神经网络、自组织映射（SOM）网络等，其中 BP 神经网络因结构简单、适应性强，在食品安全数据分析中应用最为广泛。

BP 神经网络是一种基于机器学习的非参数回归方法，具有适用面广、抗噪能力强、信息利用充分的特点，适合解决大数据量、无先验分布假定条件下的预测问题。

BP 神经网络的预测模型可表示为：$y=f(X,W)$，其中：X 为输入向量（预测集样本的已知信息，如食品的 pH 值、水分含量、储存温度等）；W 为网络权值向量（连接各层神经元的参数，通过训练优化）；f 为非线性映射函数（由网络结构和激活函数共同决定）。

神经网络的结构由三层组成。

① 输入层：接收原始数据，节点数与输入变量的维度一致（如输入包含"温度、湿度、时间"3 个变量时，输入层含 3 个节点）；

② 隐藏层：对输入信号进行非线性变换，位于输入层与输出层之间，可设 1 至多层（称为"深度神经网络"），每层节点数需根据问题复杂度通过实验确定（如 10～100 个节点）；

③ 输出层：输出预测结果，节点数与输出变量的维度一致（如预测"合格率"时设 1 个节点，分类"高/中/低风险"时设 3 个节点）。

各层神经元的连接规则为：相邻层全连接，非相邻层及同层无连接（即输入层与隐藏层的每个神经元均相连，隐藏层内部神经元互不连接）。

BP 神经网络的核心是通过反向传播算法优化权值 W，具体步骤如下。

① 初始化：随机设定各层神经元之间的连接权值和偏置（偏置用于调整神经元的激活阈值）；

② 前向传播：将训练样本输入网络，通过隐藏层的激活函数（如 Sigmoid、ReLU 函数）计算输出值，得到预测结果 $\hat{y}$；

③ 误差计算：对比预测值 $\hat{y}$ 与实际值 y，通过损失函数（如误差平方和）量化预测偏差；

④ 反向传播：沿网络结构反向传递误差，利用梯度下降法调整各层权值，使损失函数最小化（即降低预测偏差）；

⑤ 迭代优化：重复前向传播与反向传播过程，直至损失函数收敛（偏差稳定在预设范围内）；

⑥ 预测应用：将训练好的权值固定，输入新样本（预测集），通过前向传播直接输出预测结果（如某批食品的腐败风险概率）。

在食品安全领域，BP 神经网络可用于：基于原料特性预测终产品的污染物含量、结合储存环境参数预测食品保质期、通过多指标融合评估食品质量等级等，为精准监管和风险预警提供数据支撑。

6. 支持向量机法

支持向量机（support vector machine，SVM）是一种基于统计学习理论的监督学习模型，核心思想是在模型复杂性与泛化能力之间寻求最优平衡。既不过度拟合训练样本，又能对未知样本保持良好的识别能力，从而实现对新数据的精准预测。

支持向量机的基本原理是：它是一种三类分类模型，其基本模型定义为特征空间上间隔最大的线性分类器，即支持向量机的学习策略便是间隔最大化，最终可转化为一个凸二次规划问题的求解。

支持向量机算法主要思想是针对两类分类问题，在高维空间中寻找一个超平面作为两类的分割，以保证最小的分类错误率。

SVM 的核心机制是间隔最大化，其基本模型定义为特征空间中“间隔最大的线性分类器”。具体而言。

① 对于两类分类问题（如“合格食品/不合格食品”“有毒蘑菇/可食用蘑菇”），SVM 通过在特征空间中寻找一个超平面，将不同类别的样本分隔开。

② 这里的“间隔”指超平面到两侧最近样本点的距离之和，SVM 的学习目标是使该间隔最大化，以确保分类的鲁棒性（对噪声和异常值的容错能力）。

③ 从数学角度看，间隔最大化问题可转化为一个凸二次规划问题，通过求解该问题能得到唯一的全局最优解，避免局部最优陷阱。

对于非线性可分的样本（如输入变量与输出类别呈复杂非线性关系），SVM 通过核函数（如径向基函数 RBF）将低维输入空间映射到高维特征空间，使原本非线性可分的样本在高维空间中转化为线性可分，再应用线性分类原理求解。近年来支持向量机算法已经在图像识别、信号处理和基因图谱识别等方面得到了成功应用，还有的应用支持向量机进行文本分类、应用支持向量机构造自底向上二叉树结构进行空间数据聚类分析等。

问答题

1. 结合数据与信息的定义及区别，分析在食品安全风险监测中，如何将一份包含5000份食品检测原始数据的报表转化为对监管决策有价值的信息？请列举至少3个关键处理步骤，并说明其作用。

2. 食品化学污染物监测数据常呈现"左截尾数据"特征，而世界卫生组织推荐了替换法、参数法等处理方法。请对比替换法与最大似然估计法的适用场景及优缺点，并思考在实际工作中如何选择合适的方法。

3. 假设在某省食品抽检数据中，发现10份样本的微生物含量远超其他样本（为均值的10倍以上），请结合本章介绍的异常值处理方法，分析每种方法的适用性及可能带来的影响，并给出你的处理建议及理由。

4. 时空统计分析方法与经典统计方法的核心区别是什么？请以食源性疾病暴发溯源为例，说明时空统计方法在识别风险聚集区域和时间特征上的优势。

5. 机器学习方法在食品安全风险分析中日益广泛应用。请选择一种机器学习算法，结合其原理，设计一个基于该算法的食品安全应用场景（如污染物超标预测、食源性疾病病因识别等），并说明其相比传统统计方法的优势及局限性。

·第八章·

食品安全风险评估和预警

第一节 食品安全风险评估概念

食品安全是保障公众健康、维护社会稳定与促进经济发展的基石。随着全球贸易的深化和食品产业链的复杂化，食品安全问题呈现出跨区域、多环节的特点，其影响不仅关乎消费者的生命健康，更直接关联国家食品供应稳定、消费者信任及企业品牌声誉。为减少食品污染、食源性疾病等问题带来的医疗负担与社会成本，风险评估与预警机制成为食品安全管理的核心手段。

食品安全风险评估是指运用科学方法，系统地识别、分析并评价食品中潜在危害因素及其对人体健康产生不良影响的可能性与严重性的过程，其核心在于为风险管理决策提供客观、量化的科学依据。而食品安全预警系统则是在风险评估的基础上，依托实时监测数据（如传感器网络、信息化平台采集的数据）和分析模型，主动识别、预测潜在风险点，以便在风险显性化或暴发前启动干预措施，实现“防患于未然”。两者协同作用，赋能食品生产经营者和监管机构实现对食品安全的动态化、精准化、智能化管理，提升风险应对效率，增强消费者信任，最终构建韧性更强、可持续的食品供应体系。

一、风险分析框架

风险分析起源于环境科学领域的危害控制，20 世纪 80 年代末被引入食品安全领域，逐步成为国际公认的食品安全管理框架。1991 年，在罗马召开的食品标准会议上，国际食品法典委员会（CAC）首次建议将风险评估科学原则应用于食品安全评估；1993 年，CAC 第 20 次会议明确要求各分委员会及专家机构（如食品添加剂专家委员会 JECFA、农药残留专家联席会议 JMPR）在化学品安全性评估中采用风险分析方法；1995—1999 年，FAO 和 WHO 通过系列专家咨询会议，确立了风险分析的定义、框架及三大要素（风险评估、风险管理、风险交流）的应用原则，形成完整理论体系。此外，WTO 的《实施卫生与植物检疫措施协定》（SPS 协定）第 5 条规定，各国需基于风险评估结果制定卫生措施，禁止以保护健康为由设置贸易壁垒，进一步推动了风险分析的国际化应用。

风险分析是一个系统化过程，旨在识别、评估并管理潜在风险，其三大核心组成部分紧密关联。

① 风险评估：风险分析的科学基石，通过危害识别、危害特征描述、暴露评估和风险特征描述等步骤，定性或定量地评估食品中生物性、化学性或物理性危害对健康的潜在不良影响及其发生概率。

② 风险管理：基于风险评估的科学结论，权衡各种政策选项，制定、实施并监督旨在预防、消除或降低风险至可接受水平的措施与法规。

③ 风险交流：在风险评估者、风险管理者、食品行业、消费者及其他相关方之间，就风险本身、风险评估的不确定性、风险管理决策的依据及行动建议进行互动式信息交换，确保决策过程的透明度和共识建立。

风险评估、风险管理和风险交流三部分相互补充，构成了一个高度统一的整体。在典型的食品安全风险分析过程中，管理者与评估者之间往往在风险交流中持续互动，而风险评估则为风险管理和标准制定提供了科学依据，对食品安全标准及其监管的质量产生直接影响（图 8-1）。

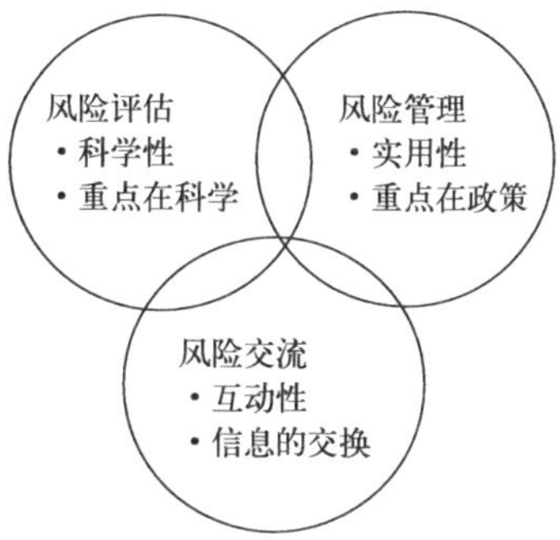

图 8-1　食品安全风险分析三个组成部分间的关系

二、风险评估的核心内涵

危害指食品中可能对健康造成不良影响的生物性（如沙门菌）、化学性（如重金属、农药残留）或物理性（如玻璃碎片）因素。风险指特定危害在特定暴露条件下对健康造成不良影响的概率及严重程度，反映危害的实际发生可能性与影响。风险评估是通过多学科技术与信息，以定性或定量方式描述食品中特定危害对人体健康风险的系统化过程。其实施依赖跨学科专家团队（包括化学家、毒理学家、微生物学家、流行病学家、公共卫生专家等），确保评估的全面性与科学性。

评估类型主要如下。

① 定量风险评估：使用数学模型和概率分布，用数值（如概率、发病率）描述风险（如：某污染物导致每百万人中新增 X 例癌症，某致病菌导致感染的概率为 5%），精准度高，适用于数据充分的场景。

② 定性风险评估：用描述性语言分级（如“高风险”“中风险”），简便易懂，适用于数据有限的初步评估。

③ 半定量风险评估：结合定量与定性特点（如“风险概率 30%，影响程度中等”），平衡精准度与实用性，常使用评分系统对风险因素赋值并加和。

④ 不确定性：风险评估过程天然存在不确定性，源于数据不足、模型局限性、变异性等。明确并尽可能量化这些不确定性是科学、透明评估的关键。

三、风险评估的实施步骤与方法

食品安全风险评估遵循科学严谨的流程，通过危害识别、暴露评估、危害特征描述、风险特征描述四个核心步骤，系统分析食品中潜在危害对人体健康的影响。各步骤既独立成体系，又相互关联，共同构成风险评估的完整框架。

（一）危害识别

危害识别（hazard identification）是风险评估的起点，旨在系统识别食品从“农田到餐桌”全链条（生产、加工、储运、销售、消费）中可能存在的、具有潜在健康不良影响的危害因素，包括生物性（如致病菌、病毒）、化学性（如农药残留、重金属）和物理性（如异物杂质）三类。其核心目标是明确“哪些因素可能导致健康损害”及“损害发生的潜在条件”。实践中多采用证据加权法，优先依据流行病学研究（如食源性疾病暴发数据）、动物毒理学研究、体外试验等科学证据，按“流行病学研究＞动物毒理学研究＞体外试验＞定量结构-反应关系”的优先级整合信息。

危害识别的过程包括几个主要内容：①危害因子性质界定，明确危害类型（如致病菌、重金属、异物）及作用机制；②健康影响判定，确认危害可能导致的不良健康效应（如急性中毒、慢性疾病）；③数据可靠性验证，评估检测方法的适用性与结果有效性；④显著危害筛选，依据科学证据确定需优先管控的关键危害。

（二）暴露评估

暴露评估（exposure assessment）是通过定性或定量方法，评估人群通过膳食及其他途径接触食品中生物性、化学性和物理性危害因子的剂量与频率的过程。其核心任务在于整合食品危害水平数据（原料、配料及环境中的危害浓度动态变化）与人群膳食消费模式（摄入量、频率及消费习惯），量化特定时期内的实际暴露量。

暴露评估的概念起源于20世纪初，早期主要应用于流行病学、劳动卫生学和保健物理学领域——流行病学聚焦特定人群疾病与健康状况的分布及决定因素，劳动卫生学和保健物理学则专注于职业性暴露研究。自20世纪70年代起，随着公众、学术界、行业及管理部门对化学品污染和食源性疾病的关注度提升，暴露评估在食品安全风险评估中的地位逐渐凸显。完整的暴露评估需涵盖暴露人群的规模、自然特征（如年龄、性别）、暴露程度、频率及持续时间等要素，其中膳食暴露评估通过整合食物消费量数据与有害物质浓度数据，将暴露估计值与健康指导值对比，成为风险特征描述的重要基础。

根据国际化学品安全规划署（IPCS）的定义，暴露评估是对生物、系统或（亚）人群暴露于某种因素（及其衍生物）的评价；国际食品法典委员会（CAC）则进一步将其限定于食品领域，即对化学物或生物因子通过食物及其他相关途径的可能摄入量进行定性和/或定量评价，涵盖各类食物、饮料、饮用水及膳食补充剂等。实施暴露评估时，需综合考虑污染的频率和程度、有害物质的作用机制及在食品中的分布特征。对于化学物质（如重金属、农药残留），若其在加工或贮藏中性质稳定，可忽略动态变化；但对于有害微生物，因其作为活体存在显著的时间依赖性，还需额外纳入微生物生态环境、生长需求、初始污染量，以及生产、加工、贮藏、消费各环节的影响（如贮藏温度、湿度、包装条件对细菌增殖的作用），同时需关注交叉污染的潜在风险。

世界卫生组织（WHO）与联合国粮食及农业组织（FAO）在风险评估报告中明确了暴露评估的总体原则：需先明确膳食暴露评估的目的，再选择适配的食物消费数据与有害物质浓度数据；评估程序可因对象差异进行调整，但需确保对所有消费者的保护水平一致；无论毒理学结果、物质类型、关注人群或评估原因如何，均应优先选择最适宜的数据与方法，保证评估方法的一致性；国际层面的暴露评估结果应不低于国家层面的最佳膳食暴露评估结果（营养素缺乏评估除外）；评估范围需覆盖普通人群及暴露水平特殊的关键人群（如婴幼儿、儿童、孕妇、老年人)；各国应基于本国膳食消费数据和浓度数据，采用国际统一的营养素及毒理学参考值，以便国际组织汇总与比较。

暴露评估可按暴露时长分为急性暴露评估和慢性暴露评估：急性暴露指24h内的短期摄入（如单次食用变质食品），慢性暴露则指长期持续的每日摄入（如长期食用含微量污染物的粮食）。两者的计算均遵循公式：

$$膳食暴露量=\sum(食品中化学物质或微生物浓度\times食品消费量)/体重(kg)$$

国际通用的暴露评估方法和步骤主要如下。

① 逐步测试与筛选：通过保守假设（如取最高消费量和最高污染物浓度），在短时间内以最少资源排除无安全隐患的物质，避免不必要的精确评估。此过程需严格保证高消费人群的风险不被低估，防止因筛选偏差导致错误的安全结论。

② 风险评估优先机制：筛选过程中需超越非持续性的单点膳食模式，结合消费量的生理极限（如每日最大进食量），不断完善评估方法，确保准确识别特定有害物质的潜在高膳食暴露水平。

③ 特殊人群考量：针对大量消费特定食品的人群（如长期饮用某品牌乳制品的婴幼儿、偏好腌制食品的地区人群），需单独评估其暴露水平。这类人群可能因高频摄入高浓度有害物质的食品，暴露量显著高于普通人群，是评估中需重点关注的对象。

(三) 危害特征描述

危害特征描述（hazard characterization）是对食品中可能影响人体健康的危害物质性质进行定性或定量评估的过程。对于化学危害因子，需重点开展剂量-反应评估；对于生物和物理危害因子，在数据充足时也应进行剂量-反应分析，以明确危害与健康效应之间的关联。剂量-反应评估（dose-response assessment）是这一环节的核心，它通过数学关系描述人类摄入病原体、有毒化学物质等危害物质的剂量与健康不良反应发生可能性之间的关联，简单来说，就是确定“摄入剂量”与“不良影响概率”之间的量化关系。

根据世界卫生组织（WHO）国际化学品安全规划署（IPCS）的定义，危害特征描述是“对一种因素或状况引起潜在不良作用的固有特性进行定性和定量（在可能情况下）的描述，应包括剂量-反应评估及其伴随的不确定性”。

危害特征描述是风险评估中对危害引发不良健康作用的固有特性进行定性或定量描述的关键环节。根据世界卫生组织的定义，其核心在于进行剂量-反应评估并分析相关不确定性。在实践中，该描述需综合利用毒理学数据、临床及流行病学研究，以阐明危害与健康效应间的剂量-反应关系与作用机制。最终目标是，对于有毒性阈值的危害，建立人体安全摄入量水平（如每日允许摄入量ADI）。

通俗而言，危害特征描述旨在通过定性或定量分析，明确食品中生物、化学或物理因子的有害属性，核心是验证“起因-作用”关系是否存在，若存在则需建立剂量-反应关系。其过程通常涉及以下关键问题。

① 建立主要效应的剂量-反应关系：明确外源物质剂量与生物体生物学效应强度或发生率的关联；

② 评估外剂量和内剂量：分析体外接触剂量与进入体内实际作用剂量的差异；

③ 确定最敏感的物种和品系：识别对危害物反应最强烈的生物物种及品系；

④ 确定种属差异（定性和定量）：描述并量化不同物种对危害物反应的差异程度；

⑤ 作用机制的特征描述：阐明外源物质产生危害的作用方式及核心机制；

⑥ 从高剂量外推到低剂量：依据实验数据推断低剂量暴露时可能产生的效应；

⑦ 从实验动物外推到人：将动物实验数据外推应用于人类。

剂量-反应关系评估是危害特征描述的核心内容，它是外源物质剂量与生物体生物学效应之间的关联，也是评价外源物质毒性、确定安全暴露水平的基础。JECFA 和 JMPR 在危害特征描述中，常结合毒理学和流行病学数据，通过以下方式应用剂量-反应关系。

① 制定健康指导值：如每日允许摄入量（ADI）、每日可耐受摄入量（TDI）、急性参考剂量（ARfD）等，为安全摄入设定界限。

② 估计暴露限值（MOE）：计算剂量-反应曲线上特定参考点与人群实际暴露水平的比值，反映风险高低。

③ 风险/健康效应定量分析：将人群特定暴露水平与健康风险进行量化关联。

此外，剂量-反应数据还可用于确定与特定风险水平相关的暴露阈值，例如通过数据推算人类一生中患癌风险增加 0.0001%时某种化学物质的暴露水平。可以说，剂量-反应关系评估是描述特定危害物暴露潜在风险的前提，也是制定安全指南与标准的起点。

（四）风险特征描述

风险特征描述（risk characterization）是在不同暴露场景下，对特定人群可能面临的健康风险进行估计的过程。作为风险评估的最终环节，它以危害识别为基础，整合暴露评估与危害特征描述的数据，形成最终评估结果。根据国际食品法典委员会（CAC）的定义，风险特征描述是基于前三个环节的结果，对特定人群发生不良健康影响的概率及严重程度进行定性或定量评估，并明确过程中的不确定性。其核心目标是将复杂的科学数据转化为清晰、标准化的结论，以易于风险管理者理解的方式呈现，为食品安全监管与决策提供科学依据。

风险特征描述的结果被称为“风险估计”，是直接服务于风险管理的关键输出，同时需强调全程质量控制，确保评估的可靠性。

1. 风险与危害

在风险评估框架中，“危害”的定义具有特定性，特指食品中可能导致健康不良后果的生物性（如致病菌）、化学性（如重金属）或物理性（如异物）物质或状态，不涉及国防、心理等其他领域的危害。危害的特性具有相对性，会随时代、地域变化（如某地区传统腌制食品中的亚硝酸盐含量在不同标准下的危害界定）。

“风险”则是健康不良效果发生的可能性与严重程度的综合体现，反映危害在特定条件下对健康造成影响的概率及后果。两者的核心区别在于：危害是“潜在的有害因素”，存在与否是确定性的；而风险是“危害发生的可能性及影响”，具有概率属性，可通过干预措施调整（如通过杀菌工艺降低致病菌污染风险）。

2. 可接受风险

理论上，多数物质在低于某一阈值的暴露水平下不会构成健康风险，但实际评估中，由于对危害认识的局限性、部分化学物质阈值难以确定（如某些致癌物）、微生物的动态变化等因素，风险评估常面临挑战。由此产生“可接受风险”的概念，即公众和社会在心理、经济等层面可承受的风险水平。可用图 8-2 说明。

3. 风险特征描述主要内容

风险特征描述主要包括两部分。

① 评估暴露健康风险：针对不同暴露情形（如急性、慢性暴露），评估食品中危害物质

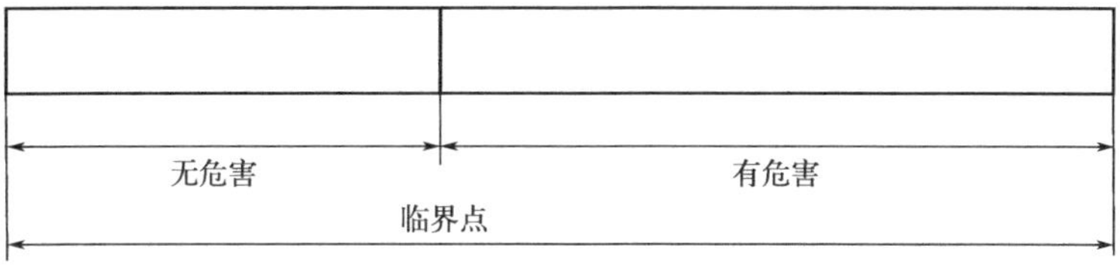

图 8-2 危害与风险的关系

① 临界点是有无危害的临界点，但该临界点依据危害的相对性与时代性随时发生动态变化，在左右之间移动；
② 风险概率存在无危害及有危害区间，但严重程度在无危害区域内为 0%，在有危害区域里为 0%～100%

对各类人群（包括一般人群及婴幼儿、孕妇等敏感人群）的潜在健康风险，涵盖风险的性质、严重程度及与特定人群的关联性，并为管理者和消费者提供建议。常用方法包括基于健康指导值的评估、遗传毒性致癌物评估、化学物联合暴露评估等。

② 阐述不确定性：由于科学证据不足、数据缺失或方法局限，评估过程存在不确定性。需明确不确定性的来源（如数据样本量不足、动物实验外推至人的误差），并解释其对结果的可能影响，确保评估结论的严谨性。

4. 风险特征描述主要方法

（1）基于健康指导值的风险特征描述　对于具有阈值效应的化学物质，国际机构（如 JECFA、JMPR）通常以健康指导值（如 ADI、TDI、ARfD）为基准，将人群膳食暴露量与之比较。若暴露量低于指导值，一般认为风险可接受（如我国居民反式脂肪酸平均供能比 0.16%，远低于 WHO 的 1%标准）；若暴露量超标，则需结合毒理学资料（如最低可见不良作用水平 LOAEL、毒性类型）、暴露特征（如频率、持续时间）及指导值对敏感人群的适用性综合分析。

例如，鱼类中的甲基汞以 PTWI（暂定每周可耐受摄入量）为指导值，JECFA 建议：孕妇以外的成年人暴露量不超过 PTWI 的 2 倍时，神经毒性风险可接受；婴幼儿因数据有限，需更谨慎评估。

（2）遗传毒性致癌物的风险特征描述　此类物质通常无安全阈值，国际机构不设定健康指导值，主要采用以下方法。

① ALARA 原则：在合理可行的范围内，将暴露水平降至最低，适用于数据不足的场景，但缺乏针对性。

② 低剂量外推法：假设低剂量下致癌风险与剂量呈线性关系，通过模型估算肿瘤发生概率（如黄曲霉毒素 B_1 与肝癌风险的关联），但可能因模型选择导致高估风险。

③ 暴露限值（MOE）法：计算基准剂量可信下限（BMDL）与实际暴露量的比值（MOE＝BMDL/实际暴露量），MOE 越小则风险越高。例如，加拿大卫生部将 MOE＜5000 定为高优先级管控，EFSA 认为 MOE＞10000 时致癌风险较低。该方法也适用于数据不足的化学物（如丙烯酰胺、铅）。

（3）化学物联合暴露的风险特征描述　针对食品中多种共存化学物的联合暴露，重点关注“剂量相加作用”（结构相似、作用机制相同的物质联合效应），常用方法如下。

① 类别 ADI 法：为毒作用相似的物质（如某类农药）设定总 ADI，比较总暴露量与类别 ADI。

② 毒性当量因子（TEF）法：以某一“指示化学物”为基准（如二噁英评估中的 2,3,

7,8-四氯二苯并-对-二噁英 TCDD)，将其他物质的暴露量按效能比换算为当量浓度，再基于指示物的健康指导值评估总风险。

（4）微生物危害的特征描述　微生物危害因动态性强，评估难度较高，主要通过两种机制分析。

① 微生物产毒：可通过定量评估确定安全阈值（如黄曲霉毒素的限量标准）。

② 活体病原体感染：需定性评估摄入后的发病概率及严重程度，结合预测食品微生物学模型（如温度对细菌生长的影响模型），在生产初期预判风险并采取控制措施（如 HACCP 体系）。

四、风险评估的标准与方法

（一）定性与定量评估

定性评估与定量评估是食品安全风险评估的两大核心方法，二者相辅相成，共同支撑对食品潜在风险的科学认知与管理决策。定性评估通过描述性分析识别和判断风险，主要依赖专家经验、科学文献及专业判断，以“高、中、低”等风险等级呈现结果，其优势在于数据有限或不确定性较高时（如新兴污染物评估）能快速响应，为决策者提供初步风险框架，但存在主观性较强、缺乏精确量化的局限。定量评估则基于实验数据和统计模型，对暴露量、毒性等变量进行量化分析，以具体数值（如安全阈值、风险概率）描述风险水平。其核心价值在于为管理标准制定提供精确依据（如农药残留限量），但对数据量和质量要求较高，模型复杂性也可能限制其普及性。

在实际应用中，定性评估常用于初步筛选关键风险点，定量评估则针对重点问题进行深入验证，两者结合可实现从宏观判断到精准分析的递进，提升风险评估的全面性与科学性。

1. 定性评估

定性评估是一种以描述性分析为基础的风险评估方法，主要依赖专家的经验、知识和判断来识别、描述和分析风险，其可以概括为通过非数值化的方式，对复杂或新兴问题进行系统化的探讨，以判断风险的性质、严重性和紧迫性。

定性评估以非数值化方式系统分析风险，核心是通过专业判断把握风险的性质、严重性与紧迫性，适用于数据稀缺或新兴风险领域。其主要特点如下。

① 灵活性：不受固定框架约束，可通过语言描述（如“高风险”）、矩阵图表等工具直观呈现风险，快速适配复杂场景。

② 适用性：在食品安全突发事件（如未知污染物中毒）中能迅速提供初步判断，为应急决策争取时间。

③ 综合宏观性视角：能够整合科学数据、管理经验与社会经济因素，从宏观层面系统审视风险全貌，有助于识别潜在的、连锁性的深远影响。

2. 定量评估

定量评估通过数学模型和统计方法量化风险，需依托大量高质量数据，适用于风险机制明确的领域（如食品添加剂安全性）。其核心特征如下。

① 精确性：通过剂量-反应模型、暴露量计算等得出具体数值（如每日允许摄入量 ADI），支持精细化管理。

② 可重复性：基于标准化模型和数据，结果可被独立验证，为国际标准协调提供基础。

③ 局限性：依赖数据完整性（如长期膳食调查数据），模型假设偏差可能导致结果失真，需与定性分析互补。

3. 定性与定量评估的协同关系

实际操作中，通常先通过定性评估识别关键风险（如某种致病菌），再通过定量模型计算其暴露量与发病概率，最终形成“定性框架＋定量数据”的综合报告，兼顾决策效率与科学性（表 8-1）。

表 8-1　定性和定量评估的特点

方法	核心特征	输出形式	优点	缺点
定性评估	基于专家经验与描述性分析	风险等级(高/中/低)	灵活快速、适用于复杂场景、易理解	主观性强、缺乏量化、难以跨场景比较
定量评估	依赖数学模型与统计验证	安全阈值、暴露限值	数据驱动、结果精确、可跨研究比较	数据需求高、模型复杂、耗时耗力

（二）评估方法体系

1. 定性评估方法

定性评估依赖多元工具整合信息，核心是通过系统化分析降低主观偏差，常用方法如下。

① 文献综述：定性评估中常用的方法之一。通过系统地收集、分析和整合已有的研究成果和数据，帮助评估者了解特定领域内的现有知识和研究空白。文献综述的过程通常包括定义研究问题、选择相关文献、评估文献质量、整理和总结研究发现。通过文献综述，评估者可以识别出与风险相关的关键因素、现有的防控措施以及过去的经验教训，从而为定性评估提供理论支持和数据基础。

② 专家意见和判断：一种重要的定性评估方法，适用于数据缺乏或不确定性较高的情况。该方法依赖于领域专家的经验和知识，通过专家访谈、德尔菲法或专家小组讨论等方式，集思广益，获得对风险的深度理解。德尔菲法是一种常用的专家咨询技术，通过多轮匿名问卷调查，逐步达成专家间的共识，从而减少主观偏见的影响。专家意见和判断能够快速评估复杂问题，提供初步风险识别和决策依据。

③ 风险矩阵法（risk matrix）：一种将风险的严重性与发生概率结合起来进行评估的工具。风险矩阵通常以二维表格的形式出现，横轴表示风险事件的发生概率，纵轴表示风险事件的影响程度。通过将具体风险事件映射到矩阵中的不同区域，评估者可以直观地判断哪些风险需要优先处理。风险矩阵法的优点在于其简便性和可操作性，适用于多种情境下的风险初步评估。它能够帮助决策者快速识别和分类风险，从而制订相应的管理措施。

④ 情景分析：一种用于预测和应对未来不确定性的定性方法。它通过构建多种可能的未来情景，分析不同情景下的风险及其潜在影响，从而为决策提供多元化的视角。情景分析通常包括识别关键驱动因素、构建情景框架、描述不同情景及其发展路径。该方法能够帮助评估者探索极端或低概率但高影响的风险事件，从而提高决策的灵活性和应变能力。在食品安全中，情景分析可以用于评估新兴风险或应对未来可能出现的危害，如气候变化对食品安全的影响。

文献综述可以帮助了解现有知识的边界，专家咨询则能将不同领域的专业意见纳入考量，而焦点小组讨论和德尔菲法能够在一定程度上减小主观偏见的影响，提高评估的科学性和客观性。定性评估以其灵活的特点和广泛的应用场景，成为食品安全风险评估中不可或缺的工具。它为科学家和决策者提供了一个初步的风险框架，尤其在应对复杂或未知风险时，定性评估具有不可替代的重要作用。

2. 定量评估方法和模型

定量评估依赖于多种数学模型和统计方法，以确保评估结果的科学性和准确性。常见的数学模型包括风险评估模型、剂量反应模型和暴露评估模型。

（1）核心数学模型框架

① 剂量-反应关系（dose-response relationship）：作为定量评估的核心框架，该模型描述有害物质剂量与生物体健康效应之间的量化关联。通过动物实验、流行病学数据或体外试验，构建剂量-反应曲线（如线性、非线性曲线），明确不同暴露水平下不良健康效应的发生率（如某农药摄入量与肝脏损伤的概率关系），其核心应用是推导安全阈值（如每日允许摄入量 ADI），为风险管控提供量化标准。

② 暴露评估（exposure assessment）：用于计算个体或群体实际接触危害物质的总量，需整合两类关键数据：食品中危害物浓度（如抽检的蔬菜中铅含量）与人群消费模式（如每日蔬菜摄入量）。通过公式“暴露量＝∑(危害物浓度×消费量)÷体重”，量化不同人群（如儿童、成人）的暴露水平，并结合剂量-反应关系评估实际风险。该模型广泛应用于污染物累积暴露分析（如通过膳食、饮水多途径摄入的重金属总量评估）。

③ 模拟模型（如蒙特卡罗模拟）：针对复杂系统中的不确定性（如人群消费习惯差异、危害物浓度波动），通过随机抽样生成数千至数万组模拟数据，构建风险概率分布。例如，在微生物风险评估中，可模拟不同储存温度、时间下致病菌的增殖情况，生成“摄入某食品后感染概率”的区间估计（如5%～15%），帮助决策者理解风险波动范围。该方法尤其适用于多变量交互作用的场景（如多种农药残留的联合暴露）。

（2）统计分析方法　统计技术为模型提供数据分析支撑，根据研究目标选择适配方法。

① 回归分析：用于揭示变量间的关联强度与方向。线性回归适用于分析连续变量关系（如食品中某添加剂含量与小鼠体重下降的线性关联）；多元回归可纳入多个影响因素（如同时分析年龄、摄入量对健康效应的综合作用）；逻辑回归则针对二元结局（如“患病/未患病”），计算某因素导致不良效应的概率（如摄入超标奶粉与婴幼儿肾结石的发病风险比）。

② 方差分析（ANOVA）：用于比较多组数据的均值差异，判断不同处理条件的影响。单因素方差分析可检验单一变量的作用（如不同加工工艺对食品中亚硝酸盐含量的影响）；多因素方差分析则能识别变量间的交互作用（如“加工温度×储存时间”对致病菌存活率的联合效应），为优化生产工艺提供依据。

③ 生存分析：聚焦“事件发生时间”的分布规律，在慢性风险评估中不可或缺。Kaplan-Meier 曲线可直观展示不同暴露组的生存概率（如高剂量污染物暴露组与对照组的肝癌发病时间差异）；Cox 比例风险模型则量化多因素对生存时间的影响（如年龄、暴露剂量与疾病进展速度的关联），尤其适用于长期追踪数据（如食品中持久性有机污染物的健康效应研究）。

（3）辅助分析工具

① 蒙特卡罗模拟：通过重复随机抽样（基于已知概率分布），生成海量模拟场景，量化不确定性对结果的影响。例如，在评估膳食铅暴露风险时，可纳入体重、消费量、铅浓度的随机波动，输出“不同百分位人群的暴露量分布”，避免单一数值评估的局限性。

② 敏感性分析：系统调整模型参数（如将食品消费量上下浮动10%），观察结果变化幅度，识别对风险评估影响最大的关键变量（如婴幼儿奶粉摄入量对总铅暴露的贡献度），从而指导数据收集的优先级（如优先精确测量高敏感性参数）。

定量评估通过“模型构建-数据输入-统计验证”的闭环流程，实现风险的精细化描述。其结果在农药残留限量制定、食品添加剂安全性论证等领域发挥关键作用，是平衡食品工业发展与公众健康保护的科学基石。

（三）风险评估标准和方法

1. 国际与国内标准体系

风险评估的标准化是确保评估结果科学性、可比性的基础，国际与国内已形成多层次标准体系，为食品安全风险评估提供操作规范与技术依据。

国际标准方面，核心框架如下。

国际标准化组织（ISO）与国际电工委员会（IEC）联合制定的ISO/IEC 31010系列标准（2009年版与2019年版）：系统规定了风险评估技术的通用原则与方法，适用于包括食品安全在内的多领域风险规范评估流程，明确国家食品安全风险评估中心的职责与工作机制。

世界卫生组织（WHO）发布的《突发公共卫生事件快速风险评估指导手册》，为突发食源性公共卫生事件的应急评估提供流程指导。

联合国粮农组织（FAO）与WHO联合发布的《食品安全风险评估技术手册》：提供了关于食品安全风险评估的框架和方法，适用于各类食品和环境污染物。

欧盟食品安全局（EFSA）制定的风险评估指南：详细介绍了欧洲食品安全领域的风险评估程序与方法。

食品安全管理体系标准ISO 22000及配套技术规范ISO/TS 22002，将风险评估融入食品链全环节（从生产到消费），强调风险识别与控制的系统性。

国内食品安全风险评估相关法律法规、部门规章等如下所示。

《食品安全法》：规定了食品安全的基本法律框架，包括风险评估的相关内容。

《食品安全风险评估技术指南》：国家食品安全风险评估中心根据《食品安全法》和《食品安全风险评估管理规定》（试行）制定，参照了国际食品法典委员会等国际组织的风险评估相关程序和规范以及我国食品安全风险评估工作实践。指南规范了食品安全风险评估实施过程的一般要求，可为我国风险评估机构及资源提供单位开展食品安全风险评估及其相关工作提供参考。

《风险管理　风险评估技术》（GB/T 27921—2023）：为各种情况下风险评估技术的选择和应用提供了指导，用于支持不确定性情景下的决策，提供有关特定风险的信息，并作为风险管理过程的一部分，提供了一系列技术的总结。

《食品安全风险评估管理规定》：规范评估流程，明确国家食品安全风险评估中心的职责与工作机制。

《信息安全技术　信息安全风险评估实施指南》（GB/T 31509—2015）：规定了信息安全风险评估实施的过程和方法。适用于各类安全评估机构或被评估组织对非涉密信息系统的信息安全风险评估项目的管理，指导风险评估项目的组织、实施、验收等工作。

《跨境电子商务进口商品质量风险评估指南》（GB/T 42497—2023）：提供了跨境电子商务进口商品质量风险评估的基本原则、评估流程和方法的指南。适用于跨境电子商务进口商品的质量风险评估。

《微生物风险评估在食品安全风险管理中的应用指南》(GB/Z 23785—2009) 提供了食品安全风险管理的一般框架，为微生物风险评估在食品安全风险管理中的应用提供指导方法。适用于食品安全风险管理过程。

2. 风险评估系统

国际上形成两大核心风险评估系统，分别聚焦食品本身安全与动物源性风险，共同构建全球食品安全防护网。

(1) Codex 风险分析系统（国际食品法典委员会） 由 FAO 与 WHO 联合主导，核心框架包括风险评估、风险管理与风险沟通三环节，聚焦食品中危害的直接健康影响。其评估对象涵盖化学污染物（如农药残留）、微生物（如沙门菌）、物理危害（如异物），评估流程严格遵循“危害识别-暴露评估-危害特征描述-风险特征描述”四步骤，数据来源于全球科研成果、监测网络及各国提交的评估报告。评估结果直接用于制定国际食品标准（如《食品添加剂通用标准》），是全球食品贸易的重要技术依据。

(2) OIE 风险分析系统（世界动物卫生组织） 以动物健康为切入点，关注动物源性疾病对食品安全的间接影响。其评估重点为可通过动物产品传播的疫病（如牛海绵状脑病、禽流感），流程包括风险识别、评估、管理与沟通，核心是分析动物疾病的传播路径（如养殖、屠宰环节）及对人类健康的潜在威胁。评估数据依赖全球动物疫病监测网络，结果用于制定动物卫生标准，为国际贸易中动物源性食品的准入提供依据。

两者的差异体现在：Codex 聚焦“食品-人”直接风险链，OIE 关注“动物-食品-人”间接风险链；Codex 评估结果直接指导食品标准制定，OIE 则侧重动物疫病防控以从源头降低食品安全风险。两大系统互补协作，共同保障全球食品供应链的安全性。

第二节 食品安全预警体系

食品安全风险预警以预警系统平台为技术支撑，在互联网信息技术的赋能下，对标食品安全标准，通过对影响食品安全的各类风险要素（如污染物含量、微生物指标、生产环节操作规范等）进行实时监测与动态管理，追踪风险因素的变化趋势。当风险指标接近或达到临界值时，系统即时发出警报，提醒食品安全管理部门及时介入，通过预控对策干预潜在风险，从而降低食品安全事件的发生概率，实现“防患于未然”的管理目标。

一、食品安全预警系统的定义和功能

食品安全预警系统是基于预警理论（如风险感知理论、危机管理理论等），结合食品质量安全风险的发生与演化规律，通过分析风险的危害程度及可能的发展趋势，评估各类风险状态偏离预警阈值的强度，进而向决策层发出相应级别预警信号，并辅助制定预控对策的综合性应对体系。该系统整合了食品监管体制、运行机制、数据处理工具及预测模型，旨在识别、评估并应对食品安全领域的潜在或已显现风险。通过科学的方法与技术手段（如大数据分析、物联网监测等），系统能够实时处理监测数据、动态追踪风险变化，确保风险响应措施的快速落地，最终保障公众健康与食品安全。

食品安全预警系统的核心功能体现在五个方面，彼此协同构成完整的风险防控闭环。

① 发布功能：当系统识别出潜在食品安全风险时，可通过多级传播渠道（如面向监管部门的内部通报系统、面向企业的预警专线、面向公众的政务平台及媒体公告）及时发布预警信息，明确风险等级、涉及范围及建议措施，确保信息高效触达相关主体。

② 沟通功能：搭建多方互动平台，促进监管机构、食品生产经营者、检测机构及消费者之间的信息双向流动。例如，企业可通过系统反馈风险整改情况，消费者可上报疑似问题食品信息，形成“风险共治”的信息网络。

③ 控制功能：在风险确认后，辅助制订并实施针对性控制措施，如对问题食品启动召回程序、对生产企业实施临时管控、对高风险环节强化抽检频次等，防止风险扩散。

④ 避险功能：基于风险预测结果，为相关主体提供主动避险建议。例如，指导种植户合理使用农药以降低残留风险，提示企业优化生产工艺以减少污染物生成，帮助消费者规避高风险食品（如告知某品牌乳制品存在质量隐患）。

⑤ 预测（预防）功能：运用时间序列分析、回归模型等预测方法，结合历史数据与实时监测结果，预判风险的发展趋势（如预测某地区雨季霉变风险的上升幅度），提前识别潜在风险点，为预防性措施（如提前加强仓储环境消毒）提供科学依据。

食品安全预警系统是一个动态的综合性管理体系，五大功能共同构成了食品安全预警系统的核心，通过科学的预警机制和有效的应对措施，确保在食品安全风险出现时，系统能够迅速、有效地作出反应，维护公众的健康和安全。

二、食品安全预警系统的特性

食品安全预警系统的特性既体现了食品风险的本质属性，也反映了技术支撑下的管理优势，体现在五个核心方面。

1. 复杂关联性

系统需处理多维度、多环节的关联要素，呈现显著的复杂性。从内容上，涵盖食品链全流程（种植养殖、加工、流通、消费）的数百个变量，包括环境因子（土壤、气候）、生产参数（农药使用量、加工温度）、市场数据（消费量、物流路径）等，且变量间存在非线性影响（如高温既可加速微生物繁殖，也可能促进化学污染物降解）。从范围上，跨越微观检测（如食品分子层面的污染物分析）到宏观防控（如全球贸易中的风险传播）的空间尺度，以及实时监测到长期趋势预测的时间维度，导致风险问题多为综合性（如某起食物中毒可能涉及原料、加工、储存等多重环节的叠加影响）。

2. 风险不确定性

系统运行始终面临风险的累加效应与未知性。一方面，食品链各环节的子风险（如种植环节的农残、加工环节的交叉污染）可能产生协同作用，但其叠加规律尚未完全明确（如低剂量化学物与微生物毒素的联合毒性）；另一方面，突发因素（如自然灾害、新型污染物出现）可能引发系统性风险，导致风险概率难以精确量化。例如，极端天气可能同时破坏仓储与冷链运输，引发多环节风险叠加，此类关联事件的发生概率难以通过历史数据完全预判。

3. 动态精准性

系统具备随风险变化实时调整的自适应能力与精准识别能力，动态性体现为基于风险的时空差异（如夏季微生物污染高发、不同地域饮食结构差异），通过算法模型持续优化预警阈值与评估参数，确保预警适配性。精准性则依托人工智能技术（如机器学习分类模型），从海量数据中锁定高风险因子，减少误报与漏报，实现针对性预警（如精准定位某批次不合格食品的流通范围）。

4. 系统闭环性

系统构建了“数据采集-风险分析-预警发布-措施实施-效果反馈”的完整管理闭环。通过整合历史事故数据、实时监测数据、消费行为数据等多维度信息，实现从风险识别到措施落地的全流程管控。例如，某地区抽检发现乳制品微生物超标后，系统可快速发布预警、启动召回，并跟踪召回效果，形成闭环管理。

5. 规律可控性

尽管存在复杂性与不确定性，系统仍能通过挖掘规律实现科学预警。一方面，长期监测可揭示必然性趋势（如夏季细菌性食物中毒高发、沿海地区贝类毒素污染规律）；另一方面，突发事故经分析后往往可追溯至系统性原因（如生产管理漏洞、标准执行不严）。这种规律性使系统能像天气预报一样，在复杂条件下提供相对可靠的预警结果，为风险防控提供科学依据。

三、食品安全预警系统分类

食品安全预警系统可根据预警状况、分析方法、时间尺度、空间范围、食物链构成、风险污染源、流通形式、监管责任及统计口径等多维度进行分类，各类别既相互独立又存在交叉，共同构成完整的预警体系。

（一）按预警状况分类

根据风险发生的过程与特征，可分为常规预警与突发型预警。

① 常规预警：食品安全性具有相对性，风险贯穿于食品链全流程，且多数安全问题的形成是长期潜伏、逐步演化的结果（如污染物累积、微生物缓慢增殖）。常规预警针对此类渐进式风险，通过常态化监测（如定期抽检、持续跟踪）识别风险趋势，预防不安全状态的形成。例如，对长期接触低剂量重金属的农作物，通过连续监测其重金属含量变化，在达到临界值前发出预警，避免最终形成安全隐患。

② 突发型预警：即食品安全危机或警情在某一时间突然出现或爆发，突发具有偶然性而不一定存在必然性。突发的问题往往事先没有任何明显征兆，或者是正常情况下无法预料的食品安全问题。突发型食品安全危机或警情的特点是起事突然、时间短、发展快、解决的难度大，若未能及时监测或处理不当，则事态将进一步恶化而产生严重后果。

（二）按预警分析方法分类

基于风险分析的技术手段差异，可分为指标预警、统计预警与模型预警。

① 指标预警：选取关键食品安全评价指标（如农药残留限量、菌落总数、重金属含量等），通过指标数值的动态变化判断风险状态。当指标接近或超过预设阈值时，系统自动发出预警。其核心是指标的科学性与代表性，例如以“黄曲霉毒素 B_1 含量≥5μg/kg”作为花生制品的预警指标。

② 统计预警：依托连续监测的时间序列数据（如某地区季度蔬菜农残超标率），通过统计方法（如趋势分析、方差检验）识别数据规律与异常波动，进而预测风险趋势。该方法需满足数据连续性与样本量要求，适用于周期性风险评估（如夏季贝类毒素累积的季节性预警）。

③ 模型预警：构建数学模型（如风险概率模型、机器学习预测模型）对风险进行定量

分析，通过输入多维度参数（如原料污染度、加工温度、储存时间）计算风险值，预测未来状态。例如，利用蒙特卡罗模拟模型预测不同储存条件下冷鲜肉的致病菌超标概率，实现精准预警。

（三）按预警的时间尺度分类

根据预警覆盖的时间范围，可分为实时预警、短期预警、中期预警与长期预警。

① 实时预警：依托物联网技术（如在线传感器、区块链溯源）对食品链关键环节（如冷链运输温度、生产线卫生指标）进行即时监测，一旦出现异常即刻响应。例如，生鲜电商的冷藏车温度实时上传系统，当温度超出 2～8℃范围时，立即向监管人员与企业推送预警信息。

② 短期预警：针对未来数天至数月内可能发生的风险（如节假日食品消费高峰的微生物污染风险），结合近期数据（如抽检合格率、天气变化）进行趋势预判。例如，预测台风过后本地叶菜类蔬菜的农药残留降解延迟风险。

③ 中期预警：覆盖数月至 1 年的时间范围，聚焦季节性、区域性风险（如雨季粮食霉变风险、冬季火锅食材微生物污染风险），为阶段性监管策略调整提供依据。

④ 长期预警：针对数年乃至更长周期的累积性风险（如土壤重金属长期超标对农作物的影响、食品添加剂长期摄入的健康效应），通过长期数据追踪与趋势建模，为政策制定（如种植结构调整、标准修订）提供支撑。

（四）按预警的空间范围分类

根据覆盖的地理区域，可分为全球预警、区域预警、国家预警与地方性预警。

① 全球预警：在全球范围内对世界各国共同面对的一个或若干问题进行预警。例如，联合国粮农组织对全球范围内蝗灾可能引发的粮食安全危机发出预警。

② 区域预警：国家组成的联合体或地域区间（如欧盟、东盟）所面对的问题。例如，禽流感暴发时，亚洲因 A/H_5N_1 与欧美因 A/H_5N_7 而在 WHO 被划分为两个区域的合作预警。

③ 国家预警：覆盖全国范围，由国家层面的监管机构（如国家食品安全风险评估中心）统筹，针对全国性风险（如某类食品添加剂的普遍滥用）发布预警。例如，我国针对婴幼儿配方乳粉的专项预警系统。

④ 地方性预警：聚焦省、市、县等行政区域，结合地方食品产业特点（如某省的特色腌制品亚硝酸盐超标风险）开展预警。例如，北京市针对辖区内餐饮企业的食源性疾病暴发风险制定的区域预警预案。

（五）按食物链构成分类

沿“生产-加工-流通-消费”全链条，可分为产地预警、加工预警、输运预警、流通预警与消费预警。

① 产地预警：监控初级农产品生产环节（如种植、养殖）的风险，包括土壤/水源污染、农药/兽药滥用、病虫害等。例如，对某产区葡萄的霜霉病发病趋势进行预警，指导科学用药。

② 加工预警：对经过加工制作的食品，检测加工环节对食物的营养、风味等的影响，监测添加剂污染的风险。

③ 输运预警：对食品的输运环节可能造成的二次污染实施监测预警。例如，对运输工

具、食品的运输包装、输运的温度和湿度、食品的混放状况等进行安全方面的监控。

④ 流通预警：覆盖仓储与销售环节，关注货架期、储存环境（如超市冷柜温度）、标签合规性等风险。例如，对临近保质期的预包装食品发出下架预警，对散装食品的防尘防蝇措施不到位情况进行提示。

⑤ 消费预警：面向消费者端的风险（如家庭储存不当、餐饮具消毒不彻底），通过公众教育与消费提示实现预警。例如，夏季发布“隔夜凉拌菜微生物超标风险”预警，指导家庭食品安全操作。

（六）按食品产生风险的污染源分类

根据风险来源的性质，可分为化学性、微生物、物理性污染预警及非法添加与滥用预警等。

① 化学性污染风险预警：针对食品中的化学危害（如农药残留、重金属、真菌毒素、工业污染物），例如对某批次大米的镉含量超标发出预警。

② 微生物污染风险预警：聚焦致病菌（如沙门菌、大肠埃希菌）、病毒（如诺如病毒）、寄生虫（如弓形虫）等生物危害，例如对生食海产品的副溶血性弧菌污染风险进行预警。

③ 物理性污染风险预警：针对食品中的异物（如玻璃碎片、金属颗粒、毛发），通常与生产环节的设备故障或操作不规范相关，例如对饼干生产线的金属探测器报警数据进行汇总分析，预警设备维护需求。

④ 非法添加与滥用预警：包括非法添加非食用物质（如苏丹红、三聚氰胺）和食品添加剂滥用（如超限量使用防腐剂），例如对火锅底料中非法添加罂粟壳的风险进行专项预警。

食品安全预警系统可以根据风险来源进行分类，包括自然来源和人为来源。自然来源的风险如病原体和污染物；人为来源的风险包括添加剂超标、生产工艺问题等。

（七）按食品流通形式分类

根据食品流通的渠道差异，可分为传统流通与电子商务流通预警。传统流通预警系统针对线下实体流通渠道，聚焦各环节的特异性风险。

① 进出口食品安全预警：覆盖口岸查验全流程，对进出口食品的种类、数量、合规性（如标签、检疫要求）、企业资质等实施动态监测，防范跨境风险（如疫区食品输入、不合格原料入境）。

② 超市食品安全预警：针对城乡超市的预包装食品、冷藏食品等，重点监控保质期、储存条件（如冷链温度）、溯源信息等，尤其关注促销期临期食品的风险。

③ 农贸市场食品安全预警：聚焦大型批发市场及城镇散装食品交易，重点监测生鲜农产品（果蔬、肉类、水产）的农兽药残留、微生物污染等，防范散装食品交叉污染风险。

④ 商场（店）食品安全预警：针对设有食品专柜的大型商场及食品专营店，关注预包装食品的标签合规性、进口食品的报关手续，以及自制食品（如烘焙、熟食）的加工卫生。

⑤ 餐饮食品安全预警：以餐饮企业、单位食堂、外卖商家为对象，监测加工环节卫生（如后厨洁净度）、餐具消毒、原料溯源及外卖配送过程的保温/冷藏条件等。

电子商务流通预警系统主要针对线上销售渠道的特殊性，重点监控电商平台食品经营者的资质审核（如营业执照、食品经营许可）、网售食品的储存与配送风险（如生鲜食品的冷链物流断裂）、虚假宣传与实际质量不符问题（如宣称“有机”却检出农药残留）和跨境电商进口食品的通关合规性与溯源信息完整性。

（八）按食品监管责任分类

食品安全综合预警：由卫生健康部门负责的综合预警包括两个部分：一部分是以食品营养与卫生为监测对象的卫生安全的防控，如食品污染物和食源性疾病的风险监测评估与预警；另一部分是重大食品安全事件的应急处置。

① 食品质量监测预警：由市场监管部门负责的食品质量安全监管。包括加工和流通环节，以及保健品、餐饮。

② 农产品安全预警：由农业部门负责初级农产品的安全预警，例如水果、蔬菜、鲜食肉类、鸡蛋、稻麦、油料等的安全预警。

③ 进出口食品安全预警：出入境检验检疫部门负责的进出口食品企业的贸易可能性预警。

根据食品监管的责任分为政府监管预警系统和企业自检预警系统。政府监管预警系统由政府部门负责实施和管理；企业自检预警系统则由食品生产和销售企业自主管理和实施。

（九）按主要食品统计口径分类

根据统计口径，系统可以分为综合性预警系统和专项预警系统。综合性预警系统覆盖各种食品类别和风险；专项预警系统则关注特定食品类别或特定风险类型，如奶制品预警系统或农药残留预警系统。

① 粮食安全预警：对谷物（稻谷、小麦、玉米）、豆类和薯类粮食的产量、进出口的变动、供需平衡、粮食储备等安全问题、状况以及未来趋势的预警。

② 食用油脂安全预警：对花生油、芝麻油、油菜籽油等食用油料和油脂总产量、价格、结构变化、进出口影响等安全问题、状态以及未来趋势预警。

③ 水果蔬菜安全预警：对水果、新鲜蔬菜的产量、产品价格、供需平衡等预警。

④ 软饮料安全预警：对软饮料的结构变化、产需状况、产品质量和价格等预警。

⑤ 调料品安全预警：对酱油、醋、味精、盐、糖等主要调味品的安全预警。

⑥ 水产品安全预警：对水产品总量以及海产品和淡水产品的产量、储备、价格的安全预警。并分别对海产品和淡水产品中的天然捕捞产量、人工养殖产量以及鱼类、虾蟹类、贝类、藻类等分类监控预警。

⑦ 禽蛋类安全预警：对禽蛋类产量、储备、价格的安全预警。

⑧ 肉类食品安全预警：对肉类总量以及牛肉、羊肉和猪肉的产量、储备、价格的安全预警。

⑨ 奶类食品安全预警：对奶类总量以及牛奶的产量、储备、价格的安全预警。

四、预警基本理论

理解食品安全预警理论，需先明确“警情”与“警义”两个核心概念。警情指食品安全问题显现的具体状态和情况，如某批次食品微生物超标、区域性食物中毒事件；警义则是预警研究的目的与意义，如防范风险扩散、保障公众健康。食品安全预警的目标在于明确预警的内容（警义），探寻和分析导致食品安全问题的根源（警源），判断和总结食品可能存在的安全问题及其特性（警兆），并明确问题的严重程度（警度），以预防和控制风险警情。

（一）警度

警度是对警情严重程度的量化或等级划分，反映警情的存在状态与影响范围。其判定方法主要有两种：一是基于警素构建评估框架，通过设定警限（如污染物浓度阈值）划分程度；二是建立警度模型，结合警兆动态确定等级。例如，地震的强烈程度用地震级别表示，级别依据地震释放的能量大小而定，释放的能量越多，地震级别越高。

根据食品安全事故的性质、危害程度及涉及范围，我国将重大食品安全事故分为四个等级：特别重大食品安全事故（Ⅰ级）、重大食品安全事故（Ⅱ级）、较大食品安全事故（Ⅲ级）和一般食品安全事故（Ⅳ级）。

（二）警素

警素是预警的核心要素，包含两方面：一是反映警情的指标（警素指标），二是指标的安全界限（警限）。选择和确定警素是逻辑预警的关键和基础。

警素指标可以是直接可检测的量化项目指标，也可以是综合性定性指标。由于食品安全问题的复杂性，多数警素指标需多层次分解，例如“食品污染物”可分解为化学性污染（进一步细分为重金属、农药残留等）和生物性污染（细分为致病菌、病毒等），这种层级结构既保证了指标的关联性，又提升了可操作性。

（三）警兆

警兆是警情爆发前的先兆或先导信号，不同警素对应特定警兆。

一般而言，不同的警素对应着不同的警兆。当警素发生异常变化，导致警情爆发之前，通常会出现一定的先兆。警兆可能与警源存在直接或间接关系，可能是明显的关系，也可能是隐性的、未知的“黑色”关系。及时识别警兆需结合技术分析与经验判断：对于已知风险，可依托历史数据预判（如夏季高温是微生物污染的常见警兆）；对于新型风险，则需通过实验室检测、溯源分析等技术手段确认。确定警兆的过程主要依赖技术分析，同时辅以经验智慧的分析，二者相辅相成。

警兆可分为两类：景气警兆和动向警兆。景气警兆依据分析对象的表征程度，其自身反映出某种景气的程度；动向警兆则是当对象具有运动特性时，其可能的运动方向和趋势。景气警兆通常是静态的，反映某一时点的状态，而动向警兆则是动态的，显示出变化过程中的趋势和发展方向。二者结合可全面捕捉警情信号。

（四）警源

警源是指引发警情的根本原因或根源。理解警源对于有效制定预警措施至关重要。警源的识别和分析能够帮助我们回溯食品安全问题的来源，从而采取针对性的防控措施。

警源可以分为两类：直接警源和间接警源。直接警源指直接导致安全问题的因素，如原料污染、加工过程交叉污染、储存温度失控等；间接警源则是加剧风险的深层因素，如政策监管漏洞、企业诚信缺失、消费者认知不足等。这些间接因素虽然不直接导致安全事件的发生，但却可能在一定条件下加剧问题的严重性。

识别警源需依托全链条监测体系：通过追踪生产、加工、流通等环节的数据，结合溯源技术定位问题起点（如某批次问题食品的原料产地），再通过数据分析关联间接因素（如该产地的农药使用监管情况）。明确警源是制定针对性防控措施的关键，例如针对原料污染的直接警源，可强化种植环节的投入品管控；针对企业管理漏洞的间接警源，可完善飞行检查制度。

五、预警分析方法

食品安全预警旨在实现风险的预防和控制功能，其核心在于对食品安全状况进行科学评价与风险分析评估。这要求对安全状态进行准确、及时地评判，并有效预测其发展趋势，从而为发布准确的预报和采取及时、恰当的应对措施提供依据。实质上，预警是一个包含分析、评价、预报和决策的系统过程，这一过程需要在预警理论指导下，针对不同的食品安全领域特点，选用适宜的分析方法。

1. 基于层次分析的预警方法

层次分析法（analytic hierarchy process，AHP）由美国运筹学家 Saaty T L 于 1973 年提出，是一种定性与定量相结合的综合评价方法，核心是将复杂系统分解为多层次关联结构，通过指标权重分配实现多准则决策。AHP 的核心优势在于能够有效解决复杂系统的结构分解问题，以及对多级警兆指标进行排序、筛选和权重分配。

在食品安全预警中，对安全状态进行警情分析和警况评估时，常面临目标评价指标综合性强、关系复杂的问题。AHP 通过将复杂的综合指标逐层分解，构建清晰的多层次递阶结构模型，将复杂问题转化为若干相对简单的子问题。同时，对于同一层次上的多个指标，需要分析它们相对于上层目标的重要性差异，即赋予不同的权重。利用 AHP 来构建食品安全预警的综合指标体系结构并科学分配指标权重，是食品安全预警的一项基础且重要的分析方法。

2. 基于模糊数学的食品安全预警方法

模糊数学分析是针对难以精确量化的、具有高度模糊性的综合指标进行评价的有效工具，特别适用于评价判断结果表现为分类聚合特性的问题。食品安全预警分析中，安全状态的表征往往难以用一个精确的绝对数值来界定，而更适合采用具有一定模糊性的归类结论。

① 食品安全事件分级：在应急预案中，若仅用具体死亡人数等单一数值来严格定义事件严重程度，往往难以精确匹配实际发生的复杂情况（实际情况常处于某定量值附近区域）。因此，更实际的做法是设计模糊分类等级（如特别重大、重大、较大、一般），综合考虑事件的危害程度、扩散性、社会影响、所需应急资源等多项因素，进行综合评判。

② 评价指标模糊性：食品安全预警中的许多评价指标本身也具有模糊性。如“食品受危害物污染程度”，因不同危害物性质差异大，难以划定分明的界限，需要将污染程度模糊化（如轻微污染、中度污染、严重污染）。食品安全风险也常难以量化，只能用“风险高/低”或“污染严重/轻微”等模糊语言描述。在检测农药、兽药残留时，“检出量高低”也是模糊指标。甚至“禁用添加剂不得检出”这种“有/无”的判定，在痕量检测背景下也带有模糊性（检出限以下视为“无”）。

对于食品安全风险评估、状态综合评价或预警方案选择等涉及大量模糊信息的预警研究和分析，模糊综合评价法是一种非常适用的工具。该方法通过建立隶属函数和模糊关系矩阵，将模糊信息定量化处理，最终得到综合评判结果。

3. 基于神经网络的食品安全预警方法

人工神经网络（artificial neural network，ANN）最初源于生物医学领域对人体神经系统的研究。随着计算机科学的飞速发展，人工神经网络理论被广泛应用于众多学科，并在许多前沿领域取得了显著成功。

在食品安全预警研究中，依赖专家意见进行安全状态评价时，难以完全避免专家个体的主观性和专业局限性。同时，专家样本数量在统计学上可能不足，加之评价时机选择等不确定性因素的干扰，评判结果的准确性可能受到影响。尽管层次分析法和模糊数学法各有优势，但它们在处理海量数据、挖掘复杂非线性规律以及克服上述专家评价局限性方面存在不足。

人工神经网络方法以模拟人脑神经元结构和信息处理机制为基础，具有强大的非线性函数逼近能力、自适应组织能力、自学习能力以及出色的容错能力。它擅长从海量统计数据中分析提炼内在的客观规律，尤其适合处理具有模糊性、非线性、含噪声干扰及模式不清晰的问题。从模式识别角度看，食品安全预警本质上是一个模式分类过程。从"警源→警兆→警情→警度"的逻辑关系看，它实质上是指标函数逼近的过程，或者说，是由各类风险要素向综合安全目标进行非线性映射的问题。因此，利用人工神经网络方法能够有效实现食品安全预警模型的构建和关联关系的表达。具体应用中，若以高水平专家的意见、观点和分析结果作为训练样本，神经网络通过充分学习后建立的模型，其性能可类比于一个高水平专家群体。即使专家数量有限，通过高质量的学习训练，模型仍能保证较高的准确率。神经网络还具有知识存储形式简化、运行效率高的特点。

神经网络的良好容错性和稳定性是其另一大优势。在网络运行过程中，即使输入数据存在微小偏差或部分节点出现错误，系统仍能及时识别、调整，不会导致整个系统失效（"跳闸"）或遗漏关键信息（"漏检"），依然能够输出相对可靠的预测或评价结果。

此外，神经网络在处理随机性、非线性数据，以及建模多输入、多输出的复杂系统方面具有显著优势。目前，许多食品安全问题的诱因和变化机理仍不明确。神经网络无需预先建立精确的数学模型，只需将历史数据输入网络进行训练学习，这对于解决食品安全预警这类机理模型缺失的问题尤为有利。在预测分析中，神经网络还可通过调整预测期来探索预测对象的波动规律，这无疑增强了食品安全预警预测预报过程的稳定性和准确度。

4. 基于时间序列的食品安全趋势预测

食品安全预警不仅对安全状况和可能产生的警情和警度进行分析，而且要对变化趋势进行预测预报，以实现对食品安全风险的提前预防。因此，在评价分析的基础上所进行的预测也就格外重要，而对未来发展态势作出预测需要借助于系统的预测方法。

对于食品安全预警这样的大系统复杂问题来说，系统的影响因素以及因素之间的相互作用机理有些还不清楚，关联性、权重性等也缺少准确度，一些警源的真实性尚缺乏历史统计数据的支持，很多安全问题的征兆还未被人们认识，例如 SARS 的传播途径、禽流感在人间的感染变异情况等，人类对它们的认识还处于浅显阶段，因此，在预防和控制过程之初常采取对实际问题的专项调查研究、专家评价和类似事件的主观类比分析等定性分析方法。随着我国不断加强食品安全的监测，数据库建设和监测网络的形成，使食品安全预警分析的基础数据不断充实，在定性分析的基础上，已经可以根据过去一段时间的监测信息或评估结果按时间序列排序，应用时间序列预测分析方法构建食品安全状态预测模型，从而实现对系统未来变化趋势的预测。

时间序列趋势预警方法将按时间顺序排列的监测数据视为一个序列，通过分析序列内在的统计规律（如趋势性、季节性、周期性）来预测未来值。该方法对数据间严格的因果关系要求较低，因此适用范围较广。可根据预警目标的需求，灵活应用于短期预警（如月度、季度）、中期预警（年度）和长期预警（数年），尤其在短期预警方面具有明显优势。常用的时间序列模型包括移动平均法、指数平滑法、ARIMA 模型等。

5. 基于回归的食品安全趋势预测

当食品安全问题的核心变量与时间并非简单的线性或可识别模式关系，或者需要探究多个自变量（如不同风险因子）与因变量（如安全状态指数）之间的量化关系时，单纯的时间序列预测可能不再适用。此时，回归分析成为重要的趋势预测工具。

回归分析的核心是依据积累的历史监测数据，通过分析变量间的相关关系或函数特性，采用数学拟合方法寻找最能反映数据内在规律的趋势线（线性或非线性）。其显著优势如下。

① 量化关系：可量化分析多个风险因子对安全状态的影响程度（回归系数）。

② 趋势预警：当拟合曲线显示未来发展趋势将向不利方向变化（如斜率显著增大）时，可估算达到预设警戒阈值的时间点，为提前识别警兆、发布警情预报提供关键时间窗口。

③ 应用场景：特别适用于食品中危害物阳性率异常预警、超标率异常预警、检出率异常预警等需要对一段时间内检测数据总体变化趋势进行监控和预警的情形。

由于回归拟合趋势线完全依赖于历史统计数据，因此对数据的相关性有较高要求，需要进行统计检验（如相关性检验、显著性检验）。对于相关性高、模型拟合度好的数据，不仅能得到精度较高的趋势演变规律，基于此进行的预测也具有较高的可信度。回归分析涉及相关分析、方差分析及其统计检验等基础统计学知识，适用于拥有大量观测数据但变量间确定关系形式尚不明确的食品安全预警系统。

6. 基于风险分析的食品安全预警

鉴于食品中可能存在的各类危害物风险，风险分析（risk analysis）是食品安全预警的理论基石和方法学框架，包含风险评估（risk assessment）、风险管理（risk management）和风险交流（risk communication）三个核心组成部分。我国自 20 世纪 70 年代起就组织开展了食品中污染物、部分塑料食品包装材料树脂及成型品浸出物等的风险评估工作。近年来，我国显著加强了对食品中重点危害因素的风险评估力度，持续推进食品中微生物、化学污染物、食品添加剂、营养强化剂等专项评估，并系统开展了针对总膳食结构以及污染物整体风险和食源性疾病的风险评估工作。

基于风险分析方法的应用，我国已在食品安全监管实践中及时发布了一系列重要的风险评估结果，如食品中苏丹红、油炸食品中丙烯酰胺、面粉中溴酸钾、红豆杉毒性等评估报告。这些工作显著提升了我国食品安全风险管理的科学化水平，并在引导公众理性消费、促进社会各界和国际社会理解我国食品安全监管政策方面发挥了良好的风险交流作用。

六、预警预测信号

在食品安全预警系统中，利用直观的颜色信号表达安全状态和利用开关控制原理管理信息流，是实现预测预报功能的有效手段。这种方法具有简单、直观、可操作性强的特点，便于快速理解和响应。

（一）三色颜色预警表达

借鉴交通信号灯的通用性和直观性，食品安全管理领域广泛采用红、黄、绿三色预警系统，用以直观表征食品安全的关键状态信息，包括问题发生与否、安全状况及警情程度、发展趋势预测以及调控措施的指向。其具体含义如下。

① 绿色：表示食品安全状态良好，处于正常可控范围。系统运行平稳，仅需进行常规监测即可。

② 黄色：提示食品安全出现潜在问题或轻微异常，存在一定风险隐患。虽未达到严重程度，但需要加强监测力度，密切关注事态发展，并及时采取预防性或纠正性措施，消除隐

患，防止事态升级。

③ 红色：警示食品安全问题已非常严重，或具有明显恶化趋势。需要立即启动最高级别响应，采取强有力的紧急控制措施，防止危害扩大，最大限度降低影响。

这种基于颜色的分级方法，能够帮助管理者、决策者和公众快速识别事态的严重性等级，并据此采取相应层级的应对措施。类似的颜色预警机制已在气象预警（如森林火险、干旱、极端天气预警）等领域广泛应用。在我国国家层面的重大食品安全事件应急预案中，通常也采用红、橙（或橙红）、黄、蓝等颜色表示不同的警情程度，其中红色预警代表最高级别的危机状态，需由政府进行统一协调和指挥。

（二）基于开关的预警控制

为了提高预警系统的响应效率和管理的有序性，可以引入开关控制原理。该原理的核心思想是根据不同的预警信息级别或类型，激活（开启）或维持（关闭）特定的信息处理或响应通道。

设想一个预警系统包含多个并行通道，例如：

通道 A（常规监测通道）负责日常监测数据的接收、处理和分析；

通道 B（微小偏差纠正通道）负责处理黄色预警级别的信息，启动偏差分析和纠正程序；

通道 C（突发事件应急响应通道）负责处理红色预警级别的信息，启动应急预案和快速响应机制。

当系统接收到特定级别的预警信号（如红色预警）时，系统会自动触发（开启）与之对应的响应通道（如通道 C），而其他非必要的通道（如通道 A 和 B）则可能保持静默（关闭）或降低优先级，确保关键信息和指令能够快速、准确、无干扰地传递到应急指挥和执行单元。这种开关控制机制显著提升了系统的灵活性和响应效率，能够有效应对食品安全领域可能出现的多种复杂突发情况，确保监测、预警和应急管理过程高效、有序。

（三）五色逻辑预警方法

五色逻辑预警方法通过引入黑色、黄色、红色、绿色和白色五种颜色，表示食品安全不同的警报状态，具体如下。

① 黑色预警：该方法不依赖于具体的警兆指标，而是专注于分析警素（即需要预警的核心对象或状态，如食品安全风险指数）自身随时间变化的规律（时间序列）。它通过识别警素时间序列中存在的周期性波动、趋势性变化等特征（例如，某些农产品生产或市场价格可能呈现 3～5 年的周期性波动），建立时间序列预测模型（如 ARIMA 模型），直接预测警素未来的走势。适用于具有明显时间序列变化规律的食品安全问题，如动植物源性食品受生长周期影响的风险波动、食品消费市场的周期性变化，以及基于交易数据的食品安全相关商情指数预测等。

② 黄色预警：也称灰色预警，该方法的核心是依据警兆指标（即预示警素可能变化的先导性指标）的变化来预测警素的未来警度。由于食品安全系统的复杂性和信息的不完全性（灰色性），警兆指标往往具有一定的模糊性。相较于黑色预警仅依赖历史数据自身规律，黄色预警通过捕捉警兆的异常变动，通常能更敏锐地识别潜在风险，因此在食品安全预警实践中应用更为广泛。其本质是利用警兆与警素之间的关联性进行预测。

③ 红色预警：表示通过分析（无论是黑色还是黄色预警方法或其他方法）判定食品安

全问题已发生且程度严重，或具有极高的紧迫恶化风险，需要立即采取最高级别的干预和控制措施。

④ 绿色预警：表示当前食品安全状态总体良好，动态风险可控，但需要持续进行常规监测，保持警惕。

⑤ 白色预警：表示经评估确认无显著安全隐患，系统处于正常、安全的运行状态。适用于日常管理中确认风险极低或无风险的情境。

食品安全预警系统通过有效的信息采集、科学的风险分析（包括上述信号表达与逻辑方法）和及时的信息发布，能够敏锐识别和评估食品安全态势的变化趋势，在风险萌芽或升级初期发出预警信号。这为在问题早期进行干预、对已发生的风险实施有效控制以及通过透明的风险沟通减少公众疑虑和误解提供了关键支持，从而显著提升了食品安全风险管理的整体效能和公信力。

第三节　食品安全状态评价

食品安全监管是一项系统工程，其高效运行需建立在科学评价食品安全状态的基础之上。当前面临的挑战在于如何构建客观、全面且可量化的评价体系。鉴于我国食品安全监管对象复杂、体系尚待完善，而公众安全诉求日益提升，单一结果性指标已无法满足国情需求，亟须建立多维度综合评价模型。

一、食品安全状态评价理论

食品安全状态评价需通过等级划分与因素预警，识别各危害因子的安全等级，核心包括指标量化、因素预警与综合预警三种方法。

（一）指标量化

当评价指标可数值化时，可通过指标数值变化发出不同等级警报。设表征警报的指标为 X，其安全范围为（X_{low}, X_{high}），设定不同级别的危险阈值 X_1, X_2, X_3, X_4，且满足 $X_1 < X_2 \leqslant X_{low}$ 及 $X_{high} \leqslant X_3 < X_4$。

具体警报规则如下：

当 $X_{low} \leqslant X \leqslant X_{high}$ 时，处于安全范围，不发出警报；

当 $X_2 \leqslant X < X_{low}$ 或 $X_{high} < X \leqslant X_3$ 时，处于轻度偏离，发出初级警报；

当 $X_1 < X \leqslant X_2$ 或 $X_3 < X \leqslant X_4$ 时，处于中度偏离，发出中等级警报；

当 $X < X_1$ 或 $X > X_4$ 时，处于严重偏离，发出高等级警报。

该方法通过明确的数值阈值实现风险分级，适用于微生物含量、化学污染物浓度等可直接量化的指标。

（二）因素预警

当指标难以直接量化时（如操作规范合规性、管理体系完备性），可通过风险因素的发生概率预警。设风险因素为 X，其发生概率为 $P(X)$，概率阈值为 P_0、P_1、P_2（$P_0 < P_1 < P_2$），反映风险发生的临界水平。具体规则如下。

设定风险因素 X 的状况或条件：

当 $0 \leqslant P(X) \leqslant P_0$ 时，不发出警报；

当 $P_1 \leqslant P(X) \leqslant P_2$ 时，发出初级警报；

当 $P(X) > P_2$ 时，发出高等级警报。

（三）综合预警

综合预警结合指标量化与因素预警的优势，将可量化指标（如农药残留量）与不可量化指标（如企业诚信度）纳入统一评价框架。通过数据处理方法（如加权汇总、模糊转换）将多维度信息归纳为综合性指标，再根据该指标值判断警报等级。其核心价值在于兼顾“硬数据”与“软因素”，避免单一方法的局限性，适用于区域性、行业性的整体食品安全评价。

二、状态指标评价方法

食品安全预警具有复杂性、多因素关联性，需通过构建层次化的指标体系实现系统评价。

（一）评价指标体系

1. 体系设计原则

体系设计原则应具备科学性、针对性、代表性。

科学性：以食品科学、风险管理理论为基础，确保指标逻辑严谨。

针对性：聚焦食品安全核心风险（如微生物污染、化学残留），避免冗余。

代表性：选取最能反映本质的指标（如“致病菌检出率”比“总菌落数”更具代表性）。

2. 指标选择

需覆盖危害物的多样性（微生物、化学物、物理异物）、毒性差异（如急性毒性与慢性毒性）、品种差异（如婴幼儿食品与成人食品的指标差异）及时间动态（如不同季节的污染特征）。

3. 体系层次结构

每个指标在不同层次上体现安全状态，指标体系按“微观-中观-宏观”分层，形成递进关系。

微观层：单一项目指标（如某批次食品的铅含量），反映具体风险点。

中观层：类别指标（如某类食品的合格率、不安全度），描述特定食品群体的安全状态。

宏观层：整体指标（如食品安全指数 IFS），综合反映区域或全国的食品安全水平。

指标值为截面数据（某一时间点的状态），通过时间序列分析可追踪趋势，通过空间对比可识别区域差异，为精准监管提供依据。

（二）状态指标体系内容和层次

1. 基本项目指标（微观层）

基本项目指标是食品安全状态评价的核心，通常包括以下几个方面。

微生物指标：如大肠埃希菌、沙门菌、霉菌等的检出率和含量，反映食品中微生物污染的情况。

化学物质指标：如重金属（铅、汞、镉等）、农药残留、食品添加剂等的检测结果，评估食品中有害化学物质的水平。

感官指标：通过视觉、嗅觉、味觉等手段对食品的外观、气味、口感等进行评估，判断其是否符合安全标准。

物理指标：如水分含量、酸度、pH 值等，影响食品的保藏性和安全性。

2. 综合指标（中观层）

综合指标是由多个基本项目指标相结合形成的，旨在提供对食品安全状态的整体评价。常见的综合指标如下。

食品安全指数（IFS）：通过加权平均法或其他统计方法，将各基本项目指标量化为一个综合数值，反映整体食品安全状况。

合格率：表示符合国家标准的样品比例，是评价食品安全的重要参考。

3. 评价层次结构

评价层次结构通常包括以下几个层次。

宏观层次：对整个国家或地区的食品安全状况进行评价，分析各类食品的安全性，以及政策和监管的有效性。

中观层次：针对特定行业、领域或市场的食品安全状况进行分析，如农产品、加工食品、餐饮服务等。

微观层次：对具体食品或企业的安全状况进行检测和评价，识别潜在的风险点。

三、食品安全状态的综合评价模型

综合评价模型通过整合多指标信息，实现从“分散数据”到“决策依据”的转化。

（一）指标加权模型

指标权重反映各指标的相对重要性，常用确定方法如下。

① 专家评估法：通过专家打分的方式，依据指标的重要性和影响程度确定权重。

② 层次分析法（AHP）：建立层次结构模型，进行成对比较，通过数学计算确定每个指标的相对权重，减少主观偏差。

③ 熵值法：利用信息熵的概念，评估各指标的信息贡献度来确定权重。数据变异越大，权重越高。

（二）综合评价模型

综合评价模型可以采用加权求和、模糊综合评判、TOPSIS 法等多种方法。常用的几种模型如下。

① 加权求和法：根据各指标权重和指标值计算综合得分，得分越高表示食品安全状况越好。

$$S=\sum_{i=1}^{n}\omega_i\chi_i$$

式中，S 为综合得分；ω_i 为第 i 个指标的权重；χ_i 为第 i 个指标的值。

② 模糊综合评判法：将定性指标（如“管理水平”）通过模糊数学转化为定量值，再结合权重计算综合评价结果，适用于含大量定性指标的评价（如企业食品安全管理体系评估）。

③ TOPSIS 法：通过计算各评价对象与“理想解”“负理想解”的距离，排序安全状态优劣，适合多指标、多方案的横向对比（如不同地区的食品安全状况排名）。基于逼近理想解距离排序，公式如下：

$$C_i=\frac{D_i^-}{D_i^+ + D_i^-}$$

式中，D_i^+ 为正理想解距离；D_i^- 为负理想解距离；C_i 为评价对象与理想解的相对贴近度，其值介于 0 到 1 之间。

四、食品安全指标体系及预警评价系统

（一）食品安全指标体系的组成

食品安全指标体系主要涵盖有毒有害物质的含量及污染物的危害程度。该体系结构分为三个层次：基本项目指标、食品种类指标和整体状态指标。每个指标反映了食品安全状态在不同层次和项目上的表现，合格率和不安全度则是针对特定食品不安全状态的描述。食品安全指数综合反映了整体食品安全状态。

① 基本项目指标

限量标准（STA）：指食品安全标准中对特定致病性微生物或有毒有害物质允许存在的限量。

最大值（MAX）：被检测到的该指标的最大值。

平均含量（AVE）：某食品中该指标的算术平均值。

超限率（OUT）：超出限量标准的样品数量占总样品数的比例。

超限程度（OUD）：超限样品超出限量标准的平均偏离程度。

② 食品种类指标

食品合格率（σ）：合格样品占总样品数量的比例，反映食品安全监管的结果。

食品不安全度（h）：表示被检测食品整体的不安全程度。

③ 整体状态指标

食品安全指数（IFS）：用于评价食品中某种危害物对消费者健康的影响。

（二）预警评价系统的指标体系

（1）系统指标选择

① 系统评价的指导思想

以实现目标、追求经济与社会利益、综合评价为指导原则。在综合评价中，关键问题包括指标选择、权重的确定及方法的适宜性。

② 系统评价的基本原则

整体性原则：评价应全面考虑各方面因素。

客观性原则：评价结果应真实反映实际情况。

科学性原则：评价方法需基于科学依据。

实用性原则：指标体系应简明易行，避免复杂化，以确保评价结果的客观性和全面性。

③ 系统评价指标类型

政策性指标：包括政府方针、政策、法令和规划。

技术性指标：涉及产品性能、寿命、可靠性等。

经济性指标：包括成本、利润、资金及周期。

社会性指标：涉及社会福利、发展、就业及环境。

资源性指标：包括物资、人员、能源和土地。

时间性指标：涉及工程进度和时间。

（2）指标的标准化预处理

指标的量化：采用具体公式和数字为指标赋值，确保科学性和可行性。

指标的归一化：包括递增型（优）和递减型（劣）指标的归一化；实现指标量纲的统一及数值范围的规范化。

指标的有序化：依据特定逻辑法则，按照各目标集的重要度对系统组成元素进行排序。

目标集内部的一致化：确保各节点间数据一致，维护事务的基本特性。

（三）动态调整预警指标

从国内外预警研究实践来看，警兆指标应随时间进行调整，以应对目标的冲突性和变化。警限的确定需基于长期实践积累，并应反映客观实际。新的污染物及毒性警限的确定需经过规范的实验验证。所有检出限值和不检出标准必须严格遵循国际标准或国家标准。

警限确定：基于长期实践与科学实验（如新型污染物的毒性阈值需经动物实验验证）。

标准更新：严格遵循国际或国家标准，及时纳入新危害物（如新型非法添加剂）。

适应性调整：根据消费模式、生产工艺变化更新指标（如预制菜兴起后增加“冷链微生物”指标）。

通过构建层次化、动态化的评价体系，可实现对食品安全状态的精准画像，为监管决策、企业改进、公众知情提供科学依据，最终推动食品安全治理从“被动应对”向“主动防控”转变。

问答题

1. 食品安全风险评估的四大核心步骤之间存在怎样的逻辑关联？请结合具体案例（某食品）说明各步骤的作用。

2. 风险分析框架中的风险评估、风险管理、风险交流三者如何协同工作？试分析在某起区域性食源性疾病暴发事件中，这三个环节分别应承担的角色。

3. 食品安全预警系统的“复杂关联性”“动态精准性”“系统闭环性”等特性在实际应用中如何体现？请举例说明信息化技术（如物联网、大数据）如何支撑这些特性的实现。

4. 对比定性评估与定量评估的适用场景，分析在食品添加剂安全性评估中，为何需要两种方法结合使用？

5. 警源、警兆、警度是食品安全预警理论的核心概念。请以一起食品安全事件为例，分析其中的直接警源、间接警源，识别关键警兆，并说明如何划分警度等级。

6. 食品安全状态评价中，基本项目指标、综合指标和整体状态指标构成了层次化体系。请设计一个针对校园食堂食品安全的评价指标体系，并说明各层次指标的选取依据。

参考文献

[1] 蔡建侠. 食品安全管理中 HACCP 体系的有效实施与监控探讨[J]. 食品安全导刊, 2024 (4): 23-29.

[2] 陈进, 周静, 陈梦, 等. 塑料饮用吸管中塑化剂迁移量的气相色谱-质谱测定法[J]. 环境与健康杂志, 2016, 33 (08): 744-746.

[3] 陈潜. 传感器技术在食品安全监测中的应用与发展[J]. 中国食品工业, 2024 (3): 93-95.

[4] 陈伟, 李晓莹. 基于纳米技术的多组分食品安全检测方法研究[J]. 食品安全导刊, 2024 (31): 157-159.

[5] 丁罡斗. 动物源食品中代表性 POPs 检测方法及典型区域二噁英类污染研究[D]. 呼和浩特: 内蒙古农业大学, 2022.

[6] 董波. 基于云计算的食品大数据分析平台设计与实现[J]. 食品科技, 2024 (29): 155-157.

[7] 国家质量监督检验检疫总局, 国家标准化管理委员会. 质量管理体系: 要求: GB/T 19001—2016[S]. 北京: 中国标准出版社, 2016.

[8] 何月华. 食品检验中的大数据分析与质量控制[J]. 中国食品工业, 2024 (5): 65-67.

[9] 胡小燕, 何红霞. 大数据在食品安全监管风险预警中的应用[J]. 中外食品工业, 2024 (11): 40-42.

[10] 康潇云. 食品安全检测中的生物传感器技术应用与创新[J]. 食品科技, 2024 (29): 187-189.

[11] 况月玥. 绿色食品认证对农业高质量发展的影响研究——基于中国省级面板数据的分析[D]. 杨凌: 西北农林科技大学, 2023.

[12] 胡曙光, 梁春穗, 蔡文华, 等. 食品安全风险监测中铅、镉痕量分析的质量控制[J]. 中国卫生检验杂志, 2013, 23 (1): 248-251.

[13] 李光亮, 左倩. 管理体系认证基础[M]. 北京: 高等教育出版社, 2019.

[14] 李嗣伦. 纳米通道电化学发光传感平台的研制及其在谷物真菌毒素检测中的应用[D]. 厦门: 集美大学, 2025.

[15] 刘乃萌, 何静. 合作博弈下食品供需网可追溯系统收益研究[J]. 上海管理科学, 2018, 40 (3): 52-57.

[16] 刘清珺, 陈婷, 张经华, 等. 基于风险矩阵的食品安全风险监测模型[J]. 食品科学, 2010, 31 (5): 86-90.

[17] 刘鑫, 赵鹏, 黄振, 等. 认证认可制度支撑食品农产品质量作用研究及建议[J]. 中国标准化, 2021 (15): 221-227.

[18] 李英. 绿色食品可持续供应链关键环节实现机理研究[D]. 大连: 大连理工大学, 2013.

[19] 陆昌华, 王长江, 胡肄农, 等. 动物及动物产品标识技术与可追溯管理[M]. 北京: 中国农业科学技术出版社, 2007.

[20] 吕永好. 基于物联网的食品生产信息可追溯系统关键技术研究[D]. 温州: 温州大学, 2018.

[21] 罗云波, 陈思, 吴广枫. 国外食品安全监管和启示[J]. 行政管理改革, 2011 (7): 19-23.

[22] 马长路, 曲爱玲. 物联网技术与食品质量安全管理的相辅效应[J]. 食品工业, 2015, 36 (9): 212-214.

[23] 毛丽莎, 姜杰, 陈慧玲, 等. 固相萃取-液相色谱/串联质谱法测定尿中 10 种双酚类物质和壬基酚及辛基酚化合物[J]. 预防医学情报杂志, 2020, 36 (2): 212-218.

[24] 毛莹. 物联网技术在食品安全中的应用[J]. 轻工科技, 2013, 29 (9): 82-83.

[25] 马颖, 吴燕燕, 郭小燕. 食品安全管理中 HACCP 技术的理论研究和应用研究[J]. 技术经济, 2014, 33 (7): 82-88.

[26] 秦雨露, 孙晓红, 朱平, 等. 食品安全追溯应用与社会共治模式研究[J]. 食品安全质量检测学报, 2020, 11 (4): 1288-1295.

[27] 生吉萍. 食品安全预警理论与实践[M]. 北京: 中国农业科学技术出版社, 2020.

[28] 沈俊炳. 基于 HACCP 体系的食品快速检验机构质量控制体系研究[J]. 食品安全质量检测学报, 2020, 11 (21): 8005-8009.

[29] 苏蒲霞. 中外食品安全监管体制比较研究[M]. 北京：中国政法大学出版社，2014.

[30] 唐昊. 基于机器学习的典型食品安全风险预警研究[D]. 北京：北京化工大学，2022.

[31] 王凤芹，韩冰. 数学统计思维在食品检测与质量监管中的应用[J]. 中国质量监管，2024 (3)：121-122.

[32] 王杰，谭雄翠，陈东鹏，等. 食品接触材料中多种添加剂高通量检测方法的研究[J]. 食品工业，2018，39 (11)：305-309.

[33] 王杰，黄佩硕，谢艳姣. 食品接触材料中非邻苯类塑化剂迁移及潜在危害的研究进展[J]. 食品安全导刊，2024 (21)：127-132.

[34] 王若宇，黄柏石，潘卓林，等. 中国居民食源性疾病的地理分布及影响因素分析[J]. 世界地理研究，2020，29 (1)：168-180.

[35] 王菁，李崇光. 食品安全风险监测的内涵、作用与相关建议[J]. 中国食物与营养，2011，17 (1)：10-13.

[36] 王铁军，张新平. 食品安全国家控制模式的浅析[J]. 中国食品卫生杂志，2005 (3)：238-240.

[37] 王晓雯，赵世文，刘志涛. 时空扫描统计量在云南省野生蕈中毒聚集性探测中的应用研究[J]. 中国食品卫生杂志，2016，28 (3)：295-300.

[38] 王滋海. 网络进口食品及原料安全监管的法律问题研究[J]. 中国调味品，2020，45 (3)：163-166.

[39] 吴健. 食品中农药兽药残留检测相关技术分析[J]. 食品科技，2022 (9)：183-185.

[40] 肖革新. 食品安全风险监测数据综合分析方法及应用[M]. 北京：科学出版社，2018.

[41] 谢畅，刘常宏，焦展. 信息技术在智慧农业发展中的实践与应用[J]. 农业开发与装备，2024 (2)：103-105.

[42] 邢文英. 美国的农产品质量安全可追溯制度[J]. 世界农业，2006 (4)：39-41.

[43] 徐美玲，韩晓杰. 食品中持久性有机污染物检测的气质联用分析方法优化[J]. 食品安全导刊，2024 (24)：79-83.

[44] 徐强. 食品抽样检验方法优化与应用研究[J]. 现代食品，2024，30 (7)：112-114.

[45] 徐运标. 基于物联网构建食品安全追溯系统探索[J]. 中国食品工业，2021 (18)：53-55.

[46] 杨玲，孙志永，项宇，等. 风险分析在食品安全突发事件处置中的应用[J]. 食品科技，2011，36 (1)：285-288.

[47] 杨钰隆，曾庆. 2018～2021 年中国食源性疾病地理分布及影响因素分析[J]. 统计学与应用，2024，13 (2)：297-306.

[48] 严晓贤，吴兴强，夏寒. QuEChERS-超高效液相色谱-串联质谱法测定酥油中 17 种真菌毒素[J]. 中国油脂. 2025，50 (7)：130-137.

[49] 姚立霞. 食品安全信息溯源系统及相关技术[J]. 食品安全导刊，2019 (34)：28-30.

[50] 尹相荣，洪岚，王珍. 网络平台交易情境下的食品安全监管——基于协同监管和信息共享的新型模式[J]. 当代经济管理，2020，42 (9)：46-52.

[51] 游战清. RFID 无线射频识别 (RFID) 与条码技术[M]. 北京：机械工业出版社，2007.

[52] 于辉. 食品工程新技术在食品安全保障中的应用[J]. 中外食品工业，2024 (6)：16-18.

[53] 余舒斐. 转基因食品安全问题的认识与管理[J]. 现代食品，2018 (21)：73-75.

[54] 昃向君. 食品安全数据分析与风险监测[M]. 北京：食品质检出版社 (食品标准出版社)，2013.

[55] 郑火国. 食品安全可追溯系统研究[M]. 北京：中国农业科学技术出版社，2012.

[56] 张敏. 中国绿色食品影响因素及市场前景预测研究[D]. 大连：大连理工大学，2018.

[57] 张松，楚向南，张峰，等. 国内外实验室认可组织及相关的互联网资源[J]. 地方病通报，2007 (2)：72-74.

[58] 张夏恒. 基于区块链的供应链管理模式优化[J]. 中国流通经济，2018，32 (8)：42-50.

[59] 赵震，张龙昌，韩汝军. 基于物联网的食品安全追溯研究[J]. 计算机技术与发展，2015，25 (12)：152-155.

[60] 周洁红，魏珂，金宇，等. 基于机器学习的食品安全风险预测与监管政策启示——以生鲜水产品为例[J]. 农业经济问题，2024 (5)：4-19.

[61] 中国国家认证认可监督管理委员会. 危害分析与关键控制点 (HACCP) 体系认证实施规则：CNCA-N-001：2021[S]. 北京：中国标准出版社，2021：56.

[62] 中华人民共和国国家卫生和计划生育委员会. 食品安全国家标准 食品中放射性物质检验 总则：GB 14883. 1—2016[S]. 北京：中国标准出版社，2017.

[63] 中华人民共和国卫生部. 食品中放射性物质限制浓度标准：GB 14882—1994[S]. 北京：中国标准出版社，1994.

[64] 朱宏飞，王海英，刘莹. 转基因食品的利弊分析[J]. 中国科技信息，2007 (1)：128-129.

[65] ISO copyright office. Food safety management systems-requirements for any organization in the food chain：ISO 22000：2018[S].

[66] Lu C H，Wang C J，Hu S N，et al. Animals and animal products identification technology traceability management [M]. Beijing：Chinese Agricultural Science and Technology Press，2007.

[67] Smith I，Furness A. 食品加工和流通领域的可追溯性[M]. 钱和，沈丽燕，刘长虹，译. 北京：中国轻工业出版社，2010.